21 世纪创新系列教材

肖 平 / 主编

工程伦理导论
Gongcheng Lunli Daolun

当今中国还远不能够说是一个工程强国，但却是名符其实的工程大国。科技的广泛运用已经将我们带入高风险的时代，如何有效地规避风险，有赖于工程师对社会责任的担当，有赖于工程伦理教育对其职业道德的培养。

北京大学出版社
PEKING UNIVERSITY PRESS

图书在版编目(CIP)数据

工程伦理导论/肖平主编. —北京:北京大学出版社,2009.10
(未名·21世纪创新系列教材)
ISBN 978-7-301-15865-4

Ⅰ.工… Ⅱ.肖… Ⅲ.工程技术－伦理学－高等学校－教材 Ⅳ.B82-057

中国版本图书馆CIP数据核字(2009)第171220号

| 书　　　名：工程伦理导论
| 著作责任者：肖　平　主编
| 责　任　编　辑：闵艳芸
| 标　准　书　号：ISBN 978-7-301-15865-4/B·0830
| 出　版　发　行：北京大学出版社
| 地　　　址：北京市海淀区成府路205号　100871
| 网　　　址：http://www.pup.cn
| 电　　　话：邮购部 62752015　发行部 62750672　编辑部 62750673
| 出版部 62754962
| 电　子　邮　箱：minyanyun@163.com
| 印　　刷　者：河北滦县鑫华书刊印刷厂
| 经　　销　者：新华书店
| 730毫米×980毫米　16开本　14.75印张　242千字
| 2009年10月第1版　2025年1月第9次印刷
| 定　　　价：32.00元

未经许可,不得以任何方式复制或抄袭本书之部分或全部内容。
版权所有,侵权必究
举报电话:010-62752024　电子邮箱:fd@pup.pku.edu.cn

目　录

第一讲　关于工程 ……………………………………………（1）
第二讲　工程伦理概念与研究 ………………………………（15）
第三讲　光荣与责任
　　　　——工程技术的社会贡献 …………………………（29）
第四讲　科技是一把双刃剑 …………………………………（42）
第五讲　自主学习环节 ………………………………………（55）
第六讲　工程活动中的伦理问题 ……………………………（67）
第七讲　工程伦理的第一要义
　　　　——工程造福人类 ……………………………………（81）
第八讲　"工程造福人类"原则的实施困境 …………………（98）
第九讲　超越人道主义 ………………………………………（111）
第十讲　可持续发展的工程观 ………………………………（125）
第十一讲　工程目标与手段的伦理价值分析 ………………（140）
第十二讲　工程师的责任 ……………………………………（152）
第十三讲　责任与行动（教学实践课）………………………（168）
第十四讲　实事求是　开拓创新 ……………………………（183）
第十五讲　严谨认真　精益求精 ……………………………（195）
第十六讲　工程师的团队精神 ………………………………（210）
第十七讲　课程总结 …………………………………………（222）
后记 ……………………………………………………………（225）
《工程伦理导论》教学大纲及教案 …………………………（227）

第一讲　关于工程

一、工程概念

关于工程我们可以从以下不同的角度来认识：

工程是指运用科学原理、技术手段和改造自然的实践经验，对已有的物质材料进行开发、加工、生产和集成，使之变成社会有用物的实践活动的总称；[①]

工程，是一种造物活动。有的工程是为了破坏或销毁某一存在物。例如爆破，但那是造物的一个环节(造物意识)。

工程，是将自然科学的原理应用到工农业生产部门中去而形成的各学科的总称。如土木建筑工程、水利工程、冶金工程、机电工程、化学工程等。主要内容有：对于工程基地的勘测、设计、施工，原材料的选择研究，设备和产品的设计制造，工艺和施工方法的研究等[②]（现场意识）。

工程，是服务于某个特定目的的各种技术工作的总和。工程活动在于满足人的需求，工程是为人而造的，同时又是由人来造的。人的需求是牵引工程活动的动力，而人的需求总是随人的认识能力、技术的进步和欲望的增长而不断升级(人本意识)。

工程，是以一系列科学知识为依托，应用这些科学知识，并结合经验的判断，经济地利用自然资源为人类服务的一种专门技术[③]（技术集成优化意识）。

[①] 邱亮辉："论工程意识"，殷瑞玉等：《工程与哲学》，北京理工大学出版社2007年版，第100页。
[②]《辞海》第三部，上海辞书出版社1980年版，第503页。
[③] 郭世明、冯晓云编写：《工程概论》，西南交通大学出版社2001年版，第1页。

工程,是人类将基础科学知识和研究成果应用于自然资源的开发、利用,创造出具有使用价值的人工产品或技术服务的有组织的活动。① 工程是改变自然的物质状态的造物活动(环境意识)。

在国外,工程概念(Engineering)最早在18世纪的欧洲出现。其意为:应用科学知识使自然资源最佳地为人类服务的一种专门技术。②

Engine:发动机、机器、武器;Engineer:工程师、机械工、(陆军)工兵;

Engineering:工程学、工程(技术)、土木工程(的成果)。

Engineering 一词起源于拉丁文 ingenium,意指古罗马军团使用的撞城锤。中世纪称操纵这种武器的人为 ingeniators,后来这个词逐渐演变为 engineer(工程师),意指建筑城堡和制造武器的人。在中国古代和西方古代,"工程"以及这个词表现的内容都与军事有关。例如:郑国渠、长城等。(风险与安全意识)

在古代中国,工程是指一切工作、工事以及有关程式。最早"工程"一词出现在《新唐书·魏知古传》:"会造金仙、玉真观,虽盛夏,工程严促。"《红楼梦》第十七回:"园内工程,俱已告竣。"此"工程"与今天所用"工程"概念同。

《元史·韩性传》:"所著有读书工程,国子监以颁示都邑校官,为学者式。"③此"工程"类似于今天"希望工程"、"菜篮子工程"、"五个一工程",在"工程"复杂的社会性活动之义的基础上引申,而不是"工程"的本义。④

近代社会进入了近代工程时代,其社会的基本物质面貌就是由近代工程塑造出来的。近代工程时代形成了传统的工程领域,如:建筑工程、水利工程、交通工程、电力工程、矿山工程、冶金工程、机械工程、通信工程、能源工程等。这些起源于欧洲文艺复兴以及随后的科学技术的突破性进展的近代工程,为近代工业革命和生产方式的变革提供了物质基础,并由此促进了社会经济的繁荣和人类文明的进步。

欧洲历史上第一所授予工程学位的学校是成立于1794年法国巴黎的综合工艺学校。这所学校隶属于国防部门。18世纪下半叶,英国出现了最早的公共民用工程,如运河、道路、灯塔、城市上下水系统等土木工程。

现代工程产生于19世纪末20世纪初。伴随着相对论、量子理论、DNA

---

① 肖平等撰写:《工程伦理学》,中国铁道出版社1999年版,第28页。
② 《英汉多功能词典》,外语教学与研究出版社,建宏出版社(台湾)1997年版,第489页。
③ 《辞源》第二部,商务印书馆1980年版,第953页。
④ 《简明不列颠百科全书》,中国大百科全书出版社1985年译版,第413页。

第一讲 关于工程

遗传密码、混沌理论等重大科学发现,以及原子能、电脑、生物、纳米、航天等重大技术发明,工程概念的应用范围也日益扩大,出现了新兴工程领域,如:生物工程、遗传工程、医药工程、信息工程、网络工程、管理工程、绿色环保工程乃至农业工程等新的概念。现代工程创造了诸如曼哈顿工程、航天和登月工程、生物工程等现代工程文明。工程活动塑造了现代文明,改变了现代社会的面貌,深刻地影响着人类社会生活的各个方面。它是社会存在和发展的物质基础。我国设计、实施和完成了许多大型和特大型工程如三峡工程、神舟飞船、南水北调、西气东输、青藏铁路等,它全方位地影响了我国的政治经济、社会、自然环境。它们的存在表明今天的中国已经成为工程大国。①

工程实践案例

灵　渠②

灵渠位于桂林东北60公里处兴安县境内,是现存世界上最完整的古代水利工程,与四川都江堰、陕西郑国渠齐名,并称为"秦时三大水利工程"。郭沫若先生称其为:"与长城南北相呼应,同为世界之奇观。"

灵渠全长37公里,建成于秦始皇33年(公元前214年)。由铧嘴、大小天平、南渠、北渠泄水天平和陡门组成。灵渠设计科学,建造精巧。铧嘴将湘江水三七分流,其中三分水向南流入漓江,七分水向北汇入湘江,沟通了长江、珠江两大水系。

公元前221年,秦始皇统一北方六国之后,又对浙江、福建、广东、广西地区的百越发动了大规模的军事征服活动。秦军在战场上节节胜利,唯独在两广地区苦战三年,毫无建树,原来是因为广西的地形地貌导致运输补给供应

---

① 邱亮辉:"论工程意识",殷瑞钰等:《工程与哲学》,北京理工大学出版社2007年版,第101页。
② 课件配有影像资料,请到西南交通大学网站精品课程中找取。

不上。所以改善和保证交通补给成了这场战争的成败关键。秦始皇运筹帷幄,命令史禄劈山凿渠。史禄通过精确计算终于在兴安开凿了灵渠,奇迹般的把长江水系和珠江水系连接了起来,使援兵和补给源源不断地运往前线,推动了战事的发展,最终把岭南的广大地区正式地划入了中原王朝的版图,为秦始皇统一中国起了重要的作用。

(资料来源:baike.baidu.com/view/32132.htm 7K 2006-8-8)

巴拿马运河(Panama Canal)

[巴拿马运河开凿的历史背景]

巴拿马运河是通过巴拿马地峡沟通大西洋与太平洋的通航要道,被誉为世界七大工程奇迹之一。它位于美洲巴拿马共和国的中部,横穿巴拿马地峡。巴拿马运河全长81.3千米,水深13—15米不等,河宽150—304米。整个运河的水位高出两大洋26米,设有6座船闸。船舶通过运河一般需要9个小时,可以通航76 000吨级的轮船。

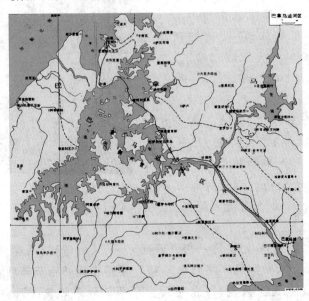

巴拿马是具有世界战略意义的运河,它是连接太平洋与西班牙宗主国的交通枢纽。每年一度的波托弗洛交易会吸引着欧洲各大商行的代理商,在这里,成吨的秘鲁白银与欧洲货物进行着有利可图的交易,巴拿马因商业和海

运日益繁荣。

巴拿马成了冒险家的乐园,官僚、军官、商人、海员、工匠、奴隶和来自加勒比海地区的代理商们充斥着这座城市。商业的兴盛对航运提出了更高要求,人们发现在狭长的巴拿马地峡开凿一条运河,沟通两大洋,将是一项事半功倍、惠及万代的壮举。早在15世纪,征服墨西哥的西班牙人瓦斯科·科尔特斯就提出过修建运河的主张,但他未指明适合开凿的地点。1523年,在瓦斯科·努涅里·巴尔沃亚征服巴拿马之后,西班牙国王查理一世(即神圣罗马帝国的查理五世)明确提出了开凿一条中美洲运河的主张。

1534年,西班牙国王卡洛斯一世下令对巴拿马地峡进行勘查,西班牙人沿着山脊用鹅卵石铺出了一条穿越地峡的驿道,算是为开凿作了准备。从18世纪开始,西班牙殖民政府陆续派员勘查了四个备选地点,1771年,勘查了特万特佩克地峡,1779年,勘查了尼加拉瓜地峡,然而到1814年,当西班牙终于决定开凿运河时,拉美独立战争的爆发却打乱了整个计划。1838年,一家法国公司曾派人对巴拿马地峡进行了勘测,终因得不到政府的支持而作罢。1849年,加利福尼亚发现金矿,经济飞速发展,运河的开凿日益受到各方关注,羽翼未丰的美国预见到实力雄厚的英国可能会参与开凿运河的争夺,于是未雨绸缪,抢先向英国提出未来巴拿马运河中立化的建议,得到英国热烈响应。

[费尔南德·雷赛布与人类历史上最艰难的工程]

雷赛布是职业外交家,1825年以来,历任驻里斯本副领事助理、亚历山大领事、开罗领事、巴塞罗纳总领事,最后升至驻马德里公使。因为曾在埃及、突尼斯长期工作,雷赛布在阿拉伯世界中享有相当高的威信。1854年,埃及总督赛义德帕夏授权雷赛布开凿苏伊士运河,雷赛布详细研究了拿破仑远征埃及期间,法国工程师勒佩尔对苏伊士地峡的考察报告,定下了在地中海和红海之间开辟直接通道的施工方案。由于准备充分、资金到位,运河的工程进展顺利,1859年4月25日动工,到1869年11月17日苏伊士运河就正式通航了。

在雷赛布的领导下,法国洋际运河公司经过数年的准备,制定了八套施工方案,最后定于1883年2月,正式动工开凿巴拿马运河,整个工程由雷赛布本人亲自主持,这使欧洲的投资者深怀信心。苏伊士运河的成功修建,使雷赛布的声誉达到顶峰,他成为法兰西学院院士、法国科学院院士,得到荣誉军团大十字勋章和印度星形勋章,英国皇室授予他伦敦荣誉市民称号。往昔

的成功令雷赛布十分陶醉,他机械地照搬修建苏伊士运河的成功经验,而对巴拿马的特殊地形估计不足,在没有详细调研的基础上草率地制订了施工方案,结果酿成了一场灾难。

巴拿马地峡是热带雨林气候,潮湿闷热、丛林密布、交通闭塞、地形复杂,基础设施落后,缺乏起码的施工条件,当来自55个国家的4万施工大军进驻之后,人们才发现那里简直是一个人间地狱:参天的密林中毒虫遍布,令人难以容忍,炎热的天气使可怕的疫病蔓延开来,夺走了大批工人和技术人员的生命,在加通水闸附近的希望之山上,林立的墓碑令人不寒而栗。

比炎热气候和恶劣环境更可怕的是人为的失误,起初,雷赛布照搬苏伊士运河的经验,认为可以利用巴拿马地峡众多的湖泊修建一条海平式运河,谁知施工四年之后,傲慢的法国人才发现巴拿马地峡临太平洋一端的海面,要比加勒比海一端高出5—6米,根本无法修建海平式运河,这个过迟的发现给法国洋际运河公司以致命的打击。

最令雷赛布烦心的还有美国人的拆台,运河的设计走向与美国人经营的巴拿马铁路平行,这主要是为了便于运输物资,但美国人根本不予以配合。铁路部门对运河物资的配送百般设障,消极对待,最后逼得法国运河公司不得不以2550万美元的天价买下这条仅值750万美元的铁路,但留用的美国员工继续捣乱,破坏怠工,致使铁路根本无法正常运营。

最后,法国运河公司在经营管理上也出现了问题,以雷赛布为首的高管层在工程难以为继的情况下,却大肆侵吞公开发行的运河股票资金;为掩盖真相,继续增发债券,公司动用大笔金钱贿赂官员,法国政府先后有150名部长和议员接受了贿赂,然而纸包不住火,到1889年,法国洋际运河公司山穷水尽,不得不宣告破产,雷赛布本人也上了法庭。

1894年9月,为了收拾这个烂摊子,法国政府牵头另组了一家公司,接手运河工程,决定将原来的海平式运河改成水闸提升式运河,但是由于雷赛布的工程仅完成了1/3,预算超过原计划一倍以上,剩下的2/3又是最艰难的地段,而距离原定的竣工日期只有6年了。眼看无法按期交工,1898年11月,法方不得不请求哥伦比亚政府将工期宽限至1910年10月,为此法国愿意支付2000万法郎作为补偿。2月,哥伦比亚政府派代表尼科拉斯·埃斯格拉来到巴黎,他充分体谅法方的困难,提出只要补偿500万法郎即可,这样,法国人就以比较有利的条件得到了延期4年竣工的权力,虽然如此,完成巴拿马运河仍然是杳然无期。

[美国成为最终的赢家]

本来,美国政府就对法国如此轻易地得到巴拿马运河的租让权感到不满,时任美国总统的拉瑟福德·伯查德·海斯指出:美国必须把巴拿马运河控制在自己手中,它决不能放弃这种控制而将运河交给任何一个欧洲国家!

在美国,以阿尔弗雷德·马汉和西奥多·罗斯福为代表的海权论者,非常重视巴拿马运河的战略地位,1898年美西战争期间,美国新式战列舰"俄勒冈"号为了从西雅图赶往古巴参战,居然要绕道合恩角,这一事实极大地刺激了美国政府和舆论。

为了向哥伦比亚和欧洲国家施压,与法国运河公司抗衡,美国也组织了一个巴拿马运河工程临时协会,由南北战争的著名将军、前总统尤利塞斯·格兰特担任主席,1880年,美国两艘巡洋舰驶抵哥伦比亚港口"访问",炫耀武力,1881年2月,美国与哥伦比亚签署了一项协定:两国应在巴拿马地峡的战略要点建立海上军事防卫据点,这些据点平时由哥伦比亚人守卫,战时则由美国海军陆战队负责,不过,这项协议很快又被哥伦比亚国会否决。

1898年12月到1900年2月5日,英、美两国历经旷日持久的谈判,终于签署了《美国和英国关于促进建造通航运河的条约》,也称《海约翰—庞斯福特条约》,以取代原来的《克莱顿—布尔沃条约》。新条约确立了美国主持开凿巴拿马运河并享有制定运河管理规定的特权,英国只保有运河通航的自由权,12月20日,美国又抛出三个修正案,进一步强化了对运河的控制,英国亦无条件接受,至此,美国完全排除了英国的干扰,可以专心对付法国了。

法国人在开凿巴拿马运河遭遇滑铁卢后,1899年8月,美国派一个以海军专家约翰·沃尔克为首的技术委员会来到巴黎,与法国政府接触,探寻转让运河租让权的可能性,次年4月,又提出收购法国运河公司的要求,但遭到该公司总经理于坦和法国政府的拒绝。此后,美国加紧向法方施压,1899年12月27日,美国新泽西州成立了一家巴拿马运河公司,展开大规模游说活动,为收购法国运河公司制造舆论。此招未能奏效,美国转而采取声东击西的办法,故意放风说要与尼加拉瓜合作,另建运河与巴拿马运河抗衡,这个故意散布的假消息收到了奇效,被吓蒙了的哥伦比亚驻美公使马丁内兹·席尔瓦在未请示本国政府的前提下,就匆忙草拟了一个将法国运河公司的租让权转让给美国的协议,建议由美国代替法国开凿运河,租期为100年,期满后可续租,美国可以在运河区驻军,每年只需支付给哥伦比亚政府60万美元。

1903年11月18日,美国与巴拿马共和国签订了《美国与巴拿马共和国关于修建一条连接大西洋和太平洋的通航运河的专约》，简称《美马条约》或《海约翰—布诺·瓦里亚条约》。条约规定，美国保证巴拿马的独立，巴拿马把宽10英里、面积1 432平方公里的运河区交给美国永久占领、控制，巴拿马湾中的一些岛屿也交给美国使用，美国一次性付给巴拿马1 000万美元，自1913年起，每年支付25万美元，第三条甚至明确规定巴拿马共和国不得在运河区执行国家主权，这就把运河区变成了国中之国。第五条规定美国拥有对巴拿马运河和铁路公司的全部财产的永久垄断权，第八条规定法国运河公司和铁路公司的全部财产和权利均须转让给美国，第二十四条规定，今后巴拿马共和国的政治形势无论发生什么变动，都将不得影响本条约规定给予美国的权力。条约中最重要的一点是，美国有权对巴拿马城和科隆城进行干涉，以维护公共秩序。

美国人的介入使巴拿马运河工程全面恢复，预算得到了控制，工期大大提前，1904年8月15日，完成了试航，1920年6月12日，巴拿马运河正式通航。在几十年的运河开凿史上，共有近三万人因伤病致死，其中包括不少中国工人。

在传统的观点看来，美国人是通过不平等条约控制了巴拿马运河，并掠夺了本应属于巴拿马人民的财富。事实上，当1903年的条约签订时，西奥多·罗斯福高兴地说："我拿到了地峡！"塞缪尔·早川教授则说了一句令人费解的评论："我们是正当地偷窃了它！"罗纳德·里根在1976年总统竞选中喊出的一句口号，可以作为对巴拿马运河地位的最终评价：我们买下了它，我们付了钱，它（巴拿马运河）是我们的！

（资料来源：baike.baidu.com/view/15686.htm 38K 2007-2-24）

二、大工程观

直到20世纪80年代以后，有人提出了"大工程"的观念，把工程作为一项具有社会性、综合性和整体性的生产活动来加以思考。

大工程观要求把工程实践看做一个受多种因素制约的复杂的运作体系。工程活动是以一种既包括科学技术要素又包括非技术要素的系统集成为基础的物质性实践活动。① 它不仅涉及科学技术在决策、设计、构建、生产管理

---

① 殷瑞钰等：《工程与哲学》，北京理工大学出版社2007年版，第11页。

过程中的有效应用,还包含着组织管理、社会协调、经济核算等基本要素,并将产生直接而广泛的社会影响。因此,工程活动必须协调社会、政治、法律、文化、伦理、自然环境、资源等多种因素才能付诸实施。

例如:一座桥梁是铁路或公路的一个组成部分,而一条铁路或公路又是一个交通网络中的一条经脉,这个交通网络又是一个区域经济、文化、管理布局中的物质流和人流的命脉,而一个区域的社会、经济发展又是更大地域社会发展战略的一部分。可见,这座桥与自然、地理、人文环境、社会经济环境密不可分,是经济、社会、文化的组成部分。因此,任何工程活动都会受到外部边界条件的影响和制约。复杂的工程系统对于在工程活动中处于支配地位的人,必然提出很高的要求。为了保证工程活动的质量,自然要求提高建设者的素质,要求其不但要懂得技术、经济、社会人文和管理知识,而且还应学习哲学,研究工程价值观,树立正确的工程理念。[①]

工程活动是一项社会活动,工程就是一个复杂利益的系统,一项工程可能不仅能够带来经济的利益,也会产生政治、军事、社会的利益。但工程也可能损害到局部利益,部分人群的利益。工程活动的目的是为了人类的福祉,科学发展观的核心是以人为本,工程决策、设计、施工、运行必须考虑民众的要求。三峡工程建设由于照顾了各方面的利益,所以得到了包括库区居民在内的广大群众的支持和配合。相反,西南某水利工程因为移民安置工作做得不好,引发了群众闹事,影响了社会安定。所以,工程活动还关系到社会公正、和谐安定,工程利益目标和实现方式都体现着一定社会的伦理价值。

在工程活动中如何改善工人的劳动条件是社会普遍关心的问题。青藏铁路建设中,为了解决高原缺氧问题,采取了有效措施,保护了职工健康。然而,有些工程却没有给工人以应有的安全劳动条件,导致伤亡事故频发,成为舆论关注的焦点,某些煤矿就是典型的例子。[②]

工程往往是文化的载体。它不仅承载了一定时代的科学思想、技术手段和工程实施的组织管理与物质表现力,还承载了一定时代的审美趣味、艺术思想甚至意识形态。工程还是凝固的雕塑。例如,都江堰水利工程、北京故宫、科隆教堂、埃及金字塔、帕堤侬神庙等。

下面举一个在我们身边让我们引以为自豪的例子:2009 年 3 月西南交

[①] 傅志寰:《树立正确的工程理念,落实科学发展观》,殷瑞玉等:《工程与哲学》,北京理工大学出版社 2007 年版,第 22 页。

[②] 同上书,第 24 页。

通大学建筑工程学院王蔚教授与享有极高声誉的国家大剧院和奥运会场馆水立方一齐获得第五届中国建筑学会建筑创作奖。王蔚教授的得奖作品是成都草堂小学翠微校区,这项造价仅2 000万,由四栋建筑物通过走廊连为一体的小学校舍,正对大门的墙体上镶着10多个彩色的椭圆。王蔚教授介绍说:"这些彩色的椭圆图案,代表着水滴。阳光下'水滴'呈现出不同的颜色代表了学生的不同性格。"校舍以"阳光下的水滴"为设计构思,充分表达了尊重个性发展,尊重少年儿童人格特征的理念。①

现代社会实施的大型工程都具有多种基础理论学科交叉、复杂技术综合运用、众多社会组织部门和复杂的社会管理系统纵横交织、复杂的从业者个性特征的参与、广泛的社会时代影响等因素的综合运作的特点。工程是改变人类生活、影响人类生存环境、决定人类前途命运的具体而重大的社会经济、科技活动,人类通过工程活动改变物质世界。工程活动能够最快最集中地将科学技术成果运用于社会生产,并对人类社会产生巨大而广泛的影响。一项工程是否具有可行性及其最终的成败不单取决于技术因素,还取决于多种非技术因素。

所有这些背景性因素都应当进入工程师的视野,并得到综合考虑。美国学者J.波多格纳说:"工程师在组织化社会中的基本作用是一种整合作用,工程师的作用是构建整体。"现代工程活动使工程师扮演了一个更重要的角色,工程技术的复杂性和广泛的社会联系性,必然要求工程技术人员不仅精通技术业务,能够创造性地解决有关专业的技术难题,还要求他善于合作和协调,处理好与工程活动相关联的各种社会关系。最重要的是,工程活动对社会对环境的影响越来越大,这就要求工程技术人员打破技术眼光的局限,对工程活动的全面社会意义和长远社会影响有自觉的认识,承担起应有的社会责任。现代大工程意识下,要求工程师除具备技术能力外,还必须具备在利益冲突、道义与功利发生矛盾时做出道德选择的能力;除对工程进行经济价值和技术价值判断外,还必须对工程进行道德价值判断;除具备专业技术素养外,还应具备道德素养;除对雇主负责外,必须对社会公众、对环境以及人类的未来负责。

---

① 见孙鹏:《网友瞠目:草堂小学跟水立方一样潮?》,《成都商报》2009年2月25日。

三、工程特点总结

1. 工程是科技改变人类生活、影响人类生存环境、决定人类前途命运的具体而重大的经济生产活动和技术创新活动,人类通过工程活动改变物质世界。换句话说,工程是科学技术转化为生产力的实施阶段,是社会组织的物质文明的创造活动。科技的特征和专业的特征是工程的本质基础。工程"服务于某个特定目的"意味着它的社会应用性。这一特性就决定了工程与社会政治、军事、经济、医疗、文化、教育等的密切联系,也决定了工程受社会价值目标的引导。早期英国城市公共工程涉及面宽,社会影响大。为修建穿越多个城市的运河,土木工程师要到英国议会作论证,因为它涉及太多的社会事务。社会应用性的特点决定工程的目标必须以公共利益为出发点,必须遵守社会文化价值,必须受社会道德约束。

2. 工程活动能够最快最集中地将科学技术成果运用于社会生产,"各项技术工作的总和"意味着工程活动中技术运用的综合性。尤其现代工程早已超出了单一学科技术的范围,多学科合作成为工程的基本要求。例如,航天工程就涉及了许多复杂的现代工程技术门类。这一特性决定工程师必须承担外行无法承担的工程技术责任,必须以自己的努力为专业赢得荣誉,必须具备与不同领域工程师合作的精神。

3. 工程活动历来就有一个复杂的组织体系,规模大、涉及的因素多。尤其是现代社会进行的大型工程都具有多种基础理论学科交叉、复杂技术综合运用、众多社会组织部门和复杂的社会管理系统纵横交织、复杂的从业者个性特征的参与、广泛的社会时代影响等因素的综合运作的特点。因此,工程社会学与工程管理学应成为现代专业技术工程师必备的基本知识。工程的社会目标与技术目标是否能实现或者能否高效地实现,与工程组织管理与工程经济经营密切相关。这就决定了一个优秀的工程师不能不关心,也不能不懂点工程预算与工程成本、计划管理与质量管理的相关知识。

4. "利用资源为人类服务"意味着工程是利用自然资源并通过对自然环境的改变为社会提供有用性服务的,人与自然的关系在工程活动中体现得最为充分。保护环境,节约资源已经成为近些年来世界范围内社会对工程界最强烈的呼声之一。我国2009年1月1日开始实施的《循环经济促进法》,就体现了国家对工程利用资源服务人类的价值指向。

四、区分两组概念

1. 生产与工程

生产:以一定生产关系联系起来的人们利用生产工具改变劳动对象以适合自己需要的过程,是人类社会存在和发展的基础。①

工程:是人类的一项创造性的实践活动,是人类为了改善自身生存条件、生活条件,并根据当时对自然规律的认识,而进行的一项物化劳动,它应早于科学,并成为科学诞生的一个源头。②

生产活动与工程活动不可截然分开,工程活动的实践性特征决定任何工程的造物活动都像生产活动那样必然有一个新的物的存在。但它们也有鲜明的区别:(1) 工程活动具有强烈的技术复杂性,生产活动通常将不同的技术作环节切割,使技术单纯,尤其是现代工业具有流水作业的特点;(2) 工程活动具有实践创造性,而生产活动则更主要地表现为活动的常规性;(3) 工程活动具有造物过程的完整性,而生产活动则具有造物的重复连续性。

区分这组概念有助于我们把握工程伦理的研究对象,工程伦理宽泛的研究对象包括造物的生产者,但工程伦理研究的侧重点却在于技术性强的创造性活动主体的责任与道德规范。

2. 科学、技术与工程

科学、技术和工程是三种不同的社会活动方式。

著名航空工程师和教育家西奥多·冯·卡门说:"科学家发现(discover)已经存在的世界;工程师创造(create)一个过去从来没有存在过的世界。"有人又补充了一句话:"艺术家'想象'(imagine)一个过去和将来都'不存在'的世界。"③

科学活动以发现为核心,技术活动以发明为核心,工程活动以造物为核心。这三者之间的联系与区别在于:

(1) 科学是反映自然、社会和思维等的客观规律的分科知识体系。人们常常这样描述科学:科学是对真理的追求。从科学对事实真相的揭示来说,

---

① 《辞海》,上海辞书出版社 1980 年版,第 1727 页。
② 殷瑞钰、王应洛、李伯聪:《工程哲学》,高等教育出版社 1997 年版,第 1 页。
③ 李伯聪:"关于工程思维",殷瑞钰等:《工程与哲学》,北京理工大学出版社 2007 年版,第 14 页。

可以说科学是"中性"的。人类认识不认识事物的客观规律,它都存在着。

（2）技术是人类在利用自然和改造自然的过程中积累起来并在生产劳动中体现出来的经验和知识,也泛指其他操作方面的技巧。① 这一界定表明,技术一定是对客观物质施加了影响,一定在某种意义上改变了物质,也改变了人类的生活。因此,技术的应用一定存在风险,而科学并不存在风险。如果硬要说科学有风险的话,科学的风险在于为技术提供了认识武器。

（3）工程活动的本质是一种生产活动,但它是以科学理论为依托,借助专业技术实现的生产活动。技术是经验与知识的结合,表现为技巧,与工程关系十分紧密,对工程的管理与评价往往离不开对技术手段的选择、管理与评价。由于技术存在风险,工程是技术集成化的体现,自然风险也会集约而来。任何工程都存在一定的风险,我们已经进入到一个大工程的时代,也就不可避免地进入到高风险的社会。工程人员的风险意识和安全意识是工程意识的重要内容,这也要靠强化职业责任来防范风险。

（4）科学探索活动不同于技术和工程,它的求知目的大于实用目的。因此,对科学的管理和对技术、工程的管理也就有很大的不同,科学有更大的探索意义,社会的道德约束应该相对小些,给科学探索的自由空间更大些;而技术、工程有较大的社会意义,社会的道德约束也就应该相对较大。

（5）科学、技术与工程有难以分割的联系,但又不完全等同。所以,在讨论工程伦理时会涉及科学探索与技术创新、运用的科技伦理。

（6）由于现代科学具有迅速转变为技术运用于工程,从而影响社会的特点,所以科学的探索也越来越多地受到伦理的审视和制约。

学习指导与思考题

1. "工程"要领学习引导

从给出的"工程"概念中总结出工程的本质:服务于特定社会目标的造物活动;

概括出能够反映工程特征的核心词:运用技术、利用资源、社会性制造活动、服务社会特定目的;

理解工程的几个基本意识:造物意识、人本意识、现场（实践）意识、技术集成优化意识、环境意识。

---

① 《现代汉语词典》,商务印书馆1989年版,第533页。

2. "工程案例"学习引导

从中外两个经典案例中找出工程的社会性因素;找出工程的技术性特征和技术思想。

3. 思考题

"科学技术"、"科学家"、"工程师",这三个词让你首先联想到的词是什么?请为每个词选出你认为最能反映你的认知的三五个相关词。

第二讲　工程伦理概念与研究

一、引子——工程概念的道德色彩

由"科技造福人类",我们可以推出"科学技术是人类神圣之事业"。这是一个带有价值判断的愿望,还是一个符合事实的推理?

"科学技术"、"科学家"、"工程师",这些词给我们带来了怎样的联想?让我们结合零点调查公司对大众的一项调查和学生的选择作一个分析。一部分被调查对象对这几个词给出了以下界定:

科学技术:(先进、有利)

先进的、前卫的、时尚的、创新的、高水平的、突破性的、进取的、优势的;

有用的、高价值的、性能良好的、快速的、有效的、挣钱快的。

科学家:(优秀、专业)

聪明的、有学问的、有竞争力的、令人向往的、尊敬的、杰出的、获得诺贝尔奖的、国际化的;

专家型的、专门技术的、常人不能理解的、神秘的、不可思议的、需要许多专门人才的。①

工程师:(有技术、能干)

有技术、发明、革新、解决实际问题。

工程师是能够独立完成某一专门技术任务的设计、施工工作的专门人

---

① 袁岳:《新公道》,北京大学出版社 2005 年版,第 18—19 页。

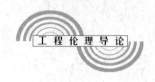

员。该名词也是技术干部的职务名称之一。① 工程师是工程人才的中坚力量,他们在推动经济和社会发展中发挥了很重要的作用。在20世纪五六十年代鼓舞人心的社会主义工业建设热潮中,许多青少年热情向往将来能成为优秀的工程师。

"科学"一词可以作为名词也可以作为形容词使用。作为名词的"科学"是指:反映自然、社会、思维等的客观规律的分科的知识体系。作为形容词的"科学",其词义在"客观规律"的基础上延伸。表现为:合乎客观规律的、实事求是的、客观的、正确的、合理的。进而有了人们联想出的一大堆带有实用价值意义的美誉。

科学探索和工程活动是发现真理和创造财富的活动,我们称之为神圣的事业,造福人类的活动,这是社会对这一事业的社会贡献的肯定。科学家、科技工作者、工程师是从事科研工作、技术研发、工程设计和操作的有一定的专业水准和成就的人,是有能力造物并改变世界的人,是造福人类的人。由于他们是从事神圣事业的人,又具有一定的专业能力,因此,在一般人眼里往往把他们视为神圣而高尚的人。在这之中,已经加入了价值判断,人们对从事这类职业人员道德期望也显然比较高。但是,从事神圣之事业的人不一定是神圣的人,这个道理很容易被理解。在现实生活中人们常常混淆这两者。如社会把从事教育工作的教师称为"人类灵魂的工程师",把从事医疗工作的医生称为"白衣天使"。很显然我们不能把对职业的社会功能、社会意义的认知与从事这一职业的人简单等同起来。因为不是所有的教师都堪称"灵魂工程师",也不是所有医生都是"天使",这是不能画等号的。

当我们把科学家、工程师称为"神圣的人"、"造福人类的人"时,显然不是在作事实判断。在现实的工程活动中,爱国为民,贡献卓著者有之;刻苦钻研,富于创造者有之;勤奋严谨,认真负责者有之;但急功近利,见利忘义者有之;胆小怕事,趋炎附势,出卖良知者亦有之;不关心大众福利,唯技术主义的"科学家"、"工程师"亦有之。可见,从事"神圣之造福人类"事业的从业者,并不必然具有神圣性或者高尚的道德。高尚的职业精神取决于他们的职业态度和道德精神,于是工程伦理教育问题就顺理成章地被提出来了。

---

① 《现代汉语词典》,商务印书馆1983年版,第379页。

二、关于工程伦理的几个概念

1. 伦理学:是有关善恶、义务、道德原则、道德评价和道德行为的科学([美]梯利)。

伦理学是一门研究道德规律的理论学科,又是一门研究道德规范与道德行为的实践学科。因此伦理学的特点有二:一是价值的探索(道德哲学);二是价值的实践。根据伦理学研究的不同侧重,可以将伦理学分为:规范伦理学、元伦理学、应用伦理学。

2. 道德:是人们共同生活及其行为的准则和规范。① 道德表现为风俗习惯,一定社会的行为模式。道德通过社会舆论和人们的亲疏态度对人的社会行为起约束作用。

3. 工程伦理

爱因斯坦曾经指出:"如果你们想使你们一生的工作有益于人类,那么,你们只懂得应用科学本身是不够的。关心人的本身,应当始终成为一切技术上奋斗的主要目标;关心怎样组织人的劳动和产品分配这样一些尚未解决的重大问题,用以保证我们科学思想的成果会造福于人类,而不致成为祸害。在你们埋头于图表和方程时,千万不要忘记这一点。"②

工程伦理是伦理学的一个分支学科,工程伦理是以工程活动中的社会伦理关系和工程主体的行为规范为对象,进行系统研究和学术建构的理工与人文两大领域交叉融合的新学科。它所讨论的主要问题是:工程决策和设计、实施过程中关于工程与社会、工程与人、工程与环境的关系合乎一定社会伦理价值的思考和处理。

工程是人类利用所掌握的自然规律以及创造的经验和技术,改变自然界并将自然界的资源转变成人类财富的社会活动。工程技术是让工程师有能力实现工程设计与施工,工程技术课程是针对技术实现展开的,它关心的是我们有没有技术能力做的问题。工程伦理则是讨论工程的社会综合价值和价值关系,以及这些价值如何实现的问题。因此,工程伦理关心的是我们该不该做以及怎么做的问题。张寿荣院士认为工程哲学的基本问题应该是告

---

① 《现代汉语词典》,商务印书馆1989年版,第220页。
② 《要使科学造福于人类,而不成为祸害——对加利福尼亚理工学院学生的讲话》,爱因斯坦:《爱因斯坦文集》第三卷,商务印书馆1979年版,第73页。

诉人们"什么能做","什么不能做"和"应该怎样做","由谁来做"。

现代工程活动使工程师扮演了一个非常重要的角色,工程自身的技术复杂性和社会联系性,必然要求工程技术人员不仅精通技术业务,能够创造性地解决有关专业的技术难题,还要求他善于管理和协调,处理好与工程活动相关联的各种社会关系。最重要的是,要求工程技术人员打破技术眼光的局限,对工程活动的全面社会意义和长远社会影响建立自觉的认识,承担起全面的社会责任。

在工程实践中真的存在伦理问题吗?让我们来看一个案例。

案例

三门峡水利工程

黄河流经土质疏松的黄土高原,挟带大量泥沙,在下游冲击成一片约25万平方公里的三角洲平原。这种自然造陆功能对于缺少平川地的中国先民来说是天赐厚土。但黄河的水患是中华民族历史上深重的自然灾难之一,黄河历史上26次大改道,无数次的溃堤泛滥给民众的生命财产带来巨大损失。治理黄河是历史的责任。

新中国建设伊始,治理黄河的设想就被提到国家建设规划中。黄河治理是一个系统工程,当时的规划欲在黄河干流上建46座拦河坝,在支流上建24座水库。三门峡大坝是黄河第一坝,1955年列宁格勒设计院的方案是高坝蓄水拦沙。这一设计方案将移民60万人。当时刚走出校门的技术员温善章提出不同意见:滞水排沙,降低蓄水位,减少移民10—15万。黄万里的意见则是:完全不同意在三门峡修建大坝。他认为,三门峡大坝只是把河南的灾难搬到陕西,黄河上游水位将因拦沙而提高。

1955年7月18日,邓子恢副总理正式向全国人大提出"关于根治黄河水害和开发黄河水利的综合规划报告",提出第一期工程包括三门峡、刘家峡及支流水库、灌渠等预算共53.24亿元。其中三门峡水库和水电站12.2亿元(包括移民费用),计划淹没耕地200万亩,移民60万。

1957年6月29日李先念向人大报告1956年决算,国家收入为297.544亿元,支出305.741亿元。这一年的工业总产值才177亿元,各行各业都有很大的投资缺口。那时技术和经济落后的中国,用两袋面粉换一包水泥,一吨猪肉换一吨钢铁的代价,向国际社会换取建设材料。

1957年4月工程动工,1960年9月,三门峡建成蓄水。1961年,淤沙16亿吨。1962年,渭河回水淹没两岸良田25万亩,土地严重盐碱化,5 000人被洪水围困。潼关河床淤高4.6米,渭河口形成拦沙门,航运窒息。1962年两岸溃塌,毁农田80万亩,一个县被迫迁走。1960年至1995年,三门峡库区冲淤累计总淤积量为55.65亿吨,其中潼关以上为45.45亿吨,占总淤量的81.65%。这使得渭河成为地上悬河,使南山支流口淤塞不畅,只要渭河涨水就向支流倒灌,严重威胁人民生命财产的安全。

1964年,水库淤沙达50亿吨,黄河回水逼近西安。1965年被迫改建,耗费惊人的人力财力凿隧道排沙,8台发电机组炸掉4台,发电能力为20万千瓦,为原设计120万千瓦的零头。1969年第二次改建,花了6 000万,将坝底的6个排水孔全部炸开,1973年12月完工。①

1960年蓄水后,渭河河口淤积达4米,水害不断,水土持续恶化,下游河水所剩无几。1972年黄河出现断流,20世纪90年代每年断流平均100多天,1997年断流222天。据统计,1992年8月的洪水,其水量并不大,因河床较建库前提高4.2米,损失却十分惨重,淹没耕地69万亩,倒塌房屋8 000多间,受灾人口28.5万人,直接经济损失3.5亿元左右。②

2000年4月,在渭南召开陕西省三门峡库区防洪暨治理学术研讨会,81名专家一致认为洪灾威胁非常严峻,必须引起领导和有关部门的高度重视。

2003年秋,黄河上游支流洪水成灾。当下国内一片炸坝之声,其中有三个人的声音最引人注目。一是国家水利部副部长索丽生,他考察三门峡库区后公开承认渭河变成悬河主要责任在三门峡;二是三门峡工程技术负责人、92岁的双院士张光斗,他直言建三门峡是个"错误",应当尽快放弃发电、停止蓄水;三是退休的水利部长钱正英,他呼吁放弃发电、停止蓄水。③

案例分析

这一案例既说明工程技术对于公众生命和财产、健康幸福的重要性,也表明随之而来的工程师所理应承担的责任。

任何工程都存在风险,工程的目的是造福社会。一般说来,可错性是任

---

① 李玉霄:《黄万里:一生讲真话》,《南方周末》2001年9月13日。
② 郭盖:《三门峡:五十年后》,《南方周末》2005年12月1日。
③ 丁冬阳:《以三门峡水库为镜鉴》,《南方周末》2003年11月13日。

何思维方式都不可避免的,不但科学思维具有可错性,工程思维也具有可错性。可是人们可以"允许"科学家在科学实验中多次失败,却"不允许"黄河三门峡之类的大型工程在失败后重来第二次。工程项目在实践上"不允许"失败的要求和人的认识具有不可避免的尖锐矛盾。工程思维"执意"坚持不懈地企图找出一条尽可能好的处理可错性与安全性矛盾的方法。工程师的技术运用不可能达到绝对可靠,但工程师应该永远把可靠性作为工程思维的一个基本要求,并对可错性保持高度清醒的认识。①

合理的可错性是指因人类认识局限造成的错误,或者因人类科学水平限制造成的错误。因为工程失败意味着社会经济的巨大代价,甚至可能伴随着政治、军事的代价;意味着可能的人员伤亡和个人财产损失。因此,以造福社会为职业活动目标的科技人员、工程师尽最大的努力以最谨慎的态度和最精良的技术避免工程失败就是他们职业道德最基本的品质表现。

在三门峡一案中,黄万里以科学认知为依据,实事求是地提出不可拦沙蓄水。根据他对黄河的认识,他知道作为世界上含沙量最高的河流的黄河拦沙蓄水势必造成上游的灾难,而他的职业良知又让他坚持说出他认识到的真相。黄万里因为反对三门峡建坝拦沙蓄水的工程而遭到政治迫害,被打成右派,也因此影响到一生的学术与生活。但黄万里堂堂正正的人格面貌,让他赢得了工程界"良心"的赞誉。三门峡工程的问题也让黄万里坚持科学态度、独立负责精神的道德意义彰显出来。温善章作为年轻的技术员敢于质疑苏联专家的设计,也体现了一个负责的工程师的道德品质。他预见到工程的问题严重,提出了折中的方案。

但在三门峡工程的决策中多数人是支持建大坝,拦沙蓄水的。这之中问题很复杂,与当时的国内外政治形势密切相关,在特定情形下,不少工程技术人员不能坚守职业道德。

4. 工程伦理与科技伦理

工程伦理是对工程活动中的道德问题进行伦理审视,那么,科技伦理就是对科技活动中的问题进行伦理审视。中国科学院研究生院社科系李伯聪教授认为:"工程思维"与"科学思维"的区别突出地表现为:工程思维是价值定向思维,而科学思维是真理定向思维。这就清楚地反映了,工程是以满足社会生活需要、创造更大价值为其功能特征的,科学则是以发现真理,探索真

---

① 李伯聪:"关于工程思维",殷瑞钰等:《工程与哲学》,北京理工大学出版社 2007 年版,第 115 页。

理,追求真理为目的。① 对于探索性的科学工作,道德给予工作者较大的自由空间,允许大胆尝试实验,允许出错。但对于有着具体实用功能、社会影响的工程来说,社会却难以容忍失败,其道德要求也不同于科学。就这一点来说,工程伦理与科技伦理是有区别的。

因为工程活动要依托科技,工程活动是运用科学知识来造物的,工程活动的基本精神与科学精神具有一致性,都必须遵循客观规律,都必须严谨细致。随着文明的进步,尤其是现代"大工程"观念的出现,现代科学越来越紧密地与生产实践相结合,特别是应用科学,社会越来越要求将科学的发现与工程运用联系起来进行伦理考量,对科技运用的伦理考量当然地包括在工程伦理之中。就这一点来说,工程伦理与科技伦理又是密切联系的。

因此,它们的部分内容相互包含和重叠,这两者越来越难以断然切割。但由于科学探索与工程活动的性质和对社会影响的关联度都不相同,所以,科技伦理还难以被工程伦理所涵盖,而工程中的伦理问题也难以被科技伦理所概括。因此形成两大联系紧密的伦理研究领域。

三、工程伦理的目标、内容与学科地位

对于公众而言,在需要购买专业技术服务时,他们可能既没有相关领域的专业知识,又无从了解职业人员的个人道德信息。但当我们走入劳务市场寻找房屋装修人员或将汽车开进维修厂时,也许顾客面对的是从未打过交道的装修队或汽车修理厂。可以肯定的是,我们多数人会选择相信专业人士提供的意见并采纳他们的装修和维修方案。就像我们去看病,还是选择相信医生会保守病情秘密,并且将会告知我们可供选择的最新最有效的治疗方案,以便让我们自主地和明智地做出决策。这是因为我们对这些专业技术服务可以作道德上尽责的假设,至少这个社会的行业运行规律是以职业道德保障的技术服务品质与市场有效性挂钩的。在今天技术服务最差的领域往往是可以超越市场规律的垄断行业。

这种规律意味着,可以将伦理规范理解为在职业人员之间及在职业人员和公众之间表达了一种内在的一致。职业人员赞同遵守相同的规范。他们向公众承诺,这些始终如一的标准当涉及职业技术领域时,他们将促进公众

---

① 李伯聪:"关于工程思维",殷瑞玉等:《工程与哲学》,北京理工大学出版社2007年版,第111页。

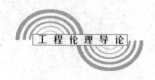

的幸福;其次,确保职业人员在他们专业领域中的能力,并使这种专业能力通过不断学习和经验积累而持续增强。

这种规律如果不仅仅是一种理想状态,也是一种现实状态的话。那么,工程教育就不能仅仅停留于对学生进行职业知识传授和技能训练,它还必须包括培养从业人员具有良好的职业精神和职业责任感。这也是为什么在美国工程教育中必须包含"工程伦理学"课程的原因。也说明了这门课在工程教育中的重要地位。当然,我们也认识到,在实施严格的职业规范中,相关的工程法律、法规,部门、行业的规章、制度起到了更为重要的作用。因此,相关课程中也将涉及工程法律的案例和相关法规、制度。

中国工程院院长徐匡迪先生说:新的形势要求我们培养出新一代的优秀工程师。什么是新型的优秀工程师呢?过去往往认为,工程师的任务就是不断地在技术方面进行创新,要通过技术创新不断提高生产效率,形成经济竞争力。现在看来,如果只做到这一点,那他还不能成为一名优秀的工程师。新一代工程师必须有高度的社会责任心和使命感,有新的工程理念和新的工程观。在培养新一代工程师时,必须重视进行可持续发展观的教育,而不能只注重技术,不能忽视文化传统和社会责任,工程师不仅要改造社会的物质面貌,而且必须为整个社会和人类的福祉服务。①

中国工程院院士殷瑞钰先生认为:人们很容易看到,工程处在自然与社会的中间环节上,处在作为特定的技术集成体位置和构成特定产业的现实生产力的单元位置上,因此工程不仅要体现技术集成的结果以及集成过程中的客观规律,而且在实现其现实生产力功能中必然要涉及理念、决策、设计、构建、组织、运行等过程;同时,也必然要关联到资源、材料、资金、人力、土地、环境和信息等要素的合理配置,因此必将引起特定的管理问题——工程管理。②

现代工程活动使工程师扮演了一个更重要的角色,工程自身的技术复杂性和社会联系性,必然要求工程技术人员不仅要精通技术业务,能够创造性地解决有关专业的技术难题,还要善于管理和协调,处理好与工程活动相关联的各种关系。最重要的是,工程活动对社会对环境越来越大的影响要求工程技术人员打破技术眼光的局限,对工程活动的全面社会意义和长远社会影

---

① 徐匡迪:"科学理念与和谐社会",殷瑞钰等:《工程与哲学》,北京理工大学出版社2007年版,第5—6页。
② 殷瑞钰等:《工程与哲学》,北京理工大学出版社2007年版,第13页。

响建立自觉的认识,承担起更多的社会责任。因此,现代大工程意识要求工程师除具备技术能力外,还必须具备在利益冲突、道义与功利矛盾时做出道德选择的能力,除对工程进行经济价值和技术价值判断外,还必须对工程进行道德价值判断;除具备专业技术素养外,还应具备道德素养;除了对雇主负责外,还要对社会公众、对环境以及人类未来负责。

传统的以群己关系和自我修养为中心的伦理观已经不能解决科技工作者和工程技术人员所面临的由现代科学技术活动提出的现实伦理问题,而这些问题解决不好又会给社会带来极大的危险。为此,早在20世纪80年代,美国工程和技术鉴定委员会(ABET)便明确要求凡欲通过鉴定的工程教育计划都必须包括伦理教育内容。1996年推出的美国工程师"工程基础"考试的修订本也包含了工程伦理的内容。法国、德国、英国、加拿大、澳大利亚等工业发达国家的各类工程专业组织也都制定了本专业的伦理规范,并规定:认同、接受、履行工程专业的伦理规范是成为专业工程师的必要条件。[1] 到90年代中期,台湾工程界和教育界也把工程伦理素养作为工程师必备的专业素养的一部分,并在高校中开设了工程伦理课程。

美国最具影响力的工程师学会(National Society of Professional Engineers, NSPE)在解释其工程师伦理守则(Code of Ethics for Engineers)的前言中即阐明:"工程是一项重要且须经学习而得的专业领域,身为此专业的成员,工程师们背负着社会的期待,应展现最高标准的诚实与正直。由于工程对大众的生活质量直接产生重大的影响,工程师必须提供诚实、无私、公正及公平的服务,并应矢志维护民众的公共卫生、安全及福祉。工程师的专业行为,必须符合最高的伦理原则。"[2]

专业技术意味着道德的责任,原因是社会十分依赖工程师尽责履行专业技能,从而使社会大众能够得到重要的服务。工程师凭借拥有特别知识而拥有不少的权力和特权,但如在欠缺诚信和不当地运用权力的情况下,往往会出现滥用权力,而客户亦容易受到不利影响。故此,工程师应遵守崇高的道

---

[1] 〔美〕查尔斯·E.哈里斯、迈克尔·S.普里查德、迈克尔·J.雷宾斯著,丛杭青、沈琪等译:《工程伦理——概念和案例》,北京理工大学出版社2006年版。

[2] http://egweb. mines. edu/faculty/kmoore/USUJunior/NSPE% 20Code% 20of% 20Ethics% 20for% 20Engineers. pdf.

德标准,才可维持社会大众对其专业的信心。①

在我国,随着经济建设的快速发展,在工程实践中,工程科技人员的职业道德问题日趋突出,社会要求对科技、工程专业的学生进行职业道德教育。本课程首先阐述工程伦理学的基本概念、原理,在此基础上,根据工程的特殊职业要求,结合科技活动和工程实践活动的需要提出工程伦理的原则规范和工程师的职业责任,详细阐明原则规范的社会价值依据和规范的公正性、合理性、合法性,并运用大量案例进行分析,以期学生对规范体系的价值原则有较准确和深入的理解。最后,讨论在科技活动和工程实践中如何实践道德规范的问题。注重理论联系实际是本课的基本精神,不回避社会问题,对科技界工程界出现的学术腐败问题,工程质量问题,工程的经济效益和社会效益的关系问题,工程与环境、工程与社会可持续发展的关系问题进行深入探讨,让学生综合地运用伦理学知识对现实问题进行分析,培养学生的职业责任感和道德感。②

工程实践的案例分析,涵盖了包括工程目标、手段、复杂工程关系等伦理问题的分析,以培养学生对实际工程问题的伦理敏感和道德分析能力。对科学的责任、社会的责任、顾客的责任、子孙后代的责任、自然的责任等工程师的全面社会责任探讨,帮助工科学生完整地了解工程师的职业责任,促使工科学生将来成为一名更为杰出的更负责的工程师。

工程伦理的目标是帮助那些将要面对工程决策、工程设计施工和工程项目管理的人们建立起明确的社会责任意识、社会价值眼光和对工程综合效应的道德敏感,以使他们在职业活动中能够清醒地面对各种利益与价值的矛盾,做出符合人类共同利益和可持续发展要求的判断和抉择,并以严谨的科学态度与踏实的敬业精神为社会创造优质的产品和服务。

为了实现上述目标,工程伦理必须对自己的研究领域、探讨的主要课题和学术方法有准确的定位。我们把工程伦理作为应用伦理学的一个分支看待。也就是说,它的着眼点不是建立一套完整系统的理论,而是具体地探讨和解决工程实践中提出的道德课题。例如,应当以什么样的原则为立足点对工程活动的全过程进行道德审视?如何考察一个工程项目可能对社会和环

---

① "管理有道——专业工程师实务指引"(摘引),Gayle Sato Stodder, "Hunting-Who cares about socially responsible business practices? Seventy percent of consumers, that's who", 1998. http://www.hkie.org.hk/docs/downloads/membership/forms/Ethics_in_Practice_Chinese.pdf.

② 肖平等:《工程伦理学》,中国铁道出版社1999年版,第一章绪论。

境产生的价值和不良后果？在某一工程学科领域已经面临的道德问题有哪些,应当如何解决？当一项以国家利益为出发点的工程决策与工程师的道德信念发生冲突时,应当采取什么态度等等。解决这些问题虽然有一些共同的原则和思路可以遵循,但往往又因不同个案具体情况的差异,使人难以做出简单一律的判断,这就需要针对具体情况开展个案研究。

四、国内外工程伦理研究的热点问题

(一) 何为"工程伦理"？

因为工程伦理是研究工程活动中道德问题的专门领域,这一领域是横跨理工与人文社会科学学科大类的交叉领域,它与其他研究领域有极大的不同。工程伦理的学科体系、结构、内容范围是这一领域问题研究的基础,因此也是热点。尤其是工程伦理学是否是工程师职业道德,中外学者观点大异。美国学者倾向于工程伦理是工程师的职业道德。这种认识不适应中国国情,在中国工程运行体制下,工程师很难独立承担责任。如果"工程伦理"仅仅是工程师的职业道德,那么我们仍然不能为工程的各种问题找到恰当的责任人。

(二) "工程伦理"的特征

"工程伦理"特征是学者们较为集中的话题,大致意见有以下三种:1. 工程伦理学属于应用伦理学之职业伦理之一类,具有强烈的实践性和个体性特征。2. 工程伦理具有协商性。李伯聪教授认为工程伦理的价值有协商的特征,工程活动伴随着众多利益的博弈过程,工程伦理是协商伦理而非传统伦理的绝对命令。3. 有学者提出"工程伦理"具有现场性特征,案例分析应为其主要研究方法。

(三) 工程伦理教育问题

"工程伦理"关乎工程师的职业精神和职业能力,因此应该纳入工程教育中。那么,工程伦理在工程教育中居于怎样的地位;工程伦理课程教学的侧重点是什么(重理论还是实践,重体系还是重应用);"工程伦理"在教学方法上有什么特点,都是工程伦理教育关注的话题。

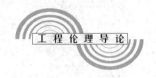

（四）工程师职业责任与工程管理制度

职业道德的核心是认清职业责任,而这对复杂的工程活动来说是大难题。如何明确职责,学者从不同方向上进行了讨论。

1. 工程决策由谁来做？在工程的第一个环节中决策者是工程出现的第一个责任人。决策应由谁来做,事主(投资者、使用者、政府)、工程技术人员还是更广泛的民众？这涉及传统技术主义、专业主义、精英主义的转向,工程应该代表广大人民群众的根本利益,应该有他们参与决策。由于工程的社会性特点,国外出现了协商民主理论,提出工程应当有民众参与决策。

2. 工程的"可错性"与工程师职业责任问题研究。这进一步讨论了工程伦理规范是否在帮助工程师开脱独立的责任。在美国,众多的工程学会都有自己的伦理章程,这究竟对工程责任的坚守有无促进作用。

3. 科研诚信与纪律。工程人员和科技工作者的职业技术本质是尊重事实,其相应的职业道德要求是诚实细致地应对客观现实做出技术反应。各个技术部门应该建立适应各自特点的技术纪律,这是使工程技术人员担负职业责任的重要的管理工作。

4. 科技与人的异化。第4、5个问题是工程伦理研究中带有哲学性质的问题,它讨论的是工程伦理的价值问题。科技与人的异化问题涉及科技发展的方向问题、科技活动的终极目标问题。

5. 科学自由与伦理设限的矛盾。20世纪是物理学的世纪,围绕物理学的研究成果及其运用产生的争论,从核武器一直到核能运用。21世纪是生物学的世纪,世界工程伦理价值方向的问题大多集中在生物科学研究的方向和运用中,关于人体和动物实验、生物技术的安全性能、新物种研究、生物技术的运用范围与选择权、生物技术运用与人权保护等将成为热门的伦理话题。

6. 不同工程领域的个性化研究。例如:生物伦理、网络伦理、信息伦理、建筑伦理、生态伦理、环境伦理、水利工程中的伦理问题等。

（五）工程与社会

在国际工程实践中,尤其是在国际投资的大型工程中,工程与社会的关系研究日益深入,相关规范日益完善。主要涉及:工程相关利益者分析理论、移民问题研究、资源分配的社会公正问题研究。

例如:在中国,对传统靠筑坝来实现的水利工程的反省与伦理审视成为工程伦理关注的热点;生产安全、公共安全、环境安全、食品安全也随着安全事故的发生相继成为我国学术界、政府和民间关注的焦点。此外,工程技术服务于政治、军事、经济带来的问题,工程技术工作者的职业精神和科学态度也成为社会关注的热点;工程伦理教育将会成为工程教育重大改革的问题被关注。

工程的跨文化问题,工程价值与不同文化价值的冲突问题,随着全球化进程而展开。跨国工程的文化尊重问题被提出。

(六) 工程与自然

在资源问题、环境问题日益紧迫的情况下,工程与自然的关系自然成为工程伦理的关注焦点。传统的人类中心主义以社会发展、经济至上的面目继续存在。在世界范围内,人与自然,经济发展与自然资源、环境的问题有持久深入的讨论。资源公正、环境公正、全球气候等问题的国家责任讨论将因为个别大国的不良行为而持续不断地被讨论,甚至被争论,更多的国际组织和国际公约会因此出现。学者们会提出更多的论证,国际社会将进一步在平衡这些问题上做出实际的努力。

人与自然和谐共存,可持续的发展观在中国被倡导。资源的最佳利用,废料的循环使用,环境保护都是未来科技创新的新天地。相关激励政策也表明国家的技术研发导向。

学习引导与学习参考资料、思考题

1. 伦理道德概念拓展性学习

(1) 道德是人类社会的精神现象,思考道德规范表现的是人类的什么社会价值? 它们与人性是什么关系?

(2) 通过课外阅读更多地了解道德起源的种种猜想与伦理流派:孔子、荀子、弗洛伊德、马林诺夫斯基等。

(3) 认识人类进步的相对性,道德对人性约束的相对性。

2. 道德体验游戏(游戏略)

游戏宗旨：

理解人类文化创造道德,约束人类自己的行为,其道理在哪里？如何理解道德对人性的束缚,怎么认识道德对人性的异化？

游戏启示：

俗话说:没有规矩不成方圆。

1960年亨廷顿提出:"人类可以无自由而有秩序,但不能无秩序而有自由。"秩序先于自由。

任何社会都必须有行为规范,它表现为道德与法律。

3. 工程伦理与科技伦理案例拓展学习

高风险的生物工程(音像资料见 http://jpkc.swjtu.edu.cn/c83/course/index.htm 头脑移植)

(1) 科学探索应不应该有禁区？

(2) 科学与工程的"可错性"的不同意义是什么？

(3) 针对当代科学迅速转变为工程技术的特性,有必要为科学设立禁区吗？

4. 思考题

(1) 你为自己的职业作了怎样的设计？

(2) 你想过在你未来的职业生活中存在道德问题吗？

(3) 你都知道工程师的职业生活中有些什么道德风险？

第三讲　光荣与责任
——工程技术的社会贡献

一、科学、技术、工程与人类文明发展

科学技术是人类生产力水平提高的不竭能源,科学技术是生产力。

人类一旦掌握了科学技术这一武器,其力量倍增,文明飞速发展。

人类的知识自19世纪以来,增长速度为每50年增加一倍。20世纪中叶为每10年增加一倍,到20世纪末则以每3年至5年增加一倍的速度发展。与此相应的是社会生产力水平大大提高。

科学是技术创新的基础,技术是生产力的重要构成要素;生产力水平提高的愿望和社会进步的要求是技术创新的原动力,技术创新的要求又是科学的导向和动力。

现代科学的突飞猛进是由19世纪最后10年到20世纪头25年物理学的三大成就决定的。19世纪最后10年发现了电子,发现了放射性。20世纪初建立了原子结构模型。1905年到1915年爱因斯坦发明相对论;1924年到1926年量子力学产生;原子核物理揭示了原子里面有电子、原子核,原子核里面有中子、质子,原子核也能变化。整个20世纪的科学发展是在物理学的推动下进行的,因此20世纪被称为物理学的世纪。

1945—1955年以核能释放与利用为标志,人类开始了利用核能的时代;

1955—1965年以人造地球卫星的发射成功为标志,人类开始摆脱地球引力飞向外层空间;

1965—1975年以1973年重组DNA实验的成功为标志,人类进入了可以控制遗传和生命过程的新阶段;

1975—1985年以微处理机的大量生产和广泛使用为标志,揭开了扩大人脑能力的新篇章;

1985—1995年以软件开发和大规模产业化为标志,人类进入到信息时代。

人类文明的进步程度常常以生产力水平为标志,而生产工具又成为生产力进步的标志。如此,人类文明时代的划分自然可以用生产工具作为标识,如:石器时代、青铜时代、铁器时代、蒸汽机时代、计算机信息时代。

20世纪以来对技术的支撑也取得了骄人的成绩,科学技术应用于生产的周期大为缩短。19世纪电动机从发明到应用共用了65年,电话用了56年,无线电通信用了35年,真空管用了31年。爱因斯坦所讲的,从科学到技术运用需要很长的时间,有时要几代人的情况,在20世纪中后期已经得到大大的改变。

20世纪,雷达从发明到应用只用了15年,喷气式发动机用了14年,电视用了12年,尼龙用了11年,核裂变从发现到制成第一个核反应堆用了4年,集成电路从无到有用了两年,激光器用了1年。电子技术问世以来其变革速度更加明显地加快。以科技为核心的知识对经济增长的贡献率,20世纪初为5%到20%,到20世纪末这一比例在一些发达国家已上升到80%左右。

人类文明的每一阶段的发展都以社会实际的创造物质的能力为衡量的标准。工程是科学技术"物化"的一种形式,这就是我们说的工程是一种造物活动。因此,工程在推动人类文明,增进社会财富上有着当然的实质性意义。我们可以说工程是科技推动人类文明进步的实际力量,工程职业的光荣就在于它在科学技术与物质世界之间实现了自然物的有用性,从而增进了人类福利。工程师的责任就在于履行他的职业使命——为社会创造财富,为人类谋福利。

工业革命以机械动力的使用为标志,而钢铁、矿山、能源是近代工业的物质基础,是近代工程建设和工程水平提高的重要支撑,也是一个社会工业化、现代化发展的重要指标。曾几何时钢铁是中国强国梦的重要组成部分。就钢铁工业而言,我国钢产量已连续11年居世界第一。1977年筹建的上海宝钢工程,经过27年的建设和运行,宝钢集团2003年销售额达到145.48亿美元,始列入世界500强行列,居第372位;2004年达195.8亿美元,列世界500强第309位;2005年达215亿美元,列世界500强第296位。2005年产钢铁272.58万吨。2005年我国钢产量达到3.494亿吨,超过世界第二名至第五名的总和(日本1.125亿吨,美国0.949亿吨,俄罗斯0.661亿吨,韩国0.478亿吨,合计3.213亿吨),是名符其实的钢铁大国,但不是钢铁强国。且不说2005年仍要进口2 500万吨高技术含量、高附加值的钢材,更重要的是有两亿吨的能力待重建,艰巨程度可想而知。[①]

由此,我们可以了解到虽然近年来我国每年都有十多万亿(2006年全社会固定资产投资规模已达到109 868.96亿元[②])的固定资产投入,中国已经是名符其实的工程大国,但就工程的技术水平来说,中国还远不能说是工程强国。再以桥梁为例,到2005年中国各类桥梁总数约为43.5万座,每年建桥数量是世界第一,大都为近十几年建成。但是造桥的方法和模型却是国外20世纪80和90年代所使用的,其他领域同样存在类似的问题。[③]

科学及其工程技术的运用给人类生活带来了巨大影响,成为社会发展的主导力量和人类未来的决定性因素。从某种意义上说,谁拥有科技创造力谁就掌握了人类的命运。

(一) 以人类的交通为例

50万年前人类只能用双脚在陆地上行走,每天行程为25公里左右。

20万年前人类步行或使用原始的独木舟,每天可行进30公里左右。

对那时的人来说地球是无边无际的,单个人根本无法周游世界。

唐太宗嫁文成公主(吐蕃王松赞干布),贞观十五年(公元641年)春正月,从长安出发,经过两年才到拉萨。

1850年前人类步行每小时4.5公里,最快的骆驼队每小时8公里。

1850年以后,蒸汽火车的时速突破100公里,轮船速度突破50公里。

1950年以后,螺旋桨飞机时速已超过500—600公里;1960年以后,喷气式飞机时速达到800—1 000公里;1980年以后超音速飞机时速达2 400公里;而火箭的速度则为4 800公里;宇宙飞船以每小时18 000公里的速度绕地球飞行。

1873年法国作家凡尔纳拟定出《八十天环游地球》的计划,现在我们可以乘飞机在一天内环绕地球一周。

[①] 谢企华:"世界眼光与引进、消化、吸收、再创新",殷瑞玉等:《工程与哲学》,北京理工大学出版社2007年版,第79—80页。
[②] 殷瑞玉、汪应洛、李伯聪等:《工程哲学》,徐匡迪序,高等教育出版社2007年版。
[③] http://www.cae.cn/communi/content.jsp?id+4120 中国工程院-学术交流-工程教育论坛。

翻开世界科技史,我们可以看到,铁路起源于最早发生工业革命的英国。自从英国科学家瓦特于1769年(清乾隆三十四年)发明了单动式蒸汽机、1782年(清乾隆四十七年)又制成复动式蒸汽机后,蒸汽机遂在工矿交通各行各业迅速推广。1804年(清嘉庆九年)特烈维锡克制造成第一台在轨道上行驶的蒸汽机,但运行效果不佳。1814年(清嘉庆十九年)被誉为蒸汽机之父的英国科学家乔治·斯特芬森制成了效能更优越的蒸汽机"勃鲁丘"号。以后,他又不断改进,到1825年(清道光五年)9月25日,斯特芬森制成效能更优的蒸汽机,在英国斯托克顿—达林顿铁路上正式开始商业运营,这标志着世界第一条铁路诞生。1829年,他又制成著名的"火箭号"高速机车。

铁路运输以其快捷、便利、运量大等显著优势,在诞生不久就得到极其迅猛的发展:性能不断改进,营运从载货到载客,从短途到长途,尤其是营运的范围迅速从英国向全世界扩张。欧美各国纷纷而起,兴起了竞相办铁路的巨大热潮。特别是美国,19世纪60年代到70年代铁路事业的高速发展超过了欧洲,震动了世界。铁路的巨大成就带动了美国经济的迅速腾飞,经济实力不断增长,进入世界最发达国家的行列,可以与老牌资本主义大国的英国一比高低。①

1876年,英国怡和洋行在中国修建了上海—吴淞铁路,1877年由中国政府购得。1877年10月20日12时,吴淞铁路行驶最后一趟火车。买断银交讫后,吴淞铁路移交中国。清政府即下令拆除铁路。12月18日路轨全部拆除,用船载到台湾高雄港外沉入大海。1897—1898年清政府重修上海—吴淞(淞沪铁路)段铁路。

1881年,由中国自己修建的长9.2公里的中国第一条铁路唐(山)胥(各庄)铁路建成。由于社会保守势力的激烈反对,新建的铁路不得行驶机车,而用骡马拖载运煤列车。其他铁路的修建无从提上议事日程。由于开平煤矿的全面投产,产煤量剧增,供应北洋水师舰队与津京市场,获利颇厚,1882年英籍工程师金达设计试制出一台能牵引100多吨货物的轻型机车。这是中国第一台铁路机车,被命名为"中国洛克号",意为中国火箭。

洛克号"行车未久,都中言官复边奏弹劾,谓机车直驶,震动东陵,且喷出黑烟,有伤禾稼。奉旨查办,旋被勒令禁驶"。因海防之急,熄火数月又重

---

① 经盛鸿:《詹天佑评传》,南京大学出版社2001年版,第40页。

新升火运行。① 1886 年"开平铁路公司"开工修建胥各庄到芦台阎庄长 35.1 公里的铁路,以取代淤塞的运河运煤。甲午海战以后,清帝(光绪二十六年)下诏自强,宣布要"力行实政"。张之洞也上奏说:"方今时事日急,外患凭凌,日增月甚,富强之计,首以铁路为第一要图。"②在清廷的铁路计划中有天津到卢沟桥、卢沟桥到武汉、天津到镇江、广州到武汉几条干线。

詹天佑是中国近代最早的留美学生,中国近代铁路事业的开拓者,科技前驱,工程之父。他开创的中国人自己建铁路(京张铁路)的光辉事业对中华民族的工业文明推进起到了相当重要的作用。1896 年 2 月 15 日,詹天佑在天津写信给他的美国老师诺索布说:"现在中国快要进入铁路时代了。"③京张铁路迎来了中国铁路建设的第一个高潮,在 1904 年到 1911 年的 8 年间,中国新建的铁路干线有:京汉线,全长 1214.5 公里(1905 年竣工);胶济线,全长 394 公里(1904 年竣工);正太线(石家庄—太原),全长 243 公里(1907 年竣工);沪宁线,全长 311 公里(1908 年竣工);沪杭线,全长 186 公里(1909 年竣工);京张线,全长 201 公里(1909 年竣工);汴洛线,全长 204 公里(1909 年竣工);滇越(河口)线,全长 470 公里(1910 年竣工);津浦(浦口)线,全长 1009.5 公里(1911 年竣工)。④ 中国铁路也充当了中国工业化的先锋,在早期的工业建设中成就卓著,铁路一直被称为国民经济的动脉。

新中国成立以后,1956 年我国独立制造出第一台蒸汽机。蒸汽机的能效利用率为 8%,内燃机车的却是 30%,电力机车则可以达到 60%。据日本的统计分析,同是牵引 300 吨公里,蒸汽机车要花费 1011 日元;柴油机车只花费 423 日元;而电力机车仅花费 422 日元。经济效益的差别显而易见。因此,20 世纪 50 年代后,世界各国都加速了电力机车和内燃机车的发展。蒸汽机以它的高耗煤、高排放和高噪音而退出历史舞台。2005 年 12 月 3 日凌晨,我国 1983 年生产的"前进 7081"机车到达大阪车站,完成了蒸汽机车的历史使命。2005 年 12 月 6 日我国全部使用内燃机车。⑤

20 世纪,从公路到铁路,从水路到"空路",运输工具的革命彻底改变了人们的出行方式和生活方式,进而也改变了人们对世界的认识和观念。

---

① 经盛鸿:《詹天佑评传》,南京大学出版社 2001 年版,第 81—82 页。
② 同上书,第 99 页。
③ 同上书,第 104 页。
④ 同上书,第 189—190 页。
⑤ 中央电视台科教频道"见证"栏目,2007 年 6 月 27 日。

航天飞机不断往返于地面与太空之间,20多个国家的数百名宇航员曾在太空驻足停留。2003年10月15日9时,中国"神舟五号"载宇航员杨利伟飞上太空,于20小时后返回。

(二)以人类的粮食为例

农业——人类文明的曙光,20世纪40年代以来的半个世纪中,世界粮食单产由62千克/亩增加到68千克/亩。

1950年我国粮食单产78千克/亩,仅稍高于两千多年前汉代的水平。美国在1870—1920年的50年间,玉米单产增加了10千克。20世纪40年代到80年代,世界粮食单产由68千克/亩迅增至153千克/亩,其增长是前一发展时期的28倍。对粮食增长做出贡献的三项技术是:

1. 良种。摩尔根遗传学为良种培育体系的建立做出了理论贡献。50年代遗传物质DNA的双螺旋结构发现,70年代基因重组技术的建立和发展,开创了生物科学的新时代。

2. 农用化学物质,包括化肥和农药。

3. 灌溉。新中国成立后,中国的水利事业发展神速,现仅剩一条河上无水利大坝(2008年以后,中国已经没有无坝的河流了)。

三者所占份额分别为3:5:2。

粮食问题的成功解决,使得人类的生活质量大为改善,人类的寿命也大大增加。"杂交水稻之父"袁隆平培育出的亩产800公斤的超级稻种,如果在全国一半的稻田(2亿亩)里种植,那么我国每年增收的粮食就达300亿公斤。300亿公斤粮食是个什么概念?袁隆平说:"整个湖南大概6 000万人口,300亿公斤粮食比整个湖南一年的粮食总产量还要高,能够养活7 000多万人。"

农业技术的应用解决了粮食这一国计民生的基本问题,它的解决还带动了一系列问题的解决。人类从饥饿中挣脱出来;人类不再受寒冷的威胁;人类逐渐从繁重的体力劳动中解放出来;人类有更好的体质对抗疾病。

科技让人类生存的能力大大增强;抵抗各种自然灾难的能力大大提高。这些福利都直接使人类寿命延长,人口激增。20世纪20年代美国人的平均寿命是54岁,1985年美国人的平均寿命达到75岁。20世纪初中国人的平均寿命为30多岁,20世纪末中国人的平均寿命为男70岁,女74岁。目前中国人口为世界之最,已达13亿。印度人口直追中国,目前已达11亿。今天的生物学还能创造新式生命,创造人。人类从种种必然性中获得了更多的自由。

我们完全有理由期待,人类不但可以通过科技运用掌握自己的命运,还将通过科技革命改变自己的命运。

二、科技革命与工程伦理

1. 现代科学技术造就了现代文明,也滋养了人类的精神文化,孕育了工程伦理学。

现代科学技术是推动文明不断进步的源泉和动力,科学认知和技术应用带来了巨大的物质生活和思想观念的变化,也大大地改变了物质财富的分配与资源占有模式,改变了人们的利益关系,仅仅因为这一事实,就使得科学技术与人类价值产生了联系,社会文化价值就具有审视、评价和控制科学技术运用和发展的要求和权力。

现代工业初期的工程伦理主要强调以契约精神要求工程师履行职责,忠诚于雇主。随着工程活动对社会影响的扩大,对自然环境影响的加重,工程伦理开始对人类生存发展的社会与自然环境作深远思考并取得工程与社会、工程与自然关系的更深刻的认识。正是在科学家、工程师的关注和更多的工程实践中的道德价值审视中,工程伦理日渐清晰地被科技工作者提出来。工业化时期人们就关注到劳动安全问题,工程的公共安全更是让人们关注到工程师的社会责任。二战以后对核利用的道德反思,一直持续到现当代对各种武器使用的道德评价与限制。无论是西方世界科技高歌猛进时代,罗马俱乐部的科学家们提出"增长的极限",还是当代科学家提出的全球生态环境问题,都得到了广泛的国际回应,这种对人类生产发展的科学合理的限制是每一个有道德良知的人也包括科技工作者都能理解并接受的。正是科学家关于技术滥用将会给人类生存带来灾难性的前景的预测,促成了 20 世纪后半期生态伦理学的快速发展。伦理学从狭小的人群社会,扩展到人的生存环境、宇宙自然,这也是科学认知进步的结果。

20 世纪是人类文明大踏步向前迈进的时代,然而人类也进入到高风险社会。近几十年来,人们已经越来越直接地感受到与众多的技术奇迹伴随而来的危机和灾难——核泄漏、厄尔尼诺现象、全球气候变暖、土地沙化、沙尘暴、赤潮、频发性大面积环境突发事件、工程事故、矿难、各种生产安全、网络

病毒、克隆人的实验……凡此种种。江泽民同志在会见六位世界著名科学家时特别谈到了科学技术运用于社会时遇到的环境污染、生态破坏、信息垃圾以及生命科学对人类的健康、遗传、尊严的潜在影响等问题,再一次向人们敲响了警钟。①

柏林工业大学核物理学家齐门教授这样提出:"科学既然发展到目前的这种地步,它当然也可能被人用来作为毁灭世界的工具。因此,我们需要一门研究未来的学问,这一门学问根据推断人类社会在自然科学、应用科技、政治、经济等各方面的发展趋势所观察到的事实,来做一预诊。如此可事先防范危险,并得以把握机会适时计划、采取负责的行动……自然科学的研究必须和人文科学携手合作……科学不应该是自身的目的,也不只是满足人类自然欲望的工具,更不单单是达到以科技为目标的方法。科学应当与合乎人性的价值体系以及行为原理相配合,而这些体系与原理应当容许一次又一次地严格检查与修正。"②这门学问就是工程伦理学。

科技、工程活动对人们生活的广泛渗透,使得科学技术与文化价值产生了密切的联系。因此,人们只要关心人类未来发展的方向,就不可能对科技活动的价值倾向不闻不问。工程伦理就是工程技术人员对科技运用的价值关怀,就是对人类前途关怀的一个特殊角度。从这个意义上,我们可以理解"工程伦理学"是现代科技发展孕育出的新学科。

2. 科技的发展推动着人类道德的进步。

我们说工程活动必须接受道德审视和约束,但并不表明这种约束必须建立在一个统一的不可变更的原则和标准上。历史告诉我们,人类的道德信念并没有永恒的标准,它也是时代和文化的产物。科学技术作为推动时代进步的重要力量,也就自然成为引导人们道德观念调整的动因之一。

应当承认,科学精神与人文主义的道德关怀有着不同的内驱力,它们各自关注的焦点也不同,这就决定了两者有着不同的现实目的。科学技术受人类好奇心的驱使、受实用目标的引导,追问物质世界"是什么",探究物质的可控性方法。而人文主义的道德关怀则以人的价值实现为终极目标、以全部文化价值为皈依,追问物对人的功用如何,利害如何,物的发展前景与人的发展前景关系如何。科学技术被物质世界外在客观性所规定,人文主义却以人

---

① 肖平等:《工程伦理学》,中国铁道出版社1999年版,第一章绪论。
② [德]齐门:《科学与人类文明》,黄蕾译,见《人·科学·技术》,北京三联书店1992年版,第80页。

为根本,以人的价值为中心,具有主观内在性,这诸多差异造成了这两大领域的各自独立。

但人类的道德理想并非必然与科学的宗旨相对立。道德建立的认知基础是人对周围世界和人自身境况和利益的理解,随着这种认识在人类文明进程中不断深化,人的道德信念和伦理原则规范的内容也在发生着演变。而人类在认识客观世界和主观世界上取得的进展常常正是由科学进步所推动的,这已是不争的事实。应当说,科技的最终目的在于认识自然,改造自然,以便人类掌握自己的命运,掌握生存的主动权,这与人文关怀殊途同归,也使科技发展与人类社会精神文化的发展在主流倾向上一致起来。所以,科学与伦理学尽管有其不同的研究动因和视角,更有其共同目标。

事实上,科技对社会文明的实际意义远不止于在物质形态上推进生产力水平的提高。科学技术进步在推动人类认识自然、认识社会、认识人自身,创建知识体系的活动中也建立了不可磨灭的功绩;进而科学技术对人类思维方法、意识形态、价值观念也发生了重大的积极的影响。稍有常识的人都知道,哥白尼的日心说对人类认识自己生存的宇宙环境是多么的重要,它不仅是日后重大天体认识的基础,也动摇了西方中世纪的神学理论,对人类价值观念的更新影响极为深远。达尔文的进化论不仅廓清了人类对生命发生和生物成长历程的认识,也使人重新确立了自己在宇宙中的位置,因此人们更乐于谈他的进化论所产生的摧毁宗教意识,重塑人类尊严的意义。再如弗洛伊德的精神分析对于重新认识人类自己,认识行为主体的自主能力和对人类文化价值的重新评价都产生了历史性的影响。而人对人口问题的科学分析则改变了在基督教道德影响下建立起来的生育观念,并影响到性观念。

近代生物工程、遗传工程的出现更使以血缘关系为根基的家族意识和传统家庭伦理受到了严峻的挑战。即使现代人不能从历史上的科技突破中感受到思想观念的震撼,即使我们因为不能亲身体验那些伟大发明的震撼力而弱化了对它的人文意义的理解,我们今天也很难不从那些全新的科学技术突破中真切感受到它对人类的道德理念带来的巨大冲击。

今天让人文主义思想家感到深切忧虑的克隆人的问题、人的本质的改变与丢失问题不正是从近代科技的领头羊基因工程中引发的吗?在世界舆论对克隆技术的一片反对声中,我们分明感到的是人类信仰与道德价值要求对科技运用加以控制的呼声,人们似乎感到失去道德控制的科技正驾着人类未来之船撞向冰山。尽管我们今天还很难判断基因工程的广泛应用带给人类

的是喜是忧,但我们却不难预见它将动摇某些传统的道德信条,并带来一系列伦理学上的新观点。①

3. 道德不仅有约束功能,更有激励功能。

社会对科技工作者的道德要求不是要束缚他们的创造性,正相反是要激励他们为人类福祉努力工作。认为对科技工作者作道德要求会束缚他们的创造性的认识有两个误会:一是将道德的社会功能只作约束性、惩罚性的理解,而没有看到它激励和赞赏的一面;二是注意到历史上陈腐的道德,如中世纪的基督教道德对科学技术的扼杀与阻碍,而没有看到今天随科学发展而发展的道德进步和对科技运用进行道德审视的重要性。

让我们来看一看道德的激励作用。

据统计,从 1976 年到 1987 年,10 年间,中国的杂交水稻增产稻谷 1 000 亿公斤,这对于还在为温饱努力的中国农民来说,简直就是救命的口粮。"杂交水稻之父"袁隆平回忆 40 多年前的往事,他说:"我亲眼看到过 5 具尸体躺在路边。没有粮食太可怕了!"

我国在 2030 年,人口将增加到 16 亿,届时人均耕地面积不到一亩,低于联合国粮农组织规定的临界值。面对如此巨大的负荷,美国经济学家布朗博士提出这样的质疑:"21 世纪谁来养活中国人?"人地矛盾不仅仅是中国存在的问题。湖南省科技厅副厅长刘小明说:"目前全世界面临的三大问题,粮食安全排在第一位,其次是能源安全和水利安全。"

袁隆平在他的研究中心进门处的题词中表达了他对其事业的价值理解:"发展杂交水稻,造福世界人民。"②

哥伦比亚医生、生物化学家曼努埃尔·帕塔罗约是一个有着强烈社会关怀和道德精神的科学家,激发他工作热忱的是高温、潮湿的热带地区猖獗的疟疾,它威胁着 40% 的世界人口,每年造成二三百万人死亡,非洲每年有 150 万 5 岁以下的儿童死于疟疾,为此他在 1986 年研制成功了一种合成疫苗 SPF66。他对义利的选择是把疫苗无偿献给世界卫生组织,"因为疫苗不应该出售,我也不想从它身上去赚钱"。他还想让疫苗生产总厂设在波哥大,以便使疫苗价格维持在极低的水平上,让穷人们也能买得起。他信奉科学家的成果属于全世界,但科学家是有国籍的,他把这项人类智慧的荣誉归于他的祖国,把这一疫苗冠以"哥伦比亚"。最让他不安的是他开始以人为试验对

---

① 肖平等:《工程伦理学》,中国铁道出版社 1999 年版,第一章绪论。
② 贾婧:"中国人自主创新的世界骄傲",《科技日报》2007 年 5 月 23 日。

象时,对试验对象的担心,"九个月的功夫,每天我都是早晨三点钟便醒了,心里焦躁不安。我对自己说,若是他们的肾脏受到损伤,总还可以移植,若是他们的肝脏受到损伤,那这些年轻人就有可能遭到不可救药的肝炎的侵袭。想到这13个小伙子可能会死于非命,就令人不寒而栗"。这种不安是强烈的,几乎让他疯狂,"一天,在卡塔赫纳,我去了海滩,跳入海水中。我是那样惊恐万状,都打算自沉了事。所幸一切全都正常,试验结果令人满意"。他希望精诚团结、善良仁慈和慷慨大度不应成为空话,研究人员在道义上负有责任去为全人类的福祉工作,"有良知的科学"应当成为他们的座右铭。①

中国著名的地质学家李四光,年轻时为了"造第一流的兵舰、轮船"以抗击帝国主义的侵略,出国学习造船,回国后为了解决造船所需的钢铁,主动改行去学冶金,搞冶金需要矿石,他又去学采矿,学地质,并创造了众多的业绩。显而易见,驱使李四光做出这一系列抉择的只有一个因素,那就是为祖国的富强、振兴贡献出一切的人生信念与道德理想。

有着强烈道德热忱的科学家、被康德称为第二个普罗米修斯的富兰克林,作为近代电气研究的先驱者,是一位执著献身于科学的探索真理的人。他冒着生命危险完成的用风筝接收闪电的著名实验,不仅证实了静电与动电的相同性质,而且以科学的精神粉碎了古老的迷信和神话,使雷电与上帝分家。而作为一个热心公益事业的实业家和社会活动家,富兰克林又是一位充满社会责任感和道德信念的人。他不仅为自己制订了"13种德行"以严格自律,还坚持每天自我反省"今天我做了些什么好事"。当别人劝他为自己发明的省时省燃料的新式壁炉(世人称富兰克林壁炉)申请专利时,他回答说:"我心里有着这样一个原则:既然别人的发明给了我们巨大的便利,我们也应该乐于让别人利用我们的发明,并且我们应当无偿地慷慨地把我们的发明贡献给他人。"②

其实我们在许多科技工作者身上都能看到:他们为谋取人类幸福、解除人类痛苦而努力工作的精神;他们为了探索科学真理,坚忍不拔、一丝不苟地从事繁重、危险的考察和实验所体现出的勇气与献身精神;他们为捍卫人类的尊严和人道的信念,不顾生命的威胁,拒绝与强权合作所表现的大义凛然的正气;他们为了民族的振兴,放弃优越的生活和研究条件,坚持为贫穷苦难的祖国服务所做出的牺牲和奉献。这些都源于一种道德力量。正是这样的

---

① 《有良知的科学家》,《信使》,联合国教科文组织出版,1998年第1期。
② 〔美〕富兰克林:《富兰克林自传》,姚善友译,北京三联书店1985年版,第167页。

道德信念,激励着他们取得一项又一项的科学技术成果。

科技工作者的道德往往能因为科技的力量与科技的无国界性而体现出一种超越地域和民族的人类之爱,一种关怀天下的宽宏博大的人道主义情感。因此,道德不仅不能约束有良知的科技工作者的创造性,而且责任感与仁爱心正是他们工作激情的源泉,是他们创造的动力。

应当看到,道德责任感不仅是很多科学家、工程师最初选择利用科学技术为人类服务作为自己终身事业的出发点,也是他们从事科学发明和技术创造的重要推动力。我们注意到,很多重要的技术进步,都是以对人类的健康和环境状况的关怀作为研究动机的。例如,当监测技术的进步使科学家意识到某些传统技术运用正在对自然环境或人类生存造成难以弥补的危害时,立刻便会有一些富有社会责任感的科技人员开始致力于研制开发一些危害较小甚至无公害的产品,由此便产生了低能耗、低污染的绿色汽车、无氟制冷技术、绿色食品、新型建筑材料等有助于改善人类生存境况的技术;同样,当一种新的疾病开始威胁人类的健康和生命时,也会有许多的医药工作者毫不犹豫地投身于研制克服这种疾病的治疗方案或药物的事业中,甚至不惜为之耗费毕生的精力。正是由于无数有道德良知的科技工作者的自觉选择和不渝探索,我们才有可能逐步摆脱技术滥用带来的不良后果。

参考书目与作业

学习参考书

1. 肖平等:《工程伦理学》,中国铁道出版社1999年版。

2. 查尔斯·E.哈里斯、迈克尔·S.普里查德、迈克尔·J.雷宾斯著,丛杭青、沈琪等译:《工程伦理——概念和案例》,北京理工大学出版社2006年版。

3. 殷瑞钰等:《工程与哲学》,北京理工大学出版社2007年版。

4. "青藏铁路"音像资料(可在网上获取)。

5. 德国人关于体现人本思想、环境思想的未来铁路的创想(音像资料可在网上获取)。

作业内容及建议

1. 根据所学专业有选择地观看课程资料片:关于飞机、汽车、无线电、尼龙、计算机等现代科技发明成果的音像资料,了解它们的发明过程和推动文明进步的意义;

2. 收集资料,了解所学专业的发展历史;

3. 认识所学专业在推动社会进步中的作用与贡献,列举近五年本专业技术发展的三项重大成就;

4. 展望所学专业的发展前景,了解所学专业可能的更大社会贡献。

要求:每个专业学生可以学号单双数为据分为两组,写一份报告或制作一份PPT演示文件;在两周内独立完成作业;两组学生作课堂交流,对比评分。

作业样本:http://jpkc.swjtu.edu.cn/c83/course/Index.htm 网站上可查找到相应的 word or ppt 电子作业文件。

第四讲 科技是一把双刃剑

一、远古的禁忌与现代忧患

庄子《天地篇》中"有机械必有机事,有机事必有机心。机心存乎胸中则皂白不辨,神生不定,道之所不载也!"一句话道出了中国古代先哲对技术的忧虑之心。

古希腊人对待火的发明者也充满矛盾心理。西方学者维纳认为:取火者普罗米修斯是科学家的原型,是一位英雄,然而却是应该受罚的英雄。

人类深沉的忧患意识在古希腊神话、基督教神学、近代怀疑主义以及中国人的居安思危的思想中表现出来。

从 20 世纪初兴起的现代主义思潮到 60 年代以来流行的后现代文化,将工业文明及其所伴随的技术控制作为文化人反省和质疑的对象。早在 20 世纪 20 年代,捷克作家恰佩克和美国作家赖斯就以幻想的形式,向我们描绘过人被机器人征服、被原子能控制、被计算机奴役的可怕图景,电影大师卓别林也曾夸张地表现过人被现代化生产线异化为只会拧螺丝的机械人的生动情境;到 60 年代,法兰克福学派的马尔库塞更以理性的分析为我们描述了一幕现代人在发达的工业文明时代被琳琅满目的现代商品的需求和机械化、标准化的技术过程乃至大众媒介所控制,异化为失去批判能力的单向度人的悲剧。更多的后现代思想家则将技术作为工具理性和元话语的载体加以批评和反叛。利奥塔在《后现代状况》一书中,从分析科学真理的性质和当代知识状况入手为他的后现代立场作论证,他指出:在当代条件下,科学知识正面临着"合法性的危机"。科学话语历来被当作元话语,作为裁判其他话语的标准。现在,这种绝对真理的地位已不复存在。①

对现代科学技术与工程最直接最深切的忧患意识突出地表现在以下几本出版物中:美国海洋学家雷切尔·卡逊1962年出版的《寂静的春天》;罗马俱乐部1972年出版的《增长的极限》;美国学者杰里米·里夫金和特德·霍华德1981年出版的《熵——一个新的世界观》。

1988年1月24日,《堪培拉时报》在一篇题为"诺贝尔奖获得者说要汲取孔子智慧"的报道中说,在第一届诺贝尔奖获得者国际大会的新闻发布会上,诺贝尔奖获得者汉内斯·阿尔文表示:"人类要生存下去,就必须回到25个世纪前,去汲取孔子的智慧。"

中国社会学家费孝通先生认为:"21世纪为危险的世纪","21世纪人与自然,人与人之间的矛盾将空前激化"。为此他呼唤一位新"孔子"的出现,用"天人合一"、"和为贵"等"和谐哲学"去调节各种矛盾。

二、现代科技运用与工程的忧虑

新中国成立以来,工业、农业、交通、文化、国防领域的建设成就十分突出,为我国现代化打下了坚实的物质基础。其中很多工程已经成为人们心中的丰碑,例如:南京长江大桥、两弹一星工程、神舟飞船。但也有诸如三门峡那样失败的工程。在国际社会,产生极大影响,备受争议的问题工程也不少见,如埃及的阿斯旺水坝工程。这些工程的主要问题既有其目标有违人类道德价值,也有因为科学认知的局限造成的失败,也有基本理念的错误。

1. 科技运用与工程实施在价值目标上与伦理道德价值产生错位。

将科技手段运用于毁灭和伤害的有:原子弹、纳粹的毒气配方、日本生化武器研究、731部队的活体实验等。

这些罪恶的战争武器的研制和使用,其反人类的价值特征容易被我们认识到。但是,在另一些情况下,尤其是在为人们认可的某些次生价值的掩盖下,工程造福人类的终极价值就被搁置到一边了,而这时我们却不易发现其中的问题。例如,前边提出的三门峡工程。三门峡工程可能给相关利益群体带来的损失和实际达不到设计的发电、蓄水、拦沙、防洪效果,都被当时的国际形势和政治需要所掩盖,所以在三门峡工程决策时多数专家是同意工程上

---

① 肖平等:《工程伦理学》,中国铁道出版社1999年版,第12页。

马的。

这种情形在改革开放后依然存在。由于特殊的历史原因,工程在以经济建设为中心,发展才是硬道理的口号下快速开展,只要能够带来经济利益,也不问是谁的利益,是否必要,是否公平,一路快跑开工。正因为此,才会有50%的工程投资失误。

在工程的价值目标上出现的问题还有出于个人名誉、利益的动机所做的工程。例如一些政绩工程、面子工程,不符合人民群众的利益,浪费国家财产。甚至一些贫困地区的领导干部热衷于建大广场、修宽马路、盖高档办公楼,为此不惜征用农业用地,动迁民宅;而对于搞好环境保护,管理污水达标排放,改善居民生活质量这样直接为老百姓造福的"隐性"工程却不感兴趣。国外也有这样的情况,例如:当年罗马尼亚由齐奥塞斯库主建的总统府是世界上最大的总统府,其面积相当于北京人民大会堂的两倍。其豪华程度也不亚于帝制时代的王宫,劳民伤财,深积民怨。这类问题工程还应追究工程技术人员自身的一些原因。例如,因为追求科研的结果和应用的效果,将一些不成熟的实验运用到工程实践中。

更有甚者,一些道德败坏的人,利用大规模的工程建设要耗用巨额资金,而不完善的体制和制度给寻租活动留下了机会的空间,大发工程横财。这几年职务犯罪频发的五大系统中就包括交通、电力、城建,工程领域成了腐败的重灾区,出现"豆腐渣工程"、"问题工程"就不足为怪了。但也出现了像广东高速公路、江苏浦扬大桥这样的"阳光工程",使人看到反腐倡廉的希望。

2. 由于人类认识的局限和科学技术的不成熟而存在的科技运用潜在风险。

例如对人与自然关系的认识,在过去相当长的时间内人类对自然的认识是不足的。曾几何时,"人定胜天","地大物博,资源丰富","取之不尽,用之不竭"那些个认识让我们引以为骄傲,而忘记了"天人合一","顺应自然"的古训。工程活动是人类改造自然的手段,而工程活动必须遵循自然规律。每个地区都有不同的自然条件,作为工程应该充分利用其优势。例如,我国南方多雨,自古大量兴修水利,建立了发达的农业灌溉系统;以色列天旱缺水,能源匮乏,因此开发了太阳能以及滴灌技术;北欧多雪,房屋多为尖顶并形成独特的建筑风格;埃及农舍的特征是土墙、小窗户,以保持清凉,如此等等。人类在进行工程活动、利用和改造自然方面获得了丰厚的回报。但是人们违反自然规律修建工程,受到自然惩罚的情况也时有发生。例如,围湖造田导致洪水泛滥,过度开垦造成土地荒漠化,滥采滥伐导致水土的流失,大量的水坝建设导致河流干涸。①

技术不成熟的风险最典型地可以切尔诺贝利核事故为例。切尔诺贝利核电站是苏联时期在乌克兰境内修建的第一座核电站,位于苏联乌克兰加盟共和国首府基辅以北130公里处。共有4个装机容量为1000兆瓦的核反应堆机组。其中1号机组和2号机组在1977年9月建成发电,3号机组和4号机组于1981年开始并网发电。

1986年4月26日,在进行一项实验时,切尔诺贝利核电站4号反应堆发生爆炸。反应堆机房的建筑遭到毁坏,同时发生了火灾,反应堆内的放射物质大量外泄。造成30人当场死亡,8吨多强辐射物泄漏。此次核泄漏事故使电站周围6万多平方公里土地受到直接污染,320多万人受到核辐射侵害,并导致整个西欧处于紧张之中,酿成人类和平利用核能史上的一大灾难。

事故发生后,原苏联政府和人民采取了一系列善后措施,清除、掩埋了大量污染物,为发生爆炸的4号反应堆建起了钢筋水泥"石棺",并恢复了另3个发电机组的生产。自1986年切尔诺贝利核事故发生后,离核电站30公里以内的地区被辟为隔离区,很多人称这一区域为"死亡区"。② 20年过去了,这里仍被严格限制进入,欲进入隔离区的人必须具备合法手续和有效证件。所有从隔离区出来的人,还必须在专门仪器上接受检查。苏联解体后,乌克兰继续维持着切尔诺贝利核电站的运转,直至2000年12月15日全部关闭。

据不完全统计,切尔诺贝利核事故的受害者总计达900万人。消除切尔诺贝利后患成了俄罗斯、乌克兰和白俄罗斯政府的巨大财政负担。据专家估计,完全消除这场浩劫的影响最少需要800年!乌克兰共有250万人因切尔诺贝利核事故而身患各种疾病,其中27万人因此患上癌症,9.3万人死亡。迄今已在核泄漏事故的善后事务上花费了150亿美元,预计到2015年,还将耗资1700亿美元。核事故所泄漏的放射性粉尘有70%飘落在白俄罗斯境内,200万白俄罗斯人不得不生活在核污染区,直接经济损失在2350亿美元以上。这是核电史上迄今为止最严重的安全事故。

3. 科技运用和工程实施实际上常常是利与弊交织着的,这是风险难以避免的又一原因。例如:高层建筑具有节省用地的优点,可以大大缓解因人

---

① 傅志寰:"树立正确的工程理念,落实科学发展观",殷瑞钰等:《工程与哲学》,北京理工大学出版社2007年版,第23页。

② http://news.xinhuanet.com/ziliao/2006-04/26/content_4476543.htm.

口增长和城市化进程带来的用地紧张状况。但高层建筑的安全是一个世界范围内尚未解决的问题。又如，水利工程总是利弊共存。新中国是世界上水坝建设最多的国家，水利水电工程建设为农业灌溉、工业和城市供水、江河流域防洪减灾、农村供电等发挥了重要作用。但相对于水能资源储量世界第一的优势，中国中大水电工程开发却因为受到技术和资金的约束走了一段曲折的路。近年来，受国际反坝运动影响和生态主义、环境保护运动在中国开展的影响，水坝工程遭到最强烈的质疑。事实上中国历史上有十分成功的水利工程，比如都江堰。都江堰是中华民族工程智慧的结晶，千古工程奇迹，让今天的许多工程师也大叹弗如。这说明水利工程可以做好，可以尽可能地避免对生态环境造成负面影响。水力发电是可再生清洁能源，目前中国未开发的具有可开发的经济价值的水电资源接近3亿千瓦，如果开发出来，其发电量大致相当于每年消耗5亿吨煤炭的发电量，可减排约15亿吨二氧化碳气体，并将为人类克服对地球生灵共有栖息地威胁最大的温室气体顽症做出重大贡献。2004年中国的水电装机数已经超过美国跃居世界第一。①

关键是我们过去对这类利与弊交织的工程的伦理态度已经不适于今天的文明发展的要求。比如说，过去我们以"代价论"来对待工程的弊端，对待为工程利益做出牺牲的群体。常常因为工程利益的诱惑而无视弊端的存在，因为弊小而忽视它的危险，因为受损失的是少数人而忽略他们的权利。这显然已经不符合整个文明发展的要求，也引发了新的社会矛盾。

三、罗马俱乐部的警告

罗马俱乐部是一个专家学者聚会的沙龙，是一个没有组织的组织。它建立之初就以沙龙聚会为组织形式；俱乐部有不超过百人的规模，以保证成员之间广泛深入细致地交流；俱乐部不依附任何基金援助，其成员可以有不同的意识形态和价值观，所发表的观点只代表个人不代表俱乐部和任何国家与政党；俱乐部力图贯通全人类的文化，运用科学方法，研究人类生存问题，而不是研究某一具体的学科问题。

1968年4月，来自10个国家的科学家、教育家、经济学家、人类学家、实业家、国家的和国际的文职人员，约30多人聚集在罗马山猫科学院。他们在

---

① 中国长江三峡工程开发总公司副总经理林初："关于水坝工程建设争议的思考"，殷瑞玉等：《工程与哲学》，北京理工大学出版社2007年版，第95页。

意大利一位有远见卓识的工业企业经理、经济学家奥莱里欧·佩切依博士的鼓动下聚会,讨论现在的和未来的人类困境这个令人震惊的问题。在西方国家高增长、高消费的"黄金时代",这种行为具有惊世骇俗的力量。

《增长的极限》是1972年由罗马俱乐部、波托马克学会和麻省理工学院研究小组联合出版的著作。这是罗马俱乐部提交给国际社会的第一个研究报告。它早已成为名满世界的一块丰碑。

这份关于人类困境的报告涉及:人口问题、粮食问题、资源问题、环境污染、生态平衡等。报告的主要观点是:世界人口激增,生产水平也在迅速提高,但地球的资源却是有限的,这就决定了生产的增长是有限的。

人类的困境是由呈几何极数增长的人口生存需要与自然资源的矛盾构成的。让我们来看看世界人口的变化。

1600年,世界人口有5亿;

1804年,间隔200年,世界人口已达10亿;

1927年,间隔123年,世界人口超过20亿;

1960年,间隔33年,世界人口已达30亿;

1974年,间隔14年,世界人口达到40亿;

1987年,间隔13年,世界人口达到50亿;

1999年10月12日,世界人口达到60亿。

从这张列表中,我们可以清楚地看到,世界人口每增加10亿所需的时间急速下降,人口呈几何增长。中国古代的思想家韩非子说过:"今人有五子不为多,子又有五子,大父未死而有二十五孙。是以人民众而货财寡,事力劳而供养薄。"负责任的中国政府从20世纪70年代末提出计划生育主张,80年代开始将计划生育作为基本国策实施。中国的计划生育政策将全国人口达到13亿这一天的到来推迟了4年。2005年1月10日,在北京医院,中国的第13亿个公民出生。

人口快速增长与经济增长存在的矛盾以及由此引发的问题成为各国科学家、经济学家和学者们攻坚的对象,也成为各国政府和人民广泛关注的焦点。人类社会的未来进程,甚至人类社会的生存,也许就取决于世界对这些问题做出反应的速度和效率。

罗马俱乐部提供了超越于被动生存、穷于应付的研究思路,即人类必须探究他们自己——他们的目标和价值,就像他们力求改变这个世界一样。献身于这两项任务必然是无止境的。因此,问题的关键不仅在于人类是否会生

存,更重要的问题是人类能否避免在毫无价值的状态中生存。罗马俱乐部的观点引导人们面向人类生存的哲学层面作价值思考。

如果世界人口、工业化、污染、粮食生产和资源消耗以现在的趋势继续下去,这个行星上增长的极限将在今后 100 年中发生。最可能的结果将是人口和工业生产力双方有相当的突然的和不可控制的衰退。

改变这种增长趋势和建立稳定的生态和经济的条件以支撑遥远未来是可能的。全球均衡状态可以这样来设计:使地球上每个人的基本物质需要得到满足,而且每个人有实现他个人潜力的平等机会。

如果世界人民决心追求第二种结果,而不是第一种结果,他们为达到这种结果而开始工作得愈快,他们成功的可能性就愈大。①

罗马俱乐部的报告显然对旧有的工程观念形成了巨大的冲击。作为利用自然资源的造物活动,工程必须考虑资源的有效利用、持续再生和新资源的开拓问题。

四、环保的号角——《寂静的春天》

如果罗马俱乐部的警告是顺着人类经济增长的势头,从人类生产极限的角度来认识问题的,那么卡逊的警告则是逆着增长的方向,从科技运用的风险来认识问题的。

卡逊(1907—1964 年),海洋学家,她的《寂静的春天》1962 年在美国出版。书的出版在当时是极富争议的,争论的关键是卡逊坚持自然的平衡是人类生存的主要力量。然而,卡逊惊世骇俗的关于农药危害人类环境的预言,不仅受到利益攸关的生产与经济部门的猛烈抨击,而且强烈地震撼了社会广大民众。卡逊严重冒犯了美国的化学工业,也挑战了当代的化学家、生物学家和科学家坚信人类正稳稳地控制着大自然的信心。

卡逊第一次对人类征服大自然意识的绝对正确性提出了质疑。她为人类环境意识的启蒙点燃了一盏明亮的灯。卡逊警告了一个其他人都很难看到的危险。1963 年美国参议员李比克夫在欢迎她在国会作证时模仿一个世纪前林肯对斯托夫人的话说:"卡逊小姐,你就是启始这一切的女士。"

克林顿时期的美国副总统戈尔评价卡逊说:在很少有人走过的路上,一

---

① 《增长的极限》,四川人民出版社 1983 年版。

些人已经上路,但很少人像卡逊那样将世界领上这条路。她的作为、她揭示的真理、她唤醒的科学和研究,不仅是对限制使用杀虫剂的有力认证,也是对个体所能做出的不凡之举的有力证明。

卡逊批评了人类"控制自然"的可怕的妄想。"控制自然"这个词是一个妄自尊大的想象的产物,是当生物学和哲学还处于低级幼稚阶段时的产物,当时人们设想中的控制自然就是大自然为人们的方便利用而存在。例如应用昆虫学上的这些概念和做法在很大程度上应归咎于科学上的蒙昧。这门如此原始的科学早已被用最现代化、最可怕的化学武器武装起来了。这些武器在被用来对付昆虫之余,已转过来威胁着我们整个大地了,这真是我们的巨大不幸。

卡逊警告说:杀虫剂的过分使用与人类基本价值不协调。杀虫剂制造了"死亡之河",制造了"寂静的春天"。

卡逊的时代美国的化学工业正高歌猛进,美国的农业产量在化肥、农药的帮助下奋力增长。美国合成杀虫剂的产量从 1947 年的 12 425.9 万磅,猛增至 1960 年的 63 766.6 万磅,比原来增加了五倍多。这些产品的批发总价值大大超过了 2.5 亿美元。但是从这种工业计划及其远景看来,这一巨量的生产才仅仅是个开始。卡逊预见到:杀虫剂问题会因为政治问题而永远存在;清除污染最重要的是澄清政治。

1970 年美国成立的环境保护署,在很大程度上是由于卡逊所唤起的意识和关怀。杀虫剂管制和食品安全调查机构从农业部移到了新机构。因为,农业部自然只是想到使用农药的好处。

美国前副总统戈尔对卡逊高度评价,他说:作为一位被选出来的政府官员,给《寂静的春天》作序有一种自卑的感觉,因为它是一座丰碑,它为思想的力量比政治家的力量更强大提供了无可辩驳的证据。可以说是卡逊吹响了世界环保的号角,她为现代工程提出了一个新的责任,即环境的责任。一个新的工程观逐渐占据重要地位,即任何工程不能一边造物一边毁物,不能一边建设一边破坏。

五、谁来质疑科技与工程的价值,谁来规避风险

科学不是上帝。

我们常常能听到这样的话:"科学技术是一把双刃剑",其实更准确地说

应该是"技术运用和工程活动"是一把双刃剑。因为,工程技术是将科学和现实连接起来的桥梁,工程使科学思想和技术手段得以实现。工程活动可以增加社会财富,给社会发展带来积极的意义,也可能产生负面影响。科学不是万能的,工程和由它带动提高的生产力水平也不是能够解决一切问题的。人的精神生活、文化形态就不能用物理化、化学化的科学来研究;社会公正、人权保护也不是经济发展了就能自然得到解决的。科学技术无论如何发达,它本身也不能克服社会冲突,不能消灭贫富悬殊。

科技和工程活动是应当受到控制的力量,越是先进的技术运用越是伴随着巨大的风险,因为越是先进的技术就意味着更大的力量。这一点已经被越来越多的事实证明,科技活动的"价值中立论"也越来越难以在现实生活中立足。科学技术本身并不可怕,可怕的是我们对它的放任和无知。任何不受制约的力量都将走向自己的反面,科技也是如此。科学技术和工程活动必须受人类社会价值的控制,必须有人文精神的约束,受人类理智、情感乃至常识的制约,才能成为人性化的、能够真正促进人类幸福的力量。

爱因斯坦曾经说过:"科学是一种强有力的工具。怎样用它,究竟是给人带来幸福还是带来灾难,全取决于人自己,而不取决于工具。刀子在人类生活上是有用的,但它也能用来杀人。"①爱因斯坦所指的"人"既包括科技活动的决策者,也包括科技工作的实践者,他们既是刀的制造者,也是刀的使用者。如果,科技工作者不能自觉地以人类的道德价值反省整个科技活动,自觉为人类做有益的事,反而自动解除职业活动的道德责任,像受人支配的机器一样,只管完成别人要求我做的事,这无异于无偿出卖自己的道德良知,从而把自己变成纯粹的技术工具。作为工具的科技人员远离道德的引导,这对社会来说是件十分可怕的事。例如,二战期间就有不少德国、日本的科学家成了战争、阴谋、罪恶的工具,这些科技人员的行为也许并非都出于他们自己信仰的选择,更多地则可能是在无意间或被动中成为了邪恶的工具。

奈斯比和阿巴顿的《2000年大趋势》一书开头就说,"我们站在新纪元的开端,在我们面前是文明史中最重要的十年,是充满令人眼花缭乱的技术革新、前所未有的经济机遇、令人惊奇的政治改革和非凡的文化复兴的时期"。他们提出:人类继续向前走,是"走向大灾难还是走向黄金时代,应由我们抉择"。

---

① 爱因斯坦:《科学与战争的关系》,《爱因斯坦文集》第三卷,商务印书馆1979年版,第56页。

第四讲 科技是一把双刃剑

固然,工程师通常并不是最后的决策者,并且在一个特定的社会体制中,工程师对技术对工程负责的行为会受到种种因素的干扰,但是科技工作者应该意识到自己不是工具,必须为自己的行为负责,这对于规避工程风险来说是十分重要的。相反,那些认为只管把发明创造的成果如同货物一样地摆在货架上就完成了他作为科技工作者的全部任务的人,无疑是在有意回避自己的责任。主张工程技术人员只对技术负责的观点忽略了一个最不该忽略的问题,那就是科技工作者既是科技发明创造的主体,也是科技成果运用过程中的主体,他们应该是最了解自己工作意义和影响的人,最能恰当地评估技术手段选择中的风险。因此,他们不仅能够对其活动的目标和后果做出判断,还应该对活动的全过程进行道德审视,对工程手段选择进行道德控制。因为正如当人类的科技活动推动社会文明向前发展时,社会不会忘记科技工作者的贡献一样,当科技应用中出现问题时,人们也会十分自然地想到他们在其中应负的道义责任。①

任何一个科技工作者都是在一定的社会环境中生活的,是在具有一定道德价值的文化教育体系中完成其成长过程的。与其他人一样,他也是一个社会的人,也受到一定社会的价值观念与道德情感的影响。不同道德文化中的科技工作者有自己特殊的道德荣誉感和信仰,也应有人类共同的道德感情,他们并不是一架纯粹的科技机器。作为一个公民,工程师首先应该遵循人类共同的道德准则。这也并不是一件轻易能做到的事,因为科技工作者的职务行为所产生的影响往往比其他行业更大,因而他必然要承担更多的道义责任。

今天的科学技术发展到如此发达的程度,一切先进技术的采用都伴随着精良设备的要求,建立在高起点上的科技活动已经离不开社会的大力投入。然而当今世界还远没有达到有足够的资金不加选择地资助任何一个研究项目的富有程度,那么社会的科技投资必然有所选择,社会的选择与发展目标毫无疑问地就会制约和影响科技工作者研究目标的选择。正是因为科技工作者具有不同的道德倾向,也具有不同的利益动机,他们或受到利益的驱使,或为荣誉所诱惑,或为发现所鼓舞,为了争取社会的资助他们不得不考虑科技成果的社会意义和应用价值。在追逐社会利益目标的过程中,他们就不再是只追问其科技价值的纯粹科学家,这就使他们常常不自觉地在利益选择与

---

① 肖平等:《工程伦理学》,中国铁道出版社1999年版,第一章绪论。

道德选择之间摇摆,甚至屈从于利益的驱使。我们痛心地看到一些科技工作者为追逐名利,或为获得社会、政府的科研资助和获得具有经济价值的工程项目丧失起码的科学精神和道德良知,不惜弄虚作假。20世纪较典型的事例有:T.萨默林用墨水涂在小白鼠皮肤上使之留下黑斑,造成皮肤移植的假象,以证明不同种属的动物皮肤移植时不发生免疫上的排斥反应;美国的约翰·朗用枭猴染色体照片冒充人的染色体照片,宣称他独立地培养了霍奇金氏细胞系;中国的李富斌在国外期刊发表两篇剽窃论文的同时,还捏造了23篇自己在国外发表的论文,从而获得国家自然科学基金资助项目。① 据估算,20世纪重大的科学作伪案竟可能高达2 000件以上,其中的参与者不乏著名的科学家。难怪美国工业工程师学会在1989年重新定义"工程"概念时,将伦理观念的实践看做是一个工程师在解决问题时必须考虑的因素。

工程师的职业活动需要特殊的道德意识和道德审视来保证,因为科技工作者职业活动的高尚与智性的品质并不足以避免科技实践的负面效应。科学认知的相对性与局限性决定了科技运用风险的存在,而在崇尚科技的时代这一点往往被人忽略。加之一部分习惯于只问"为什么"的科技工作者由于深陷其研究之中,其思路甚至情感都呈一意掘进的单向性,往往并不对其科技活动和成果运用作多方面的价值审视。如果今天的科技工作者仍然像过去那样埋头绘图桌、深陷实验室而不问其工作成果给社会带来的影响,如果我们仍然不对科技工作者提出必须的整体的社会观、未来观,仍然不要求他们建立环境意识、可持续发展意识、人类价值意识,那么,科技运用的风险无疑会更大,这也是近代科技飞速发展而问题也日趋严重的原因。因此我们说职业活动的高尚并不保障行为效果的道德性,因此,社会不能不对科技工作者提出道德审视的要求。

当然也有良心泯灭的掌握科学武器的人,例如:为希特勒研制杀人毒气配方的犹太化学家;2000年被揭发的考古作假的日本"东北旧石器文化研究所"副理事长,考古学家藤村新一;柏林马克斯·德尔布吕克分子医学中心的编造研究结果、被称为"科学骗子"的分子生物学家玛丽昂·布拉赫,以及执意坚持克隆人类的"三魔头"。

但是,我们也不可以走向另一极端。我们必须懂得:科学的问题还需要

---

① 炎冰、宋子良:"科学作伪与社会调控",《科学研究》1999年第1期。

用科学的手段来解决。事实上对科技运用和工程活动中的风险警告正是来自科技工作者和工程师。科技工作者和工程师科学的求真精神、特有的怀疑精神、理性精神、良知与专业技术能力,以及对人类道德价值的良好理解是对科技运用和工程活动进行道德考量的最科学和最有效的保障。

在科技运用和工程活动中,行动也首先来自科技工作者和工程师。在国内外都不乏有社会责任感有良知的科学家和工程技术人员:黄万里、袁隆平、李四光、雷切尔·卡逊、罗马俱乐部成员、富兰克林、曼努埃尔·帕塔罗约……他们也许是一些普通的无名的工程师,他们以自己的专业技术预告风险并消除影响。例如:在切尔诺贝利核电站泄漏事故发生后十多年的时间里,有一支由科学家和工程师组成的队伍一起工作在那里,他们力图处置那些使核反应堆周围20英里的区域再也无法住人的大量核燃料。如果这些核燃料不能得到妥善的处理,那么它就会威胁到更多的居民。这些科学家和工程师所受到的辐射远远地超过了美国制定的可接受的水平(约超过6万倍)。在哥伦比亚广播公司的60分钟专访节目中(1994年12月18日),有一位队员说,为了继续从事这份工作,他上交了一份受辐射水平大大低于他实际所受辐射的"正式"记录。当问及他为什么愿意这么做时,他问答说:"总有人要做这事,我不做谁做呢?"他特别地提到他的两个儿子也想参加这支队伍。但是,他不想让他们参加,他们没有义务参加这项任务。一位乌克兰政府发言人在评价这支队伍的成就时,把志愿者描述成英雄和勇士。①

事实上,多数的工程技术人员都对社会的进步、公众的福利有深切的关怀,也将造福人类作为自己的职业目标。只是他们所作的研究不为世人了解罢了。例如:材料科学界正在关注我国森林虫腐问题。我国的人工林保存面积居世界首位,但森林病虫害一年吃掉1 000个亿。由于大面积的中幼龄林处于成长期,病害高发趋势还将延续。据中科院金属研究所2002年统计,我国因材料腐蚀导致事故所造成的经济损失高达5 000亿元,其中1/3可通过人为努力避免。这是材料工程研究的课题。② 而这些问题的解决必须依靠科技手段。

---

① 〔美〕查尔斯·E.哈里斯、迈克尔·S.普里查德、迈克尔·J.雷宾斯著,丛杭青、沈琪等译:《工程伦理——概念和案例》,北京理工大学出版社2006年版,案例3,第230页。
② 国家行政学院教授方克定:"关于工程创新和工程哲学",殷瑞玉等:《工程与哲学》,北京理工大学出版社2007年版,第77页。

1. 认识所学专业的社会责任;
2. 了解所学专业技术运用的社会风险;
3. 了解所学专业技术在解决和规避风险上所作的努力和结果;
4. 了解所学专业的技术难题与社会期待;
5. 搜集、整理资料完成一份报告或制作一份PPT文件,可提供案例,采用案例分析的方法。

第五讲　自主学习环节

一、自主学习方式

在学生认真准备完成第三、四讲课程作业的基础上,作课堂交流。其交流方式包括:
1. 课堂演讲;
2. PPT 演示;
3. 课堂讨论(可以不同主题分组讨论);
4. 课堂辩论。

二、作业评价依据

1. 搜集资料:资料丰富、翔实,出处标注清楚可查,遵循基本学术规范;
2. 整理资料:资料整理的逻辑清晰,对专业的认识准确、到位;
3. PPT、演讲稿制作水平高,图文并茂;
4. 演讲、陈述、辩论表现大方,思路清楚,说理性强。

三、自主学习作业样本举例

主题一:所学专业技术运用对社会文明的推动

要求:利用图书文献、网络资料,查询所学专业的发展史,了解本专业对社会发展的贡献,以及发展前景,认识本专业技术运用所承担的社会责任。

主题一样本:交通运输的历史与社会贡献

制作人:西南交通大学2006级运输专业茅以升(重点)班周薇、凌巧、余晓珂、王觊煜、闻克宇、唐轩

西南交通大学交通运输学院成立于1998年,其前身是1956年恢复建系的铁道运输系。追溯到更早的历史,1938年4月至1941年1月期间,国立交通大学唐山工学院就设立了铁道管理系。历经大半个世纪的发展,已经逐渐成为我国铁路及道路交通运输人才培养及科学研究的重要基地之一。

交通的历史

所谓交通,《辞海》中解释为"相互通达"。实际上我们今天所说的"交通",常常与"运输"联系在一起,指人或物从一个地方移到另一个地方的方式和手段,不过,"交通"更多地指人的因素,而"运输"则主要是指货物的运送。

从交通所行经的地域来看,我们可以把它划为陆路交通、水路交通与空中交通;从交通本身的特点来看,则可以划分为公路交通、铁路交通、河运、海运和航空等等。从更长远的角度来说,航天也属于交通的范畴。

现代的交通运输已成为一个国家经济发展不可缺少的重要部门。但从人类原始的"肩挑手提"、"以脚代步"的交通方式演变为今天现代化的交通运输,却是经历了十分漫长的历史过程的。交通对人类来说是如此的重要,关系又是如此的密切,以至于我们完全有理由认为,交通的发展与变革,是人类文明的重要标志之一。

陆地是人类的基本栖息地。在那里,人们生产、生活、交互往来、迁移走动,自古如此。因此可以说,陆路交通的发展与人类本身的发展几乎有着一样久远的历史。

我国的陆路交通也有着颇为悠久的历史。特别是在秦统一中国后,为了更好地实现全国政治、经济和文化的统一,拆毁了战国时期遗留下来的路障、城垫等,大力发展车马驿道,形成了以咸阳为中心的全国性陆路车马交通网。据说到唐代时,我国的陆路交通干线已经达到了五万华里。

铁路的出现要比火车出现早得多。早在16世纪欧洲的矿山中,已出现用木轨平车运煤。18世纪时,英国人就在木轨表面贴上一层铁皮,以提高效率。1789年,英国人杰索普最先使用铁轨铺路。但那时的铁轨路不是供火车使用而是供畜拉的平车使用的。

1804年,英国人特列维锡制成一台蒸汽机车,第一次开上矿区铁道,但试跑的结果却不理想。真正开辟火车铁路运输时代的,是英国的设计工程师乔治·史蒂芬生。1825年,他亲自驾驶着一台蒸汽机车"运动一号",拉着数节货车和数百名乘客,总载重量约90吨,在铁路上迅跑,获得巨大成功。1829年10月,世界上第一条专供火车使用的铁路——从利物浦到曼彻斯特的铁路建成。1830年,美国也修建了从巴尔的摩到俄亥俄城之间的铁路,进行营运。

从蒸汽机车发明使用以来,世界的铁路发展很快。从数量到质量,由少到多,由低级到高级,走过了许多奋发改进的道路。铁路铺轨也由"有缝线路"向"无缝线路"过渡,轨道也由地面延伸到了地下(地铁)、空中(高架铁路),等等。目前,世界各国的铁路营业总里程计有一百三十多万公里。其中美国有32万公里,居世界第一。我国占第五位。

与此相应,机车的发展也十分迅速。从运行速度上看,1830年史蒂芬生的"火箭"号机车的平均时速为16公里,最高时速也只有50公里,到1899年,法国巴黎到马赛的特别快车平均时速已达67公里。而目前的高速铁路列车平均时速则达二百多公里,最高时速可达三百公里以上。而未来的列车将朝着更加高速化发展。

蒸汽机车在过去的一百多年里,为铁路运输时代的开创做出了重大贡献。但是,它不仅需要不断地添煤加水,显得麻烦,更重要的是,它那极低的效率,浪费了大量的能源。因此,在电力机车和内燃机车出现后,它就日渐走上了被淘汰的命运。

1835年,美国的德凡伯在麻省展出了第一台电力机车模型。1895年,斯波拉格和通用电气公司用一台四轴四个发动机、总共1440马力、由架空线和集电弓供电的直流电力机车,行驶于巴尔的摩到俄亥俄铁路的隧道区,全长三英里,揭开了铁路电气化的序幕。1920年,美国制成300马力电传动调车内燃机车,1925年由新泽西中央铁路正式投入使用。

从此,在油源较充足的国家,内燃机车都发展很快。

与蒸汽机车相比,电力机车和内燃机车的优势是明显的。蒸汽机车的热效率仅占6%—7%,而内燃机车则达19%,电力机车的热效率更高达27.6%。据日本的统计分析,同是牵引300吨公里,蒸汽机车要花费1011日元;柴油机车只花费423日元;而电力机车仅花费422日元。经济效益的差别显而易见。因此,20世纪50年代后,世界各国都加速了电力机车和内燃机车的发展。我国在缺煤、缺水、坡度陡及运输繁忙地段的不少铁路干线,已使用内燃机车和电力机车。

汽车、火车作为陆路交通的主要工具,其现代化的发展正日新月异。高速公路、高速铁路正在全球范围内兴起。人类正朝着高速化、智能化的21世纪陆路交通大步迈进。

交通运输发展与布局在国民经济发展中的地位与作用

交通运输业是一个相对独立的物质生产部门,也是第三产业中一个重要的行业。运输业是生产过程在流通领域内的继续,它是同工农业生产活动密不可分的一个特殊的物质生产部门,它的产品是货物和人的空间位置的移动。所以,交通运输业不仅是"先行"部门,而且是国民经济的动脉,是联系生产和消费、工业和农业、城市和乡村的重要纽带。同时,它也是实现社会主义生产合理布局的有力杠杆之一。由于交通运输是生产过程的延续,是社会生产和再生产的条件,因而,核算生产布局的经济效果,既要估算生产本身的耗费,又要估算运输耗费。可见,交通运输这个重要环节,对于实现合理的生产布局,改造、建设落后地区经济,加强城乡之间的相互支援,都具有十分重要的作用。

交通运输业不但在国民经济中占有重要地位,而且在巩固国防,加强国内各民族的团结和增进各国人民的友好往来上,都有重大意义。

交通运输业的发展和布局在我国国民经济中更显得重要。这是因为我国领土非常辽阔,各地区自然条件的差别很大,许多重要的矿产资源分布又相当集中,各地区的工、农业生产也不尽相同;全国产业布局又不尽合理;同时,它又是我国实现四个现代化的重要组成部分。比如我国工业现代化,就是要从能源、资源和交通运输"化"起,通俗地讲,就是"两源一通"。可见,应当把发展交通运输业,同发展燃料、动力、原材料工业一样,放在国民经济中的突出先行地位。

有轨交通的贡献

上海市平均公交出行速度较9年前提高了40%,其中轨道交通在提速上起了关键作用。上海轨道交通主要承担中长距离的运输,乘客乘距平均为9公里,是地面公交平均乘距的1.5倍。9年来,轨道交通客运分担率已从2%提高到11%;公共汽(电)车分担率从84%下降到65%;出租车从14%提高到25%。

目前,上海市共有四条轨道交通线路,运营总里程达95公里,车站总数达到64个。调查显示,去年轨道一、二、三号线的日均客运量已达129万人次,且客流异常集中。根据上海市政府的规划,2010年上海将新建和延伸10条轨道线路,总里程近400公里,新增投资超过1 400亿元。

青藏铁路的意义与贡献

把铁路建到世界屋脊上,这是人类的一大创举,也是中国人民智慧、力量、勇气、胆识的结晶,更是国家经济富强、人民富裕、民族团结的象征。青藏铁路的建成,鼓舞了中国人民的士气,长了中华民族的骨气,提高了中国在世界的地位,更联络了全国各族人民的感情。我们应该为青藏铁路的建成而高兴,为青藏铁路的建成而骄傲。

青藏铁路的建成,标志着中国每一个省都有了铁路,铁路已经覆盖了全国所有的地区,所有的省份,标志着中国的铁路交通已经为所有的中国人服务,为中华民族服务,具有里程碑般的意义和作用。青藏铁路的建成,不仅仅是一条铁路,而是一条沟通汉族与少数民族感情的新的通道,这条通道的建成,对于联系汉族人民与藏族人民的感情,加强汉族与藏族的联系,增强全国各族人民的团结,是否也是一条新的通道呢?对这样的意义与作用,是否应该用更多的笔墨进行宣传与讴歌呢?

青藏铁路的建成,对于发展西藏的经济,进一步开发西藏的资源,提高藏民的生活水平,开辟了一条新的通道,提供了新平台,今后,将有更多的内地企业、内地投资者把目光投向西藏,那么,一个新的、欣欣向荣的西藏将在不久的将来屹立在世界屋脊,可以说,青藏铁路的建成,决不是旅游的作用所能代表的,也不仅仅是经济意义所能代表的,它的作用十分深远而且伟大,它的意义十分深刻而又巨大。

高速公路的显著作用力

高速公路逐渐成为生活中不可缺少的一部分。

以河南洛三高速公路为例。洛阳至三门峡高速公路建成通车迄今一年来,对沿线工业企业的拉动作用正日益显现。

货物通行能力大幅提高。表现为企业公路运输量占全部货运量的比例逐步提高,高速公路运输逐步成为企业的主要选择。调查显示,有13家企业高速公路的货运量占公路运输量的50%以上,其中6家企业的货运量占到80%以上。货运成本明显降低。在被调查的企业中,大部分企业感觉到洛三高速公路开通后货物运输成本明显下降,其中认为下降幅度在10%以上的企业有三家,有四家企业认为管理成本的明显下降与此密不可分。

企业看好发展前景。"洛三"高速公路的开通,加速了洛阳、三门峡与外界的联系和货流、人流的通畅,投资环境趋佳,企业越来越看好未来发展前景。调查显示,许多企业认为企业发展前景将更为优越,对于发挥沿线资源优势、区位优势、加速沿线城镇工业化进程将起到不可低估的作用。

我国交通的发展前景

1. 未来社会经济发展对交通的需求。

(1) 国民经济持续增长,人民生活水平不断提高,客货运输需求和通信需求将有大幅度的增长。从目前至21世纪20年代,我国国民经济总量将继续以较高的速度增长,人民生活水平将从温饱型向小康和中等发达水平过渡。货运量将会进一步增长,而且我国居民旅行需求将会大幅度增长,信息交流量增长幅度更大。

(2) 随着产业结构优化和产业布局调整,区际交流规模和城乡联系将会进一步扩大。主要运输通道和干线的运量将会大幅度增长,城乡之间的客货交流将更加频繁。货物种类不断增加,对运输质量、送达时间的要求日益提高。

(3) 外向型经济和进出口贸易进一步发展,外运货物数量增加,产品档次不断提高,运输质量要求更高。高价值、高时效性商品比率将会迅速增加,并将广泛利用集装箱。沿海港口、沿边口岸和内陆全方位开放的格局,对运输和通信提出了更高的要求。

(4) 加快中西部发展和贫困地区的发展必须首先改善交通条件。

2. 运量和通信业务量增长趋势分析。

今后的增长趋势有着以下明显的特征:

(1) 客运增长率将高于货运增长率。我国的客运需求由于受计划经济和户籍制度、劳动制度的影响,人口流动和出行量甚小。今后随着产业结构的升级和运输合理化,货运强度将呈下降趋势。

(2) 客运周转量增长将高于客运量增长。在居民出行次数增长的同时,旅客出行范围将呈现逐步扩大的趋势。这是商品经济发展和人民生活水平提高所引发的必然趋势。

(3) 货运周转量增长将低于货运量的增长。尽管我国的煤炭、石油等产量将继续增长,调运距离有所延长,但是由于加工工业加快发展,商品运输将更加注重经济效益和时效,因此货运需求总体上呈现近距化的趋势,我国货运强度将呈下降趋势,向发达国家的水平靠近。

(4)我国邮电业务量将随改革开放向深度和广度两个方面的扩展,而以高速增长。

3. 发展方向与目标。

(1)发展方向。我国交通、通信将大致按如下方向发展:加快交通运输设施建设,不断提高装备技术水平,大幅度增加运输能力,争取到2010年前后,交通运输基本适应国民经济和社会发展的需要,运输干线网络和大通道能力得到大幅度提高,港口体系得到加强。到2020年前后,交通运输适度超前于国民经济和社会的发展,以高速交通网和大能力运输通道为主干通达全国各地和城乡,以发达的沿海港口和陆路口岸与世界各国相连的综合运输体系基本建成。

(2)建设重点与发展目标。今后的建设重点是:加快铁路建设,相应的发展公路、水运和民航运输,积极发展管道运输,建立和完善综合运输体系;为加强区域经济联系,重点加快长江三角洲、珠江三角洲、中部、西南、西北和东北地区对外运输通道建设;为逐步解决旅客出行难,提高客运能力,采取有效措施提高列车速度和行车速度,加快建设由高速铁路、高速公路和航空网组成的高速交通网;以集装箱枢纽港建设和能源输出港、接运港及其集疏运线路为重点,加强与国际运输网络的对接;增加通信能力,提高电话普及率,以区际干线光缆和城乡电话网为重点。迈入21世纪,铁路营业里程将进一步延长,复线率比重增加,连接东部经济中心城市的铁路将实现高速化。

4. 增加投入和投资渠道多元化。

(1)大力增加投入是扭转交通滞后的根本保证。我国交通长期滞后的直接原因是投入不足,从1952年至1990年运输、邮电投资仅占全国基建投资的14.13%。"八五"期间有所改善,已占到19.7%。但是仍未达到世界银行提出的20%—28%的比例。预计"九五"期间运输与邮电的基建投资(含车船飞机购置费)分别为9 180亿元和4 350亿元,为"八五"投资额的2.35倍和2.13倍。保证资金投入到位是根本措施。

(2)投资渠道多元化是加快交通建设的重要途径。"八五"交通投入增加是在中央投资增加的同时,地方投入、利用外资和利用民间财力方面取得了重大进展。特别是邮电投入"八五"比"七五"增加6倍,仅收取初装费就占了总投资的43.3%,中央投入仅占9%。各种运输方式的地方投入比例依次为:公路占87.5%、海港占49%、民航占33%、铁道占9%,因此公路、海港、空港建设的进展较迅速。今后只有保持这种投入势头,进一步改革投资与经营的体制,才有可能实现我国交通现代化的宏伟目标。

(1) 运输线路质量不断提高

1999 年,中国铁路双线已由 1949 年的 867 公里增至 20 925 公里,占铁路营业里程的比重由 4% 提高到 36.1%。铁路主要干线大多更换了每米 60 千克的钢轨,铺设每米 60 公斤以上重型钢轨的线路里程比重已达 54.6%;大力发展无缝线路,无缝线路比重从无到有,比重达 34.1%。公路大力提高线路等级,铺有路面的公路比重从 1949 年的 40% 提高到 1999 的 93.8%,从 80 年代末,中国开始修建高速公路,尽管起步晚,但发展速度在世界上名列前茅,从 1988 年算起,11 年间共建成高速公路 11 605 公里。内河通航里程中,水深 1 米以上的比重由 1949 年的 32.9% 提高到 1998 年的 60.5%。

(2) 运输布局显著改善

新中国成立初期,中国铁路、公路线路偏集于东北及东部沿海地区,占国土面积 56% 的西北、西南地区交通十分闭塞。青海、宁夏、四川、新疆、西藏及福建等 6 个省和自治区连一条铁路都没有。经过近 50 年的建设,初步改善了运输布局很不均衡的局面。

新中国成立后建设的 100 余条铁路中,贯穿西北地区的有天兰、兰新、包兰、兰青线和青藏线北段等,使西北地区有了铁路网骨架;连接西南地区的有宝成、成渝、成昆、贵昆、襄渝、湘黔、黔桂和南昆线等,使西南地区形成了初具规模的铁路网;纵贯中部地带的有焦枝、枝柳铁路。在改善西南西北地区交通运输状况的同时,东部和中部地区的交通运输业得到了发展。新建了京九、京通、通让、京源、大钦、京秦、皖赣、南福、横南河航甬、金温等线。

(3) 运输装备水平显著提高

运输装备水平的提高是交通运输业逐步实现现代化的重要标志之一。

铁路已实现电力、内燃机车牵引为主的系统。载货汽车的结构中,逐步改善了"缺轻少重"的局面,重型和轻型汽车比重不断增加,专用汽车有较大发展。载客汽车中,不仅数量增加,质量也有很大提高,适用于高速公路和高等公路的豪华大客车不断增加。

水运中民用船舶结构优劣发生了根本性变化,大中型船舶大大增加,载重吨位大幅度提高,远洋运输由以散货船为主发展成为拥有集装船和各类型专用船舶。

民用航空方面,运输机队不断更新,主要已由波音、空中客车等先进机型为主组成。通信、气象、导航、空中管制等设备不断更新完善。

管道运输的技术装备适应了我国原油凝固点高、黏度大、含蜡多的特点。原油管道采用了螺纹双面焊接钢管，有不同管径系列产品。原油管道采用加热输送工艺，同时采用清管技术，提高了管道输送能力。天然气管道装备了净化装备。

（4）运输装备水平有较大提高

通过加强运输组织工作和改善经营管理，各种运输方式大大提高了运输能力和运输效率。铁路部门在保证安全行车的前提下，抓好车辆满载、列车跑轴和提高列车速度的工作，特别是在运输繁忙的线路和限制区段上，采取了提高列车重量，开行组合列车和重载列车，扩大旅客列车编组等多种挖潜措施，提高了运输能力。

（5）交通运输工业形成体系

铁路工业的生产能力和生产技术得到了很大加强，不仅能制造一般客货车辆和铁路专用设备，还能成批生产内燃机车、电力机车、地下铁道电动车组、大型货车、特种车辆等产品，特别是近几年来研制成功的适合高速铁路和重载列车使用的大功率内燃和电力机车、单层和双层快速客车，基本上能满足我国铁路运输和建设的需要。

造船工业也有相当规模。

航空工业从无到有，已具备了生产部分中小型民用航空飞机的能力。

（6）技术进步加快运输业的发展

同其他行业一样，中国交通运输业的技术进步经历了从"挖潜、改革、改造"，维持简单再生产，到"开发、引进、改造"扩大再生产的过程，以提高运输能力和促进及时装备上水平，推动运输业的技术进步。

（7）体制改革取得进展

交通部门首先健全了部、省、地、县、乡的五级公路和水运管理机构，加强了以间接调控为主的行业管理；交通部和交通厅直属的企业逐步下放给中心城市，实行"交通部与所在市双重领导，以市为主"的管理机制；沿海15个主要港口都实行了双重领导以所在地为主的管理机制；长江航运实行港、航分管，主要港口也实施此管理体制；航运企业实行了多家经营。

主题二：所学专业技术运用中的潜在风险

要求：利用图书文献、网络资料，以及课程所学，并向专业老师了解所学专业目前在技术和材料各方面存在的局限，以及对人类社会的负面影响；了

解目前专业领域的技术创新和技术改革的方向与问题。

主题二作业样本:铁道电气化——风险与发展同在

制作人:2007级电气专业茅以升班吴静文

电气化铁路的发展

世界上第一条电气化铁路于1879年在德国柏林建成。中国于1961年建成第一条电气化铁路——宝成铁路的宝鸡至凤州段。电气化铁路问世后发展很快,法国、日本、德国等国家已成为以电气化铁路为主的铁路运输业大国,大部分货运量是由电气铁路完成的。电气化机车上不设原动机,其电力由铁路电力供应系统提供。该系统由牵引变电所和接触网构成。来自高压输电线路的高压电经牵引变电所降压整流后,送至铁路架空接触网,电气机车通过滑线弓受电,牵引机车行驶。供电制式分为直流制。电气化铁路与现有其他动力牵引的铁路相比,具有的优越性是节省能源,其热效率可达20%—26%;运输能力大,功率大,可使牵引总重提高;运输成本低,维修少,机车车辆周转快,整备作业少,耗能少;污染少,粉尘与噪声小,劳动条件也较好等。

电气化铁路的风险

电气化铁路在为我们的生活带来便利的同时也存在着很多缺点。在我国民众知识水平还普遍不高的情况下,在电气化铁路的施工及运营过程中发生了很多起安全事故。电气化铁路接触网电压高达27 500伏,其产生的电磁辐射对人体将产生很大的危害。

2004年1月4日14时30分,61 156次油龙车在盖州市卢家屯车站内待避K654次旅客列车,该车押运员贺建明在检查车辆时,发现列车中部的一辆油罐车盖开了,列车开动时有喷出柴油的痕迹,于是便爬到油罐车顶部准备将盖子关严,没想到,刚站起来的贺建明,就被导线电流击落到车下,两条腿摔成骨折。

科研人员通过长期研究后发现,纵横交错的高压线除破坏环境美观外,由于在其周围产生电磁场对附近的人会产生有害影响。这主要决定于电磁场强度。人们接触到电磁场强度达到50—200千伏/米时,会出现头痛、头晕、疲乏、睡眠不佳,食欲不振,血液、心血管系统及中枢神经系统异常等现象。城市及居民区常见的多是电压1 000米以下的配电线路,架设在规定高度,对人体的影响甚微。1—100千米之间的高压输电线路,不得已通过居民区时,按规定架设高度应距地面6.5米以上。而电气化铁路的接触网电压高达27 500伏,这对在铁路所处区域生活的居民的身体健康将造成极大的危害。

铁路次生环境影响是指铁路的建设和运营在带动沿线和相关区域的社会和经济发展后,而因此又引发的对自然环境的影响,它是一种继发性的影响。这种影响不是由铁路本身的建设和运营所引起,而是人们围绕铁路项目而从事的其他社会、经济开发活动所带来的对自然环境的影响。

在铁路工程实施后,地方会围绕铁路进行城镇规划和各项经济开发活动,对沿线和当地的资源加以开发和利用,从而带动地区社会经济向前发展,城镇规划向车站发展。这样将引起社会经济发展和城市规模扩大而对自然环境产生新的影响。

在发展中减小风险

正是在电气化铁路发展过程中一直存在着风险这样的情况下,我校著名的铁道电气化专家于万聚先生将他的一生奉献给了电气化铁路的成长。随着科学技术的发展,电气人正努力地将电气化铁路建设向更安全的方向发展,我们有理由相信,在电气人的不懈努力下,我国电气化铁路事业将登上一个新的台阶,为我国交通运输行业的发展继续做出卓越的贡献!

主题二作业样本:电气专业风险

制作人:2007级电气专业茅以升班刘杰、魏敏敏、张雄、刘淼

科学是一把双刃剑,当人们享受科技成果的同时,也遭受到它肆虐的反噬。

事故回放:风险控制决定"成败"

停电事故不断,电网安全问题凸显:8·14美加大停电;8·28伦敦大停电;9·1悉尼和马来西亚大停电;9·28意大利大停电;11月7日智利大停电……接二连三的停电事件暴露出许多有关电力系统的问题。

2006年11月4日21时38分,为保证"挪威珍珠"号轮船安全通过埃姆斯河进入北海,德国E.ON. Netz电力公司按计划将双回380千伏线路正常停运。由于电力需求激增,22时10分,两回380千伏重载线路相继跳闸,同时引发连锁反应,其他联络线陆续出现过负荷并相继跳闸,导致欧洲电网解列为三个部分且在不同频率下运行,造成欧洲特大停电事故,约1000万人受到影响。

江苏是全国电力缺口最大的省份,去年全省电力缺口高达 400 万千瓦,今年全省电力缺口预计扩大到 800 万千瓦,约占华东地区电力缺口总量的一半。

警钟长鸣:首都电网风险时刻存在

北京电网并不能做到"高枕无忧"。北京电网是典型的受端电网,本地电源支撑能力较弱,受端特性日趋显著。在高峰负荷期间,受电比例高达 75% 左右。与负荷增长相比,电网规划建设相对滞后,电网结构薄弱。目前北京电力外送通道存在着方向单一、数量有限、容量不足、风险集中及单条通道受电比例高等问题。北京电网存在着 500 千伏变电站数量少、负载率高、抵御事故冲击力差,以及 220 千伏站点布局与城市规划不协调等缺陷。同时由于大规模、高密度、集中的电网建设和改造任务的实施,电网将在较长时间内较多电压层次、较多数量地处于异常方式运行。与此同时,外力破坏时有发生,不仅常常直接酿成电网事故,而且极有可能成为引发电网连锁故障的导火索。

只有树立风险意识,提前做好电网风险分析,积极制定风险防范策略,逐项部署并落实风险防范措施,才能有效控制并规避电网运行风险。一旦电网出现故障,只有依据事前的各项准备及时采取有效措施,才能将风险造成的损失降到最低程度,在紧急情况下最大限度地保证供电的可靠性,确保北京电网的安全稳定运行。

第六讲　工程活动中的伦理问题

　　工程不仅创造了财富,还推动了社会创造财富能力的提升。但是,当人类历史上第一次发生蒸汽锅爆炸,第一次发生交通事故时,我们就认识到科技运用的风险与它的好处结伴而来。人们在享受高科技带给我们的方便快捷的生活和丰富的物质财富的同时,也将这个社会带入高风险时代。一些令世界震惊的安全问题不断发生,有我们熟悉的泰坦尼克号的沉没,有切尔诺贝利核电站的爆炸,有日本的水俣病暴发,还有伦敦著名的烟雾。在中国,重庆渠江彩虹桥垮塌,重庆的天然气井喷,化工厂爆炸引起的松花江水污染等都是有较大影响的工程安全事件。

　　对工程的公共安全问题,因为其社会影响大,与社会公众利益联系紧密而容易被人们关注,但工程的生产安全就不一定受人关注了。近些年,因为工程活动内部的伦理问题十分严重,产生了不少有影响的事件。例如,2008年杭州市地铁施工现场发生了坍塌事故,2009年上海一幢正在修建的楼房整幢倾倒。一个经年不衰的话题是矿难,矿难使生产安全成为工程管理整治的焦点;恶劣的生产环境也是十分突出的问题。还有一些与公民的关系不那么直接,或者工程活动与公众的利益相关性不那么紧密或清晰的问题,更成为隐性问题而不为人们关注。例如:资源与环境公正问题、社会利益公正对待问题、工程管理制度的道义性以及工程师的职业精神与科学态度问题。而这些问题的严重性并不因社会关注程度轻而减轻,它们不仅与社会普通伦理价值相违背,也会瓦解工程"造福人类"的价值目标;还会造成新的社会矛盾。因此,作为未来的工程师应该高度关注这些问题。

　　从工程是造物活动的意义上讲,工程与生产相关;任何物质的创造都会使用资源、消耗资源;在消耗资源的过程中必有废弃物的排放;从工程产生社会利益的角度上讲,工程利益的分配必然涉及社会公正;从工程活动主体的角度讲,工程是为人做的,也是由人做的,工程活动的主体主要是包括工程师在内的相关人员。工程活动中的伦理问题也就可以由上述不同角度入手分析,我们将它大致归为:生产安全、公共安全、环境与生态安全、社会公正、经济发展与工程的社会责任、工程师的职业精神与科学态度等六大问题。

一、生产安全

案例

生产中的人权保障①

5月18日山西省左云县新井煤矿发生了今年以来全国最大的一次井下透水事故。矿主不仅没有及时向上级汇报,还故意瞒报了被困矿工的人数。记者对这起事故的前因后果进行了调查。

在5月18日山西省左云县新井煤矿发生了今年以来全国最大的一次井下透水事故,5月23日,记者赶到了发生矿难的左云县张家场乡新井煤矿,煤矿的井口围满了人群,七八名救援人员正准备下井。救援人员说,井下的排水设施发生了故障,水抽不上来,必须下井维修。已经是发生透水事故的第五天了,这样的消息让被困矿工的家属感到异常焦急,他们期盼见到亲人的心情越来越急切。

听说记者来了,许多家属拿出了被困矿工的照片向我们诉说着他们的担忧。河北人李建秋更是承受着双倍的担心,他们家是父子三人来矿上打工的,现在父亲和19岁的弟弟都在井下。在这起事故发生后,有关部门也迅速组成了调查组,而记者在采访的过程当中,调查组也证实这次的

---

① 中央电视台综合频道《今日说法》栏目"本期话题:矿难5.18",2006年6月2日。

第六讲 工程活动中的伦理问题

透水事故中被困井下的矿工人数,一共是56人。那么这次透水事故到底是怎么发生的?记者继续进行了调查。

在出事的矿上,我们找到了两名幸免于难的矿工。逃生的矿工说,他们当时只记得巷道里充满了水,越来越大,大家慌里慌张地逃命,大水从哪里来的他们也不清楚,我们又来到了事故的调查小组了解情况。调查组的人员介绍说,出事的新井煤矿是一家乡属企业,近年来一直由当地的一个名叫李付元的矿主承包,当初国土部门只批准他开采4号煤层,但从2003年起,李付元却违法挖掘了下面的8号煤层和14号煤层。初步分析,这起事故很可能就是因为矿工用炸药爆破14号煤层时,炸通了附近废弃矿井的积水区导致的。

而据矿工们反映,早在事发前几天,矿井里就出现了透水迹象。当时工人们向矿上汇报了这种情况,如果矿上及时打眼放水,将水慢慢地放出,这起事故隐患就会消除,但是矿上并没有这么做。矿工李建秋告诉我们,当时矿方非但没采取措施,反而还逼他们下井,不下井就要罚款,矿工们只好继续下井干活。

在距离事发井口不到三米的墙上,记者发现了一张关于如何预防透水事故的宣传画,上面说明,发现有挂汗、空气变冷、出现雾气或产生渗水、水质浑浊这些征兆时要马上停止作业。显然作为矿方应该很清楚发生透水事故的迹象以及危害,由于事发后矿主李付元以及矿上相关的负责人都被刑事拘留,记者没能见到他们,当初面对井下严重的透水迹象,他们为何听之任之,矿工们的看法是,矿主管理不到位,一味追求利润,忽视了矿工们的生命安全。

对于这起矿难事故,其实我们的记忆很清晰,我们从媒体的这个记录过程当中就可以看到事件发展变化的过程。最初的时候,媒体说一共有5个人被困,那么媒体的这个信息是谁给它的?当然是矿主。随后被困的人数变成44个,再随后被困的人数变成56个,一个问题就出现了,为什么每次出现井下事故的时候都有人被瞒报,而矿主们到底又是用什么样的方法来瞒报被困人数呢?

在事发后,矿方的一系列举动令人匪夷所思。李建秋被迫经历了接下来发生的更为残酷的现实。李建秋说,当他得知自己的父亲和弟弟都被困在井下,他试图下井营救时被矿方阻拦,而矿上也没有采取抢险措施,反倒提出了奇怪的要求。一个姓兰的老板要把他们转送到大同,矿上给每个家属赔偿

30万。

李建秋所说的兰老板名叫兰仁伙,是矿主李付元手下的一个包工头,他是否跟矿工说过要隐瞒事故的话?又是谁让他这么说的?记者到达左云时,兰仁伙已被公安机关拘留,我们在矿区找到了他的妻子。兰仁伙的妻子说,被困矿工大多数都是她丈夫手下的,当时矿主怕泄漏出去承担法律责任,就逼着她丈夫瞒报人数,看来矿方的确试图隐瞒矿难,并且在19日早上采取了进一步的行动,转移矿工家属。

但是接下来事态没有按照矿方的意愿发展。因为矿方先说去大同宾馆,但一些认识路的矿工发现不是去大同宾馆,知道受了骗,赶紧返回到矿上。同时当地有关部门也接到了群众举报。面对公安部门的询问,矿方只承认有5人被困井下,这和群众举报的人数有很大差距。隐瞒的事故被揭开,由中央、省市部门组成的抢险调查组进驻事故现场,新井煤矿更多的违法行为浮出水面。

据了解,新井煤矿是个核定年产量只有9万吨的小煤矿,按规定一个班下井人数不能超过29个人,一天只允许生产273吨煤,而实际上煤矿一个班下井人数至少在200人以上,日产煤接近3 000吨。这样无论是下井人数还是煤产量都超过了规定近10倍,说到底还是一个利益驱动的问题。

经调查,新井煤矿仅去年下半年就产煤14万吨,按照当时的价格粗略计算,矿主李付元赚取的纯利润至少在1 000万以上,看来正是为了巨额的利润,矿主才不顾矿工的生命安全,大肆地违法超量开采。按照法律规定,地方政府对煤矿安全生产负有监管责任,那么对于新井煤矿常年私挖乱采的情况,当地有关部门是否了解呢?记者首先来到了新井煤矿所在的张家场乡政府。

工作人员说,乡领导不在,提供了电话建议记者自己联系。可是记者采访期间,一直没能拨通几位乡领导的电话。很快传出消息,张家场乡党委书记、乡长、乡人大主席等领导因帮助矿长瞒报事故、转移矿工家属已经被"双规"。事故瞒报后面,非法矿主的背后有保护伞,现已查明,这个乡的人大主任就是这个煤矿承包人的亲哥哥,而且人大主任分管煤矿工作。

按说人大是监督政府工作的,人大主任不应该同时再兼任政府的其他职务,然而张家场乡却违反法律规定,让人大主任分管煤矿工作,为新井煤矿的非法开采大开绿灯。如果说乡领导常年包庇新井煤矿的违法行为是因为存在官煤勾结,那么县里的有关监察部门为什么也没有对新井煤矿进行制止呢?带着这个问题记者又来到左云县安全生产监督管理局。

看门的人说领导都到矿上抢险去了,于是记者来到了抢险现场,正好赶上国家煤矿安全监察局局长赵铁锤察看现场。看来对于出事的新井煤矿的违法事实,县里的领导和有关部门早就清楚,那么他们为什么没有制止,以至于出现如此严重的事故?大同市安监部门的领导解释说,这是执法人员的责任心不够的问题。在左云采访期间,记者几经走访,找到了一位曾经在当地乡镇煤矿当过包工头的人,他向我们介绍了一些鲜为人知的内幕。

他说,新井煤矿每年大量超采的情况当地政府是知道的,但是煤矿老板已经用金钱将前来检查的人打点好了。这位不愿意透露自己身份的人说的是否是真的,我们难以求证。5月28日,记者得到消息,左云县县长张明生、分管煤矿的副县长施录被免去了党内职务。

时间一天天地过去,被困矿工的家属每天都在痛苦中煎熬,政府将他们安排到宾馆住宿,但人们还是坚持每天到矿上,李建秋便是如此,他要明确弟弟和父亲是否有生还的希望。夜幕降临,有的家属仍然站在高坡上眺望着井口,等待着让他们或喜或悲的消息。

二、公 共 安 全

在《辞海》里,"公"被解释为"公共,共同",在《汉语大辞典》中"公共"意为"共有的,公用的,公众的,共同的"。因此,"公共"的中文词义强调多数人共同或公用的性质。公共安全主要是指工程运营中产生的涉及大多数工程享用人和利益相关人的生命、财产、健康的安全问题。公共安全是公民最重要的基本权利。

公共安全问题主要发生在公共工程运营中,是由于其公共性,或者由于其影响的公共性给社会公众(非工程直接利益相关者)带来的安全问题。例如:公共道路、桥梁的安全性问题。重庆渠江彩虹桥垮塌就是一起典型的公共工程安全事故。再如,松花江水体污染、苏联切尔诺贝利核电站核泄漏、重庆天然气井喷等都是给公众造成极严重安全危害的公共工程安全事故。

案例

长江堤防"豆腐渣"工程从行贿受贿开始①

审计重案调查:长江堤防"造假"牵出30余蛀虫。
审计署特派办:披露长江堤防质量隐患并非"表功"。
特别策划:触目惊心的审计"清单"。

6月23日,国家审计署审计长李金华向十届全国人大常委会第10次会议作审计报告时披露,长江堤防再现豆腐渣工程。李金华报告中所指的,主要是长江武汉干堤武青堤段项目,它是一个常规项目,技术含量不高,由中港第二航务工程局下属第一工程公司通过参加长江水利委员会招标拿到的。审计发现,第一工程公司向项目建设单位有关人员行贿90万元人民币。"这是建设行业的潜规则在作怪,谁都知道,没有回扣是很难拿到项目的,这也是导致工程腐败的深层原因。"6月28日,中港第二航务工程局负责人在接受记者采访时说。他透露,以前面对这种浑水市场,大多都是从中介人下手拿到项目,这些中介人都很有背景,出了事,会把施工单位和盘托出。

---

① 从玉华:《长江堤防"豆腐渣"工程从行贿受贿开始》,见《中国青年报》2004年7月1日。

据了解，1998年长江特大洪水过后，国家加大了对长江堤防的建设投入。其中，长江重要堤防隐蔽工程是国家重点建设项目，全部使用国债资金建设。经过3年多的建设，截至2003年12月底，已累计完成投资42亿元人民币。

2003年8月至今年5月，审计署审计表明：长江水利委员会长江重要堤防隐蔽工程建设管理局，作为项目法人单位，虽然采取了各种管理措施，但由于部分施工企业与个别现场建设、监理等部门相互串通，弄虚作假，骗取国债建设资金，导致部分堤段水下抛石数量不足，水上块石护岸工程偷工减料，造成质量隐患；部分单位和个人内外勾结，编造财务假账，侵吞国债建设资金。工程石料结算用白条或假发票，石料供应商涉嫌偷漏增值税近亿元。截至目前，审计发现涉嫌经济犯罪案件线索15起，已向司法机关移送案件7起，涉案人员30余人。

而李金华的审计报告进一步指出：抽查5个标段发现，虚报水下抛石量16.54万立方米，占监理确认抛石量的20.4%，由此多结算工程款1 000多万元，目前部分堤段的枯水平台已经崩塌；抽查11个重点险段发现，水上块石护坡工程不合格的标段达50%以上。在该工程建设管理中，有关责任人以权谋私、大肆受贿。此案上报国务院后，有关部门立案查处，目前已逮捕21人。

据这位负责人介绍，事发后，第一工程公司经理、副书记、负责项目的3个人都被抓了起来。今年2月，第一工程公司被撤销，1 000多名员工分流到不同的工程公司。"我们感谢审计署的审计，但作为建设行业的一员，我们有很多无奈，这个市场有太多的不规范竞争，在竞标中，大家习惯了暗箱操作，这个问题不解决，工程腐败等都动不了根子。在国外，招标主体都是大的信誉好的市场化程度高的投资公司，只有它的利益跟工程紧紧相关时，才能没有腐败。而我国，政府是招标主体，主体不跟利益挂钩，那就'国家给了我钱，我花了就行，给张三还是李四，就看别的了'。"

他还举例说，二航局有30%多的项目是修建高速公路，可就是这块老百姓认为的"大肥肉"，利润最薄，甚至勉强持平。这样的工程肥了谁？为什么那些相关部门热衷于卖标书？一段公路，非要切成多得数不清的小段工程招标，标价一压再压，有时候一压就是5 000万，没什么利润了，只有偷工减料。再说切成那么多项目，那么多的中标单位，不能形成规模，这意味着每家单位都要投入很大的成本，整个算下来，小规模、大投入，肥了个别部门、个别人。

这位负责人再次强调,尽管市场还是僧多粥少,但他们一定会汲取教训,坚持从合法渠道拿项目,即使拿不到项目也不能铤而走险。

记者还联系到长江水利委员会相关负责人,她表示,现在领导很重视这份审计报告,近日可能召开新闻发布会,对外公布事实真相。

三、环境与生态安全

任何工程都是在一定的自然环境中进行的,都是改造自然材料,使它服务于人类的需要。所以,工程是直接改变自然状态的活动。工业革命以来,人类凭借科学技术加强了对自然物质的利用,人类对自然环境和生态的影响越来越大。而随着工业化步伐的加快,全球的环境和生态状况也日益恶化。

环境恶化

环境是人类赖以生存和发展的物质空间和其中包括的全部物质要素的总和。正当人类陶醉在从对自然环境的依赖和被限制状态中摆脱出来的喜悦中,陶醉在通过人的实践活动对自然环境进行无休止的开发、攫取、征服和破坏的喜悦中,也同时陷入了另一场危机。早在1306年,英国就注意到了用煤引起的环境污染问题,当时英国国会曾经发布公告禁止伦敦的工匠和制造商在国会开会期间用煤。不过因为当时环境污染只是在少数地方存在,污染物也少,依靠大气的稀释净化作用,尚未造成大的灾害。环境污染发生质的变化并威胁到人类生存还是由18世纪末期到20世纪初的产业革命引起和加剧的。

工程与环境,作为两个不同的系统,存在相互依存的关系。工程活动作为一个社会系统,只有与环境系统(自然环境和社会环境)不断进行物质、能量和信息的交换,才能实现自身的生存和发展。环境为工程提供所需的一切物质资源,如生态资源、生物资源、矿产资源等,离开了环境,工程就是无米之炊。

1. 局部环境污染日益严重

水污染:全世界绝大部分淡水水源已遭到不同程度的污染。全世界患病人口的1/4的疾病是由水污染引起的;发展中国家的80%的疾病和30%以上的死亡是由饮用水污染造成的。

我国七大水系500多条河流中的80%已受到不同程度的污染。目前,我国1/4的水体不适于灌溉,1/3的水体已不适于鱼类生存,1/2以上的城镇水源不符合饮用水标准。

大气污染:我国能源以煤为主,加之汽车使用量的迅速增加,大气污染的状况越来越严重。

全国600多个城市,大部分被烟雾笼罩,符合联合国世界卫生组织(WHO)标准的很少。

世界十大污染最严重的城市中,就有中国的北京、沈阳、西安、上海、广州。

固体废物污染:固体废物分为工业废物和生活垃圾两类。固体废物具有极大稳定性,不易为环境消解、吸纳,难以重新进入地球系统的物质循环。固体废物来自自然环境系统中的自然资源,因此固体废物形成的量越大,形成的速度越快,自然资源的消耗也越大越快。不能为环境消纳的固体废物越多,地球系统物质循环的破坏也越严重。固体废物的处理侵占土地、污染土壤和水体,其中"有毒"、"危险"废物会直接伤害人类。如废旧电池的污染。

2. 全球环境状况急剧恶化

当代全球环境污染的热点问题:

(1)温室效应引起全球气候变暖。温室效应,是指由于大气中的二氧化碳浓度增加而引起的全球气候变化和气温普遍升高的现象。近30年来,地球气候异常:北美出现历史上少有的热浪;非洲干旱长达7年;欧洲出现严寒与早冬等等。这样到最后地球上的冰川和南北极冰层融化,全球海面会上升,另外还会导致一些地区旱情加剧,沙漠扩大,并使传统的气候带和粮食带发生变化。

联合国组织的政府间气候变化专业委员会(IPCC)在1990年的第一次气候评估报告中指出:在过去100年中全球平均地面温度上升了0.3—0.6摄氏度,地球上的冰川大部分后退,海平面上升了14—25公分。据预测,21世纪全球气温将以每年增加0.3摄氏度的速度上升,全球海平面平均每10年会升高6公分。

(2)臭氧层破坏。在高出海平面20—35公里的范围内,有一个臭氧含量很高的臭氧层,它能阻止太阳光中大量的紫外线照射地球,有效的保护地球生物的生存和发展,因此被称为"臭氧屏障"。臭氧层的破坏与人工合成的卤碳化合物(ODS)的大量排放有关。它们的化学性质十分稳定,在对流层中不易分解,寿命长达几十年甚至上百年。它们进入平流层后在紫外线的照射下,分解出含氯的自由基,并与臭氧分子发生反应,消耗臭氧。臭氧层破坏导致皮肤癌的患者越来越多。

(3)酸雨。矿物燃烧释放的二氧化硫变成三氧化硫,三氧化硫与大气中的水汽结合成为雾状的硫酸,并随着雨水一起降落形成酸雨。酸雨的危害有主要以下几个方面:对水生生态系统的破坏;对各种材料的影响;对人体健康的影响等。

生态恶化

生态系统即是生物群落与其生存环境通过物质循环和能量流动形成的矛盾统一体,同时又是生物与环境构成的一个功能整体,它是一种覆盖全球的客观存在。人类目前面临的主要生态问题是:

1. 生物物种的枯竭。1992年联合国环境与发展大会制定的《生物多样性公约》在序言中就强调:鉴于目前地球上物种灭绝加剧的严酷现实,各缔约国应该意识到生物多样性的内在价值以及生物多样性及其组成部分的生态、遗传、社会、经济、科学、教育等价值;应该意识到生物多样性对进化和保持生物圈的生命维持系统的重要性;应该确认生物多样性的保护是全人类共同关切的事项;为了今世后代的利益,必须保护生物多样性。根据《世界资源报告(1987)》所提供的资料可以看到,由于人类历代对环境造成的破坏性影响。20世纪末期,已经被人类所知道的160万种动植物中大约20%将会灭绝。如果人类活动对地球环境破坏的速度继续保持不变,50年后,这些物种将消失一半以上。物种的人为灭绝速度超过自然灭绝速度的1 000倍。

2. 生态系统失衡。有着辉煌历史的黄河出现断流现象,1995年断流历时122天,断流长度自开封市以下683公里。1997年从2月8日到12月底,13次断流,总共226天,并第一次出现跨年度的断流。

黄河断流扩大了黄河流域土壤的盐碱化,黄河地区的湿地和水域生态系统均受到严重破坏。

四、社会公正

"公正"作为伦理学范畴,与公道是同义词,与正义具有相似的意义。公是无私,是不偏斜。公正就是在调节人们的关系中,出于无私的公心,不偏袒其中的一方而损害另一方应该得到的利益。它是对人们的权利与义务之间、报酬和贡献之间、奖惩与功过之间相称性关系的确立和认可。工程活动中的公正涉及范围很广,因为,工程的利益相关性复杂且涉及面大。它不仅涉及工程利益的分配,更涉及工程代价(损害)的分担。这里讲的是工程利益相关者都有同等的享受工程福利的权利,有环境和资源利用的权利。这也就是近年来政府所说的让人民群众共同享受改革的成果的含义。这意味着没有任何人、种族、集团、国家享有特权,而另一部分人只有义务。生态环境和自然资源不只是某些拥有技术、设备和资金的少数人的财富和私人财产,它属于地球上的每一个人。联合国在1972年《人类环境宣言》中指出:"人类有权在一种能够过尊严的和福利的生活环境中,享有自由、平等和充足的生活条件的基本权利。"公正不单是就当代人而言的平等权利,它也应包括这代人与下代人代际之间公正享受地球资源的平等权利。资源应该是人类共同的财富,应该被所有各代人们共同拥有,而不仅仅是某一代人的财富。

然而,有时决策者出于成本、效益以及民族本位等其他因素的考虑,便不负责任地把高风险高污染或缺少安全保障的工程项目转移到发展中国家或贫穷落后的地区。例如美国、法国等核大国多采取在本土以外的地区处理核废料的做法,美国在世界各大洲都埋有核废料。一些发达国家新药开发的人体试验首先在非洲进行。美国控股的世界上最大的化学公司之一"联合碳化物公司"将技术落后、设备陈旧的大农药厂设在印度博帕尔。在远离本土的地方生产,便可在生产条件上放松以节约成本,结果1984年12月3日该厂剧毒物泄漏造成毒气灾难,事故死亡3 000人,20万人受伤,很多人从此失明。这个城市的名字由此成为大意地对待危险化学制品的代名词。这种不是设法消除危害而只是转嫁危险的方式显然是不道德的,因为世界各地的人民应当享有平等的生存权。

一个好的工程应该是一个公正的工程,也就是工程的收益和成本必须在所有的利益相关者之间进行公正的分配。工程是由很多个利益集团组成的利益共同体,比如项目投资者、工程设计者、工程实施者、工程的使用者、利益受损者等。他们的利益可能不同,有的是工程的受益者,有的是损失者,要协调好各方的利益。和谐的社会要求建造和谐的工程,和谐的工程要求公正、合理地分配工程活动带来的利益、风险和代价,要正确处理好工程移民问题。要使工程能达到这样的目标,建一座工程富一方移民,而不是建一座工程穷

一方移民。随着我国对公共基础设施的大规模投入,工程移民数量也剧增。比如三峡水库淹没涉及湖北重庆的 21 个县(市区),动迁人口达到 100 多万人,移民利益保护问题不仅是工程活动关注的重点问题之一,也是整个社会应该关注的问题。在建设和谐社会的今天,对工程移民的利益进行合理的补偿,是构建和谐社会必须重视的问题。作为以服务人类、造福社会为目标的工程活动,其目标就是要为人类带来福祉,它显然不应该给人们带来灾难,应该最小化地减少工程建设活动对周边生活的人的影响。这也就要求工程活动不能牺牲工程项目所在地周边的人们的生存和发展权益,不能强迫周边的人群牺牲自己的合法利益,去促成工程活动的顺利开展和建设。

一个公正的工程是由公正的社会决策机制来保障的,这就要求工程的所有利益相关者能够加入到决策中来,使他们能够确切地知道工程活动对他们生活和健康的影响;一个公正的社会决策机制还要求所有利益相关者有一个公开的、平等的协商对话的平台;一个公正的社会决策机制还要求对工程的决策不能侵害公民的基本权利。目前那种"官员、专家、企业主"集体决策的机制就存在许多不公正之处,不适当地把利益相关者中的弱势群体排除在决策之外,使他们的利益不能在工程的决策中得到反映。①

五、经济发展与工程的社会责任

工程活动能够增进社会财富,能够提升社会生产力水平,能够改善人们的生活,这一点是不容置疑的。而这些经济利益的获得,使工程的经济价值被高度重视,甚至于在许多工程中成为唯一价值目标。但是,一个显见的道理是,经济发展并不是人类文明的终极价值,它只是人类健康快乐生活的必要条件。工程造福人类的价值也常常会在唯经济论的社会发展目标下,丧失自己的社会责任和终级使命。

例如,为追求一个经济目标而不顾及社会公正,不顾及利益受损者的权利。又如,单纯考虑经济成本而不顾及工程建设者的劳动安全。再如,只追求工程的经济利益而不顾及人文历史遗产的保护。前面,我们在讲工程特征时讲到,工程活动体现着人类的精神文化特质。但是在我们今天的工程活动中,对历史文化遗址的保护远不能达到要求。让人忧虑的是,我

---

① 胡志强:《安全:一个工程社会学的分析》,《工程研究》第二期。

们今天对古老城市面貌的破坏随新城市建设而迅速开展,与千百年城市文化积沉的时间相比,破坏可以说是以闪电般的速度在发生。

这种破坏还有一个可怕的原因,那就是我们今天培养的工程师,已经不具备起码的人文素质。从高中就分文理科的应试教育,让工程师缺乏应有的文化品质。其实,并不仅仅是为了创造力的培养才需要人文素质教育,工程师的设计与建设工作中就应该有人文精神。2008年西南交通大学建筑学院王蔚教授的设计获奖就是创意中人文精神的胜利。

六、工程师的职业责任与科学态度

20世纪中期,从人类第一颗原子弹在日本爆炸之日起,人们就开始关注科技运用的风险;20世纪中后期,严重影响公共安全的工程事件的发生,"豆腐渣工程"给人民群众的生命、财产带来巨大损失,让人们十分关注工程技术人员的职业责任和科学态度。因为,工程师自身的职业责任感和科学态度在相当大的程度上与工程的质量、工程的社会影响相关。在现实生活中,工程师用技术手段违法谋利,为求利益牺牲工程质量,为了名利,弄虚作假,不顾事实,吹嘘炒作,甚至抄袭文章、编造实验数据等现象并不少见。这些现象近年来也在大学、在科技界弥漫开来。这也让学术界、教育界、工程界高度关注科技工作者的职业道德教育与建设。

案例

悔过自新的黑客?[①]

根据约翰·马尔可夫(John Markoff)的文章《一个电脑黑客的奥德赛:从歹徒到顾问》,约翰·T.德雷帕(John T. Draper)正在努力使自己成为一位"白猫"(white-cat)黑客,以补偿他过去对社会所犯下的过失。在20世纪70年代早期,德雷帕被称做"舰长的咀嚼"——为了盗打电话,他用"舰长的咀嚼"物品盒中的一个玩具口哨就轻易地侵入了公共电话网络。在他坐牢期

[①] "案例48:悔过自新的黑客",〔美〕查尔斯·E.哈里斯、迈克尔·S.普里查德、迈克尔·J.雷宾斯著,丛杭青、沈琪等译:《工程伦理——概念和案例》,北京理工大学出版社2006年版,第261页。

间,他发明了早期的简易写作(Easy Write)软件,也就是1981年IBM用在个人电脑上的第一个文字处理程序。马尔可夫说,但在随后的几年里,德雷帕利用他的娴熟的技巧侵入了计算机网络,并且成为一位百万富翁,但随后又失去了工作,成了无家可归的人。

然而,现在德雷帕被招募来运行互联网保密软件,他也成立了一家咨询公司,专门研究在网络上如何保护公私财产安全。德雷帕说:"我不是一个坏家伙。"也许意识到肯定有人会对他持怀疑态度,他补充说:"但是,我被人们看成就像是一直试图保护母鸡家园的狐狸。"国际斯坦福研究所的计算机安全专家彼得·诺伊曼(Peter Neumann)将这些担心概括为"'黑猫'能否成为'白猫'不是一个黑与白的问题。总的来说,只有极少数的'黑猫'改邪归正,并变得非常有效率。但是,雇用彻头彻尾的'黑猫'来增强你的安全性,这种过分单纯的想法简直是一个神话。"

从上述六个方面的工程伦理问题分析,我们可以清楚地知道,其中任何一方面的伦理问题都可以导致人类最初创造财富满足人们需要的工程目标的瓦解,甚至还可能出现工程技术伤害人类的情况。而进行工程伦理教育是促使工程技术人员承担职业责任的重要手段。工程伦理教育首要的任务就是要让未来的工程师牢固树立"工程造福人类"的工程价值观。

拓展学习和作业

拓展学习

1. 观看课程网络资料"挑战者号"音像资料,了解技术的局限。
2. 关注我国的经济建设信息,搜集生产安全的案例。
3. 讨论"悔过自新的黑客"案例提出的伦理问题。有什么理由相信德雷帕确实改过自新了?咨询公司的客户有权了解德雷帕的过去和他在公司里的地位吗?

作业

一、以三门峡工程为例,分析三门峡工程中的伦理问题。
1. 工程的公共安全问题,包括"上游"、"下游"的安全问题。
2. 工程带来的环境和生态问题。
3. 工程移民问题。

二、每组(最多五人一组)提供一份所学专业的工程案例。

第七讲　工程伦理的第一要义
——工程造福人类

1921年9月,改组后的京、唐、沪交通大学同时开学了,叶恭绰校长在京校开学典礼上对师生提出三点要求:"第一,研究学术当以学术本身为前提,不受外力支配,以还独立境界;第二,人类生存世界贵在贡献,须能尽力致用,才不负一生岁月;第三,学术独立,斯不难应用。"①此训并非仅仅对交通大学师生而言,此乃工程师职业的道德宗旨。我们把校长叶先生的话理解为中国工程教育对未来交通工程师职业精神的寄望。在人类经历了工业化时代后,在新中国经历了战后建设和改革开放的工程大发展后,我们看到这种"独立"、"致用"的精神仍然是工程精神的灵魂。沧桑岁月洗礼了人类的精神,它让我们更坚信:工程伦理的第一要义就是"工程造福人类"。

工程造福人类的工程伦理原则来源于人类文化的价值基础,它表现为人类社会伦理道德最普遍存在的价值原则:人道主义。

人道主义是一种内涵丰厚,源远流长,传承数千年的价值思想,并且在人类不同文化中都能找到它的渊源。它涉及哲学、伦理学、政治学、文学、艺术等各个方面,又因不同时代、不同社会、不同民族、不同阶级而具有不同内涵。然而,它既是一种普遍的社会思潮,就必然包含着超时代、超民族、超阶级的因素。尽管关于人道主义的界说纷繁芜杂,但大而言之不外两个方面:一是把它作为世界观和历史观;二是将它视为伦理原则和道德规范。

在这里,我们把人道主义作为伦理原则来讨论。人类社会生活丰富多彩,人们结成的社会关系也纷繁多样,而人道主义则是处理各种道德关系的

---

① 李万青等编撰:《竢实扬华　自强不息》,西南交通大学出版社2007年版,第75页。

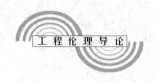

最基本的原则,是人类社会活动的最高和最终价值。工程活动是人类改造自然,为社会创造财富的经济活动,"造福人类"应是一切工程活动的首要目标。因此,工程伦理规范体系的建立应该从人道主义的历史发展中吸取营养,并与人类最基本的伦理价值相一致。由于工程活动有其自身的特殊性,工程伦理规范体系必须在人类共同的道德基础上,根据工程的特点和要求,建立自己的伦理原则,并形成相应的职业道德规范,使工程技术人员在职业活动中面对价值选择时能得到道德信念的支撑。

我们之所以对人道主义的了解不能简单地通过一个定义获得,是因为人道主义的思想是人关于自身价值的认识,是对人的生命意义和生活态度的价值定位,这必定是一个伴随人类精神成长、社会物质水平提高的认识过程。同时,不同文化不同历史阶段都会有不同的认识贡献给人类的精神世界,让人道主义思想不断丰富。例如:基督教思想中包含的人道主义内涵是:像你希望他人对你那样对待他人;印度教的则是:如果你不希望他人对你做出使你痛苦的行为,那么你就不要做出使他人痛苦的行为;儒家的是:己所不欲,勿施于人;犹太教是:不要以你厌恶的方式对待你的人民,那就是律法的全部;伊斯兰教是:不以自己欲求的方式来为他的兄弟欲求的人不是真正的信徒。而当我们了解了人道主义思想的发展过程,才会更好地理解人道主义的精神实质。在这里我们的目的不仅是要了解人文知识,更是要提升我们的精神境界。

一、中国古代的人文思想

人在宇宙中的地位问题是一个永恒而常新的伦理问题。自人类社会演进到能够丰衣足食后,富于理性的人类就开始思考这类问题:"人是什么?""人在宇宙中处于何种地位?"因为社会历史条件、物质生活和精神生活内容以及人本身都是不断变化的,对这一问题的认识也在不断推进。只要社会在发展,生活在演进,思想在运转,人在宇宙中的地位问题就不容回避地摆在人们面前,要求人类认真解答。

人道主义是一个古老的命题。尽管作为一个完整的理论范畴它产生于文艺复兴以后的西方,但它所涵盖的基本思想和观点,它所关注的主要对象和问题却早已在不同民族的文化发展中,以不同的方式被提出。其中,中国便是人道主义思想最早的发祥地之一。

我国春秋战国时代早于"圣人"孔子出生的思想家子产就说过"天道远，人道迩"(《左传·昭公十八年》)，即认为，"人道"比"天道"更近。重视人道，即是重视"人之所以为人"，这可视为中国最早的人道论。在中国传承了两千多年，并在中国传统文化中获得正统地位的儒家思想以为，天地生人，人是万物之灵，自有其高于万物的价值："人者，其天地之德，阴阳之交，鬼神之会，五行之秀气也"(《礼记·礼运》)。"天地之性，人为贵"(《孝经·圣治》)。孔子说："未能事人，焉能事鬼。"，又说："未知生，焉知死。"孔子在现实生活中主张"敬鬼神而远之"，人的价值实现与社会的和谐发展，不能依靠超自然的神灵，而只能依靠自己的力量。汉代学者扬雄说："通天地人之谓儒。"从某种意义上甚至可以说，儒学就是一种发现"人"、提升"人"、宣扬"人道"的学问。

道家代表人物老子也主张："故'道'大，天大，地大，人亦大。域中有四大，而人居其一焉"(《二十五章》)。

中国传统文化中的人道主义思想有几个重要内容：一是强调人在宇宙中与万物平等的地位；二是强调宗族群体的亲情价值并以伦理道德为治理社会的基本手段；三是在原始宗教世俗化的过程中，模糊神的价值，坚持以人为中心；四是注重人的现实生活感受和对人心、人性、天道的琢磨，而不看重对物质世界的认识与利用。①

所有的人道主义思想都有将人的价值放在首位的基本特征。但是，中国文化与西方文化的人道主义不同在于，中国文化强调的是人的群体价值和道德价值，注重的是今生此岸的实用价值，而西方文化则侧重人的个体价值和物质利益。

二、西方的人文思想

公元前5世纪的希腊哲学家普罗泰戈拉提出："人是万物的尺度，是存在的事物存在的尺度，也是不存在的事物不存在的尺度"(相对于认知客体，主体是尺度)。苏格拉底"认识你自己"的名言被刻在神庙的门楣上。希腊神话中的"斯芬克斯之谜"，是西方古代社会追问"人是什么"的又一次记录，希腊悲剧作家索福克勒斯的悲剧《俄狄浦斯王》记录了这次追问。这是西方文

---

① 参看肖平等：《中西文化比较概论》，西南交通大学出版社1993年版，第二章。

化对人的价值作探索与追问的最早记录。

在欧洲漫长的中世纪,上帝高高在上,人在上帝面前渺小、卑贱、无价值。14—16 世纪欧洲出现文艺复兴运动,在绘画、雕塑、文学、戏剧等领域里高扬人性的旗帜,反抗中世纪神学的禁欲主义、蒙昧主义、集权主义。人文运动提倡尊重人的价值,反抗神的统治,反对漠视人的尊严;张扬个性自由,反对封建桎梏;提倡人权,反对神权;提倡人道,对抗神的权威;维护人的需要,反对蔑视个人利益的道德价值观,是资产阶级人道主义的最初表现。严格意义上的"人道主义"正是由这个时代的进步思想家提出的。作为宇宙观和价值观的人道主义是欧洲资产阶级反对封建主义的产物,是一种社会思潮。由于反封建神学的特殊历史需要,这时的人道主义对人性的认识带有明显的自然主义的倾向,即更多地把人看做是有着种种自然欲望和要求的生物性的人,并认为人的私欲是自然的合理的。

18 世纪法国启蒙主义思想家,在对人的社会性进行充分认识的基础上,提出:"天赋权利"的思想。这是人道主义思想的一大进步,这时的思想家发现肯定人的动物性并不能对人类自身幸福感受做出合理的解释,人的社会性才使人的各种感受有了幸福或不幸福的判断意义。这时的思想家提出自由、平等、博爱的口号;提出"社会契约"的理论。卢梭认为:"人生来是自由的,却无处不受束缚。"将人的社会性纳入人道主义视野是人道主义思想发展的又一重要进步。

"天赋权利"的思想在国际范围内被逐渐接受,并且人道主义的人权思想在理论上得到不断丰富,在实践中得到发展。1789 年法国颁布《人权宣言》,提出"人生而自由,在权利上生而平等"。1776 年美国的《独立宣言》也宣称人民享有不可侵犯的"天赋权利",政府的统治应建立在人民的同意基础上。

1948 年 12 月 10 日,联合国通过《世界人权宣言》,宣称个人享有各种基本自由以及劳动权和其他经济、政治、文化各方面的权利,并设立了人权委员会。

1993 年 8 月 28 日—9 月 4 日在芝加哥召开了有 6 500 人参加的世界宗教议会。大会宣称:《世界人权宣言》从权利这一层面正式宣告的东西,我们在此希望从伦理角度来加以肯定和深化。大会发表了《走向全球伦理宣言》,宣言指出:没有道德便没有人权。大会提出两项基本要求:每一个人都应受到符合人性的对待。己所不欲,勿施于人。

三、适应中国国情的人道主义

这里讲的人道主义是适应我国现阶段国情的对待人,处理人与人之间关系的道德原则。这一人道主义原则是工程伦理核心价值的依据。它来源于我国深厚的历史文化和国际人道主义思想的精粹,在新中国建设的实践中,适应于我国的制度和民众的行为方式。它体现的是我们对工程本质的认识,也体现着广大科技工作者和工程人员对社会整体利益的关心,对民众的关爱和尊重之心。

适应中国国情的人道主义至少应当包含下面三点基本因素。

1. 强调关心人、爱护人、重视人的价值与尊严,维护和保障人的基本权利。

2. 正确对待个人权利的社会实现。个人的生存与利益实现必以社会为条件;个人价值的实现必以满足社会需要为前提;个人的尊严必以社会的价值认同为基础。

3. 正确看待社会利益与社会目标。包括正确理解个人与社会的关系;对社会权力的控制(如对公权力的法律控制的必要性;社会监督、舆论监督对公权力的控制);符合人道主义的社会管理——公正(平等)、合理(对人权损害的补偿)、有效(功利计算,最大多数最大利益)等。

1997年10月,江泽民主席访美前夕,中国签署了《经济、社会及文化权利国际公约》(又称A公约),并于2001年2月28日获全国人大常委会批准。① 而《公民权利和政治权利国际公约》(又称B公约)则签署于1998年。这一年《世界人权宣言》已经颁布50周年了。中国申请加入联合国的这两个人权公约,意味着中国对国际社会的基本人权价值的认同。2004年3月14日,第十届全国人民代表大会第二次会议通过的《中华人民共和国宪法修正案》,将"国家尊重和保障人权"庄严地写进了宪法。这在中国人权发展史上具有里程碑意义。

四、工程造福人类——工程伦理的第一要义

通过对工程概念的学习,我们已经建立起工程是人类利用自然,使自己

---

① 《"人权"在中国》,《南方周末》2009年4月16日。

更好生存的物质创造活动的认识。那么,"工程造福人类"就应该是工程伦理最核心的价值。

工程造福人类包含着这样一些内容:

(一) 生命价值高于一切

人的生命具有最重要的也是最基本的价值,因为离开了生命一切价值都无从谈起。当代伦理学的核心也是尊重生命价值。

尊重生命价值主要指维护作为生命主体的人自身的生存要求与生存权利。尊重生命价值意味着始终将保护人的生命摆在一切价值的首位,意味工程技术人员一方面应当积极地创新技术,开发更多的物质资源,满足人们的生存需要,提高人类的福祉;另一方面,他们还应当积极防止可能的工程伤害,不支持以毁灭生命为目标的任何研究项目和开发项目,不以非人道的手段对待每一个人,不从事可能破坏人的生存环境和健康的工程,并且在工程设计和实施中以对生命高度负责的态度充分考虑工程的安全性能和劳动保护措施。

1. 积极创新开发,以科技手段造福人类是工程技术人员的职业使命。

科学技术是第一生产力,工程是现实的、直接的生产力,是创新活动的主战场。工程架起科学发现、技术发明与产业发展之间的桥梁,是产业革命、经济发展和社会进步的强大杠杆。纵观世界各国工业化、现代化的历程,可以得出一个重要结论:工程创新是一系列技术创新及更广泛的集成性创新的体现,工程创新直接决定着国家、地区的发展速度和进程,是人类福利的物质基础。工程创新是创新活动的主战场。新中国的历史证明技术进步和工程创新推动了工业化的进程。例如20世纪50年代的"156项建设工程"和"两弹一星"为代表的自主创新工程。改革开放后,通过引进、消化、吸收、再国产化等工程创新活动,使我国工业化、现代化的进程逐步走向正轨,并得到快速发展。在我国建设创新型国家战略的实施过程中,工程创新应是一个关键性环节,它是诸多知识转化为现实生产力的集成性创新环节。

建国初期迫于当时的国际形势我们不得不在国防建设上作大力投入,在解放不过十多年的时间内,在工业几乎为零的情况下,我们就造出了原子弹。这使得我国人民得以享受长久的和平,生命免于战争的威胁。我国近代的工业化步伐也始于新中国,大规模的工程建设保障了工业的发展和民众的生活。这都得益于技术创新与生产发展。

工程创新是技术要素和经济、社会、管理等基本要素进行在一定边界条件下的优化集成。在工程活动中,常常涉及群体、社会、物质流、能量流、信息流、资金流等方面的问题,这是由于工程活动不仅是技术活动方面的集成优化,而且必须在工程总体尺度上对技术、市场、产业、经济、环境、劳动力、社会以及相应的管理进行更为综合的优化集成。也可以说,工程活动实际上是在一定社会、经济条件下对诸多要素的集成和优化过程;一个工程往往有多种技术、多个方案、多种实施路径可供选择,工程创新就是要在工程理念、发展战略、工程决策、工程设计、施工技术和组织、生产运行优化等过程中,努力寻找和实现"在一定边界条件下的集成和优化",这应该是一个核心思想和命题。

可以概括地说:工程自主创新的基本含义是"以我为主体"进行创新。创新可以有不同的具体形式,它既包括原始性创新、系统集成创新,也包括在引进、消化、吸收的基础上进行"再创新"。"集成创新"是工程创新的一个基本内容,它可以表现在两个层次上:1. 在"技术层次"上对各种具体的"有关技术"进行"技术范围中"的选择、组织和集成优化;2. 在一个"更高的层次"上把"技术要素"和经济、社会、管理等方面的要素进行"经济和社会范围中"的选择、组织和集成优化。

科学能力、技术能力与工程能力是有密切联系的,但在不同国家、不同时期和不同条件下它们之间也常常出现不平衡现象。大体而言,英国科学能力相对强而工程能力相对弱;日本科学能力相对弱而工程能力相对强;美国则具有比较均衡而强大的科学能力、技术能力和工程能力。第二次世界大战后,日本所以能够创造"经济奇迹",在不长的时间内成为世界第二经济大国,最重要的原因之一就是日本特别重视工程创新并且具有特别突出的工程创新能力。在20世纪80年代,英国曾经进行过一次关于英国文化传统、科学和工程产业关系问题的大讨论,对英国工程和产业衰落的原因进行了一定的反思,此类前车之鉴是值得我们高度重视的。

我国在不少方面也存在科学研究与技术开发、工程创新、经济发展缺乏协调性、统一性的现象,这必然导致科研成果转化率低。① 目前我国的经济增长很快,总量很大,但是产品还是以低端的、低附加值的为主,而且对外依

---

① 殷瑞钰:"认识工程,思考工程",殷瑞钰等:《工程与哲学》,北京理工大学出版社2007年版,第18页。

附性很强。如果不提高我国的工程自主创新能力,我们将一直被排除在高端市场之外,在核心技术方面受制于人。①

2. 谨慎规避风险是工程技术人员的职业责任。

首先,工程技术人员应当有风险意识,应当具有预测各种技术风险和由技术风险引发的其他风险的能力。

案例

曼哈顿计划(Manhattan Project)

美国陆军部于1942年6月开始实施利用核裂变反应来研制原子弹的计划。为了先于纳粹德国制造出原子弹,该工程集中了当时除纳粹德国外的西方国家最优秀的核科学家,包括美籍华人核物理学家吴健雄女士,动员了10万多人参加,历时3年,耗资20亿美元,于1945年7月16日成功地进行了世界上第一次核爆炸,并按计划制造出两颗实用的原子弹。整个工程取得圆满成功。在工程执行过程中,负责人L.R.格罗夫斯和R.奥本海默应用了系统工程的思路和方法,大大缩短了工程所耗时间。这一工程的成功促进了第二次世界大战后系统工程的发展。

曼哈顿计划的最终目标是赶在战争以前造出原子弹。虽然在这个计划实施以前,执行委员会就肯定了它的可行性,但要实现这一新的爆炸,还有大量的理论和工程技术问题需要解决。在劳伦斯、康普顿等人的推荐下,格罗夫斯请奥本海默负责这一工作。为了使原子弹研究计划能够顺利完成,根据奥本海默的建议,军事当局决定建立一个新的快中子反应和原子弹结构研究基地,这就是后来闻名于世的洛斯阿拉莫斯实验室。奥本海默凭着他的才能与智慧,以及他对于原子弹的深刻洞察力,被任命为洛斯阿拉莫斯实验室主任。正是由于这样一个至关重要的任命,才使他在日后赢得了美国"原子弹之父"的称号。

1945年8月6日和9日,美国分别在日本的广岛和长崎投下了原子弹。"小男孩"(Little Boy)是第二次世界大战时美国在日本广岛投掷的首枚

---

① 徐匡迪:"科学理念与和谐社会",殷瑞钰等:《工程与哲学》,北京理工大学出版社2007年版,第5—6页。

原子弹的名称,1945年8月6日由保罗·提贝兹(Paul Tibbets)驾驶的B-29超级空中堡垒轰炸机"艾诺拉·盖"(Enola Gay)在广岛上空31 000呎(9 000米)处投下。在日本当地时间早上8时15分,在1 800呎(550米)高度爆炸。"小男孩"是人类历史上首次使用的核武器。另一枚人类使用的核武器为投掷在长崎的钚原子弹"胖子"。

"小男孩"长10呎(3米),宽28英寸(71厘米),重8 900磅(4 000公斤)。使用枪式设计,将一块低于临界质量的铀-235以炸药射向三个同样处于低临界的环形铀-235,造成整块超临界质量的铀,引发核子连锁反应。小男孩装有60公斤的铀-235,当中只有约一公斤在爆炸中进行了核裂变,释放的能量相等于13 000公吨的TNT烈性炸药,即大概为5.5×10^{13}焦耳。约7万人直接死于小男孩的原爆,大约相同数量的人受伤。随后再有大量的人死于核子尘埃放射引起的癌症。怀孕的母亲亦因为放射而出现流产,部分初生婴儿畸形发育。据统计,截止到1999年,死于小男孩原子弹的人数已上升至20万。目前广岛市依然将相生桥附近的地区列为放射污染区。

"小男孩"在使用前并未进行过实际试验。美国于1945年7月16日在新墨西哥沙漠试爆的第一枚原子弹是以钚为原料。当时美国的浓缩铀只足以制造一枚铀核弹,而且已有使用受控制的铀核反应堆的经验,对这种铀-235的核反应已有相当认识,因此认为可以无须浪费珍贵的铀进行实弹试验。

原子弹在离地面500多米的空中爆炸,空中出现了巨大的蘑菇云。仅仅60秒之内,在铺天盖地的爆炸和火海中,十余万人死亡。当时没有受外伤的很多人,几天之后开始出现血泄。在几周、几个月或者几年中相继死去,经解剖化验,他们的血液中白细胞几乎不存在,骨髓已经完全坏死,喉头、肺、胃和肠黏膜发炎,患上了严重的"原子病",更多受害者则在以后的20年中,受尽折磨慢慢死去。长崎市的灾难报告中这样写道:"由地面零点起的1 000米半径之内,因极其剧烈的爆炸波和热度,全部人畜几乎立即死亡……,房屋及其他建筑物均被扫光、倾颓或破坏,各处并发火灾。三菱钢铁厂厂房坚固而复杂的构架均被扭曲如软塘状。国立学校钢筋水泥屋顶均被破坏。爆炸力实在超出人们的想象。大小树木均被炸去枝叶或连根拔起或自树干处折断。"

曼哈顿计划的意义：

1. 抑制战争狂人希特勒掌握核武器。

1938年德国物理学家哈恩和斯特拉斯曼在实验中发现核裂变现象，用慢中子照射铀235原子核时，受到照射的铀原子核会裂变成两个更轻的原子核。核裂变和链式反应的发现几乎向人们预示了这一结果在军事上应用的可能，当时处在大战爆发的前夕，从希特勒的疯狂联想到发现核裂变的均是德国物理学家，科学家们开始担忧。犹太裔物理学家西拉德最先感受到这种忧虑，决不能让纳粹拥有这种杀伤性最强的武器。西拉德和与他有共同想法的人联合起来，他们决定首先应该尽快着手该领域的研究，另外还要阻止德国在同一工作中的进展。他们想办法使德国无法得到工作的原材料，当时最重要的铀产地是比利时统治下的刚果，他们得知爱因斯坦同比利时女王关系好，因此想让他帮忙。爱因斯坦爽快地答应了，可就在爱因斯坦准备给女王写信时，西拉德遇见了美国总统罗斯福的经济顾问，经过他的劝说，他们将信改寄给罗斯福，希望从美国政府那里得到资助。由此产生了爱因斯坦"为原子能问题给罗斯福总统的信"。

德国德意志出版社14日出版的新书《希特勒的炸弹》披露，纳粹德国的物理学家和军方曾在第二次世界大战结束前夕进行过三次核武器试验。这三次核试验中第一次于1944年秋季在德国北部的吕根岛进行，另外两次于1945年3月在德国东部的图林根州进行。三次试验共造成700人丧命。①

2. 提前结束战争。

8月6日和9日两颗原子弹投下后，随着苏联军队出兵中国东北，日本天皇于14日宣布无条件投降，第二次世界大战结束了。

3. 建设科学设备。

曼哈顿计划不仅造出了原子弹，也留下了14亿美元的财产，包括一个具有9 000人的洛斯阿拉莫斯核武器实验室；一个具有36 000人、价值9亿美元的橡树岭铀材料生产工厂和附带的一个实验室；一个具有17 000人、价值3亿多美元的汉福特钚材料生产工厂，以及分布在伯克利和芝加哥等地的实

---

① http://jczs.sina.com.cn,《解放军报》2005年3月16日。

验室。

后来,美国政府决定建立国家实验室,其中最著名的有芝加哥附近的阿贡国家实验室和纽约长岛的布鲁克海文国家实验室(BNL)。这两个实验室为高能物理的发展做出了贡献,特别是丁肇中教授,就是于1974年利用布鲁克海文实验室的加速器AGS发现了J粒子,并因此获得诺贝尔物理学奖。

相关研究的进展:

1946年7月,在原子弹研制成功一周年之际,美国参众两院经过激烈的争论,通过了一项由参议员麦克马洪提出的议案。杜鲁门于8月1日签署命令,提案开始正式生效,这就是《1946年原子能法令》。它标志着美国战时核计划的结束和新的过渡时期的开始,也成为和平时期整个美国原子能发展的指导纲领。

《1946年原子能法令》正式生效后,格罗夫斯领导的曼哈顿工程在国会和政府的同意下,继续支撑着整个核计划。当美国新的原子能委员会组成后,杜鲁门决定在1946年的最后一天晚上12点,将原曼哈顿工程的全部财产和权力移交给原子能委员会,从而正式开始了一个新的过渡时期。原子能委员会设有四个部:研究部,它控制一切与原子能有关的研究;生产部,它拥有并控制一切生产裂变材料和原子能的设施,组织核裂变材料的生产;工程部,它指导一切与原子能发展有关的设备和工程;军事应用部,它处理与军备有关的原子能事项。原子能委员会总部也从橡树岭迁到了华盛顿。

曼哈顿计划的负面影响:

1. 核武器的杀伤效应:原子弹爆炸产生的高温高压以及各种核反应产生的中子、γ射线和裂变碎片,最终形成冲击波、光辐射、早期核辐射、放射性污染和电磁脉冲等杀伤破坏因素,屠戮生灵,污染环境,罪大恶极。仅就这一条任何其他利益都不可与之作同质的衡量,只有提前结束战争,让人们免于战祸才可使原子弹稍有意义。

2. 核武器竞赛:从1939年10月,美国政府决定研制原子弹,到1945年造出3颗,一颗用于试验,两颗投在日本之后,引发了全世界的核竞赛。苏联在1949年8月29日研制出原子弹;英国于1952年10月3日,法国于1960年2月13日,中国于1964年10月16日,印度于1974年5月18日,争先恐后地先后试爆了自己的原子弹。

目前,世界有核国家有:美、俄、英、法、中、印度、巴基斯坦、以色列。而朝鲜、伊拉克、伊朗正拼命加入有核国的行列。

核武器出现后给全球造成极大的威胁。美国制成原子弹后仅四年,苏联也进行了核试验。此后核竞赛愈演愈烈,两国都制成威力更大千百倍的氢弹。到20世纪60年代中期,核国家发展到5个,核弹总存量达7万枚,98%为美苏两国所有。美苏都可将对手毁灭十几次,附带的核污染也会波及整个北半球。1982年,苏联和美国开始战略武器削减谈判;1991年,苏联解体,核战争威胁才大大减小。

中国为国家安全和民族独立不得不研制核武器,中国政府明确提出发展、使用核武器的原则:

(1) 必须拥有一定质量和数量的战略核武器,才能确保国家安全。

(2) 必须保障核战略基地安全,防止遭敌国攻击和破坏而丧失战斗力。

(3) 必须确保战略核武器处于高度战备状态。①

(4) 必须在受到侵略国家的核武器攻击时能对侵略国做出核反击和核再打击。

(5) 不对无核武国家进行核威胁,不首先使用核武器。

科技工作者的反思:

爱因斯坦"为原子能问题给罗斯福总统的信",并没有马上产生曼哈顿工程。美国先是成立了一个铀元素顾问委员会。因为一方面是战争刚爆发,美国正在隔岸观火,另一方面科学家对此充满疑虑。美国政府推动的原子弹研制工作是1941年底,重要原因是美国获悉英国方面关于原子弹的技术构想大致形成,同时美国相关研究也获得进展。1941年12月罗斯福正式通过了开发原子弹的计划,由美国陆军工程兵团建筑部副主任格罗夫斯将军任计划总负责人,三位诺贝尔奖获得者领衔。在新墨西哥州还成立了阿拉莫斯研究所,专门从事原子弹的研制开发,由年轻的物理学家奥本海默任所长。科学家们忘我地工作,心里都有个共同的信念,赶在希特勒之前,使世界上无辜的生命免受纳粹的威胁。

1944年,美国的情报人员了解到德国的原子武器并没有什么进展,他们没有把这消息告诉科学家们,害怕他们松懈。一个偶然的场合,英国物理学家罗特布拉特得知了这一消息,他立刻意识到继续下去就会违背自己的初衷,尤其是他又听说研制的原子弹是为了战后对付苏联。他就向他的老师提出辞职,最后在老师的庇护下终于回国,成为唯一退出曼哈顿计划的"叛逆

---

① 新华报业网,2005年7月5日。

者"。战后,他从事于制止核威胁的运动,并成为诺贝尔和平奖的获得者。

随着德国纳粹的灭亡和研制工作即将完成,科学家们就如何运用核武器再次以良知发出呼声。西拉德在严格控制原子弹的使用这个问题上,又找到爱因斯坦,起草了备忘录,但罗斯福没有看到就离开了人间。1945年7月17日,63名科学家联合给杜鲁门总统写了一封请愿书。

1945年美国在广岛和长崎投下两枚原子弹,造成21万人丧生后,爱因斯坦写了一封信给美国公众:"我们将此种巨大力量释放出来的科学家,对于一切事物都要优先负起责任,原子能决不能被用来伤害人类,而应用来增进人类的幸福。"1949年约里奥·居里在巴黎主持召开世界和平理事会第一次代表大会,他在演说中宣称:"科学家们不愿成为那样一些力量的同谋者,这种力量有时为了罪恶的目的去利用科学家们的成果。"为此他呼吁:"科学家们作为劳动者大家庭的成员,应当关心自己的发明是怎样被利用的。"①

爱因斯坦一直公开反对使用核武器和核战争,他连续发表的公开信和抗议书已经让世人牢记他是一位热爱和平的物理学家,然而出人意料的是他在给篠原正瑛的私人信件中却为自己在研发核弹中所发挥的作用进行了辩解,并试图调和自己的和平主义思想。

1953年篠原正瑛写信给爱因斯坦,严词批评了他在研发原子弹方面所发挥的作用,6月23日爱因斯坦立即回应,提笔直接在篠原正瑛来信的背面为自己辩护。爱因斯坦一句客套话也没说,他直接写道:"我一直谴责对日本使用原子弹的决定,但是我根本就无力制止这一重大决策。"爱因斯坦还在另外一封信中提到:"在我看来,唯一值得安慰的是核弹的威慑效果将广泛存在,而促进国际安全的因素也将加速发展。"

爱因斯坦为自己推动的研制核计划及其引发的后果抱憾终身。1939年8月2日,他向罗斯福总统建议,应抢在纳粹分子之前研制出原子弹,由此开启了代号为"曼哈顿工程"的核研制计划,并最终于1945年成功研制出了原子弹,不动一枪一卒就让日本投降。然而在1945年春,爱因斯坦得知纳粹的核研究只限于实验室阶段而没有武器制造计划时,他马上向白官提出不必要再使用核武器,后来又联合美国7名著名科学家起草了请愿书,认为使用核弹会带来严重的道德问题,在世界上也将开创毁灭性攻击的先例并引发核竞赛。然而在1945年8月上旬,美国还是向日本的广岛、长崎投下了两枚原子

---

① 弗里德里希·赫尔内克:《原子时代的先驱者》,科学技术文献出版社1981年版。

弹,瞬间夺去21万人的生命。

爱因斯坦得知消息后痛心疾首:"当初致信罗斯福提议研制核武器,是我一生中最大的错误和遗憾。"他甚至懊悔当初从事的核弹科学研究:"早知如此,我宁可当个修表匠。"爱因斯坦在他去世前的一个月,还向一位科学家写信表示自己内心对原子弹研究的不安和内疚。爱因斯坦表示自己已经认识到,作为科学家应当对人类滥用科学技术负责。他希望用原子弹换来和平,然而结果是二战结束了,和平却没有实现。①

被称为"原子弹之父"的奥本海默在了解事实之后,承受着精神和道义上的双重压力,为此他曾建议美国取消核武器的研究,有一次在白宫竟然在杜鲁门总统面前泪流满面地说:"我感到自己的双手沾满了鲜血。"参加过广岛和长崎投掷原子弹的气象侦察机机长伊瑟莱少校内心十分痛苦,以至于当杜鲁门总统宣布美国要制造氢弹时,他不惜用自杀来抗议美国政府。曾在广岛投下原子弹的投弹手彼翰忏悔地说:"但愿我是世界上最后一个投掷原子弹的人。"

科学家M.波恩说:"科学的作用和科学道德方面已经发生了一些变化,使科学不能保持我们这一代所信仰的为科学本身而追求知识的古老理想。我们曾确信这种理想决不可能导致任何邪恶,因为对真理的追求就是善的,那是一个美梦,我们已经从这个美梦中被世界大战惊醒了,即使是睡得最熟的人,在第一颗原子弹掉在日本城市里时也惊醒了……我虽然没有参加把科学用于制造原子弹和氢弹那样破坏性目的的计划,但我感觉到我也是有责任的。"②

最早参加研制原子弹的核物理学家爱德华·泰勒,对自己当年从事的工作从未后悔过,还继续在核武器的研制方面走下去,成为"氢弹之父",后来还成了里根"星球大战"计划的顾问。担任广岛投掷原子弹任务的空军驾驶员蒂贝茨,对自己当年的行为也毫不遗憾,他曾对法国《费加罗》杂志的记者说:"当这个使命交给我的时候,我确实感到幸运。在我投下原子弹40年以后的今天,我可以重申:我对此一点也不感到遗憾!"

在"曼哈顿工程区"工作的15万人当中,只有12个人知道全盘的计划。其实,全体人员中很少有人知道他们是在从事制造原子弹的工作。例如,洛斯阿拉莫斯计算中心长时期内进行复杂的计算,但大部分工作人员不了解这

---

① http://news.tom.com,新华报业网,2005年7月5日。
② M.波恩:《我的一生和我的观点》,商务印书馆1979年版,第102页。

些工作的实际意义。由于他们不知道工作目的,所以也就不可能使他们对工作发生真正的兴趣。后来,有一个年轻人说明了他们是在做什么样的工作。此后,这里的工作达到了高潮,并且有许多工作人员自愿留下来加班加点。经过全体人员的艰苦努力,原子弹的许多技术与工程问题得到解决。①

(二) 增进人的福利,维护个人的财产权利

我们说"工程造福人类",这并不是一句抽象空洞的话语,也不是一句不着边际的大道理。

说它不是一句抽象空洞的话语,是说它不能在任何大跃进式的建设时期,成为随便损害公民利益的借口;它也不能成为错误投资的借口;它更不能成为今天一切腐败分子、工程蛀虫、问题工程上马的借口。

任何工程总应该能够为特定的人群带来实际利益,但也可能会为另一些人群带来利益影响甚至损害。例如,修建铁路能使相当多的社会人群享受交通之利,享受物质的丰盛和由此带来的便宜。从而提高他们的生活品质和对生活的满意度。但是,对于为此不得不离开乡土的移民来说,这无疑是巨大的利益损失。他们也许要放弃祖祖辈辈生活和安息的地方,也许是有着自己生活记忆和熟悉的生活方式的地方,也许还是一个有着一辈子生活积蓄和生活理想的地方,也许移民会完全改变他们的生活方式,甚至使他们的生活再也达不到从前的水平。

对于这部分工程利益受损人群,过去我们在简单的"集体主义"口号下,将他们的利益忽略了。一句"个人服从集体"就抹杀了他们正当、合法的利益要求。改革开放以后,这种情况得到部分改变,工程对部分人群利益的损害也越来越被认识到。但是,工程侵权仍是今天工程活动产生的社会矛盾的主要内容,尤其是非志愿移民的安置问题、工程扰民问题还十分严重。

(三) 坚守"人人平等"的信念

"人人平等"的价值较前两个价值而言是工具性的价值。但这一价值是"工程造福人类"原则实施的重要前提。因为,不论社会的进步能够保障人的什么权利,都存在是谁的权利的问题。人类社会从来就没有缺乏过什么人

---

① http://baike.baidu.com/view/25659.htm.

权,它只是权利的不平衡。某些人的权利无边地大,而更多的人却不能享有一点权力。"人人平等"的原则是社会资源与风险分配的合法的均衡的原则。

"平等"历来是最为敏感、最为尖锐的社会问题之一。自从人类社会产生阶级、出现阶级剥削和压迫以来,不同的阶级、阶层、不同个人,受其社会历史条件、经济地位、阶级地位、个人认识能力等局限,往往产生不同的"平等"观。在社会发展史和思想的演进历史上,人们从政治、法律、经济、社会资源的分配等方面论述和追求平等,都认为一个合乎理性的社会的最大共同利益和最显著的表征,就是人与人在政治权力、法律权力、社会财富、承担义务诸方面的平等。

"人人平等"是一个具有历史性的概念,有着长久的生命力。诸子百家指出"公则万事平","不偏不倚谓之平";北宋农民起义提出"均贫富、等贵贱"口号;亚里士多德指出:人人平等有两类,数量相等和比值平等;英国功利主义思想家边沁所倡导的公平是"所有社会成员的总效用最大化"。罗尔斯在《正义论》中提出:"平等自由"和"机会的公正平等"原则,他的正义论之公平,是"使社会境况中最差的人效用极大化"(人道主义公平)。自由主义者认为:"提供给每一个人自由选择的机会"是公平。马克思主义则认为,"社会成员得到他们劳动所产生的全部实现价值"是公平。

"人人平等"具有两方面的不同含义:一是指每个人拥有的社会财富以及其他利益大体一致,即财富均等、结果平等(不偏不倚,均贫富,平均主义);另一个是指每个社会成员都有平等的现实利益和取得财富的机会,即权利和机会的平等。总结起来无非几点:起点的公平、过程的公平、结果的公平。

当代中国社会"人人平等"含义:首先,它是人与人之间机会、权利的平等,在这里只承认人的能力,不承认任何特权。社会为劳动者提供施展才华、为社会做贡献、谋求利益的均等机会,从而让不同才能的人在各自岗位上发挥作用,为社会创造更多的物质财富和精神财富,解放和发展社会主义社会的生产力;其次,社会主义市场经济条件下的平等体现为在全社会确立公平竞争和等价交换的原则,克服经济生活中种种不正常的现象,维护市场主体合法的权益要求,保障市场主体平等权益的实现;最后,承认在按劳分配的基础上形成的适度差距,通过差距促进效率,激励人们去不断地学习知识,持续地投身实践,不断地充实自己,提高自身素质,发挥每个人的潜能,经过后天的勤奋学习、积极锻炼和努力工作,克服天赋不同造成的智力和体力的差异,在最大限度地为社会做出贡献的同时,获得个人利益,创造美好生活,进而实现共同富裕的平等目标。

当今世界仍然存在种种不平等现象,例如,发达国家与发展中国家之间的不平等;地区之间、城乡之间的不平等,人与人之间因经济、政治乃至民族、年龄、性别等因素产生的不平等现象等等。

思考题

1. 上网查找资料,了解我国传统伦理"集体主义"价值的历史内容和现实状况。思考为什么工程移民安置成为新的社会矛盾因子。
2. 学习新《劳动合同法》,认识它对工程活动的影响。

第八讲 "工程造福人类"原则的实施困境

在工程实践中,坚持"工程造福人类"的原则具有两个方面的困难:一是在工程实践中工程师的工作往往会受到复杂的社会因素影响。工程师由于种种客观条件的限制而有意无意地缩小工程伦理的适用范围,认为只有在生死攸关的工程中才会有尊重和维护生命价值的问题,一般工程不必在意于此。我们要强调的是工程是为人做的,工程又是由人做的,与人有如此紧密的联系,因而任何工程都存在珍视人的生命的问题。工程服务对象的安全,工程实施中的生产安全,工程公共危险的社会告知等等都是工程伦理要求的道德责任范围。二是在一些新兴技术的使用上,人们一时很难了解它对人类生命健康的全部意义,也许从某种意义上,一项技术有助于生命的救助,但也许它还隐含着另外的技术风险。如:抗生素的使用,农药、化肥的使用,食品中的化学添加剂的使用等都有双重影响。

那么,在实际工程活动中,工程师会遇到怎样的困境使"工程造福人类"原则难以实施呢(我们可以通过游戏,也可以通过案例分析了解社会行为的复杂性。)?工程技术人员与普通人一样,其思想与行为都会受到外界的影响,包括来自社会的,来自科学自身局限的影响。我们将工程实践中有碍道德原则践行的因素大致归为以下几种。

一、以科学的名义

这是工程师和科技工作者最难以抵挡的来自人的求知本能的诱惑。科技工作者是以科学发明、技术创新为事业的,他们将事业的成功视为生命中最有意义的内容。因此对探索自然充满热忱,对做前人没有做过的事自然是兴趣盎然。一般来说,这种探索的热情与兴趣也是科技创新的力量所在。不

第八讲 "工程造福人类"原则的实施困境

仅如此,科技工作者也特别希望能将自己的创新思想与技术运用于工程实践,以实现其创新价值,也体现自身的价值。

但在实际生活中,技术的不成熟存在着巨大的风险,而科技工作者急于求成的心理或者不谨慎是技术危及无辜的关键。因此,科技工作者的这种热忱是职业道德实施的第一个难题。

让我们回顾两千多年前古希腊医生希波克拉底的道德誓言:

> 我愿在我的判断力所及的范围内,尽我的能力,遵守为病人谋利益的道德原则,并杜绝一切堕落及害人的行为。
>
> 我不得将有害的药品给予他人,也不指导他人服用有害药品,更不答应他人使用有害药物的请求。尤其不施行给妇女堕胎的手术。
>
> 我自愿以纯洁与神圣的精神终身行医。因我没有治疗结石病的专长,不宜承担此项手术,有需要治疗的,我就将他介绍给治疗结石的专家。
>
> 无论到了什么地方,也无论需诊治的病人是男是女,是自由民是奴婢,对他们我一视同仁,为他们谋幸福是我唯一的目的。
>
> 我要检点自己的行为举止,不做各种害人的劣行,尤其不做诱奸女病人或病人眷属的缺德事。在治病过程中,凡我所见所闻,不论与行医业务有否直接关系,凡我认为要保密的事项坚决不予泄漏。
>
> 我遵守以上誓言,目的在于让医神阿波罗、埃斯克雷彼斯及天地诸神赐给我生命与医术上的无上光荣;一旦我违背了自己的誓言,请求天地诸神给我最严厉的惩罚!

我们从中感到了什么,患者的利益高于一切,没有什么能高于患者的利益,包括医生的尊严与有趣的探索;所有生命一律平等;为患者谋幸福是医生职业的荣耀,从业者以精湛的技术服务社会是他和他的职业获得光荣的唯一途径。

然而现实世界中科技工作者以科研的名义或出于科研的热情动机,不谨慎地使用技术而造成社会危害的现象却屡见不鲜:

案例一

1953年,瑞士一家药厂合成了一种名为"反应停"的药物。但因此药并未确定临床疗效而停止研发。联邦德国一家制药公司对其深感兴趣,尝试将其用于做抗晕厥和抗过敏药物,效果都不理想。但却发现反应停有镇静安眠的作用。此后的动物实验没有发现明显的副作用。1957年10月1日该公司将反应停推向市场,在欧、亚、非、澳、南美五大洲被医生大量开做处方药给孕妇。

1959年,仅在德国就有近100万人服用此药,反应停月销售量达到1万吨。1960年欧洲的医生发现本地区畸形婴儿的出生率明显上升。其实第一例受害者早已出生在1956年12月,其耳朵的畸形并未引起人们的注意。1961年一位澳大利亚医生发现他治疗的3名患儿的海豹样肢体畸形与他们的母亲在怀孕期间服用反应停有关,于是在医学权威杂志《柳叶刀》上发表质疑信件。而此时反应停已经销往全球46个国家。

调查显示:怀孕后34到50天是反应停敏感期。怀孕后34—37天内的孕妇服用反应停会导致胎儿耳朵畸形和听力缺失;怀孕后39—41天的孕妇服用反应停会导致胎儿上肢缺失;怀孕后43—44天的孕妇服用反应停会导致胎儿海豹样3指畸形;怀孕后46—48天的孕妇服用反应停会导致胎儿拇指畸形。①

1961年11月底反应停从德国市场被召回。此时已有1万至1.2万名因母亲服用此药导致出生缺陷的婴儿出生。其中将近4 000名患儿活不到一岁。在联邦德国、英国停止使用反应停后,爱尔兰、荷兰、瑞典、比利时、意大利、巴西、加拿大、日本仍使用了一段时间,造成更多畸形儿的出生。

1961年底,德国亚琛市地方法院受理了全球第一例反应停赔偿官司。制药公司的7名工作人员因在将反应停推向市场前没有进行充分的临床试验以及事故后试图向公众隐瞒相关信息而受到指控。制药公司同意向控方支付总额为1.1亿德国马克的赔偿金。2 866名受害者得到赔偿。

1965年一位以色列医生尝试将反应停当作安眠药治疗6位麻风病人,发现病人症状减轻。他将这一发现公之于众。之后,数十年世界各地的科学家一直没有放弃研究。大量的临床研究发现,反应停对结核、红斑狼疮、艾滋病导致的极度虚弱等多种疾病都有一定的疗效。虽然科学家们推测,反应停是通过调节机体的免疫反应能力而发挥治疗作用的,但其具体的作用机理一直不为人所知。

---

① 文执:《反应停五十年恩怨》,见《南方周末》2002年1月3日。

案例二

美国德克萨斯理工大学健康研究中心的微生物学家,61岁的巴特勒,违法从非洲带回生物样本,以研究传播性极强的鼠疫。2003年1月11日他实验室里的样本少了30份,巴特勒被迫报警。9·11事件以后美国加强了反恐措施,各种相关研究也在加大力度进行,美国疾病控制中心和食品与药物管理局都鼓励巴特勒开展鼠疫研究。巴特勒在坦桑尼亚一个每年都要暴发鼠疫的山区作研究,并非法将样本带回国进行研究。巴特勒被指控犯有69项罪行,他面临469年的铁窗生活。2003年12月陪审团认定其中47项罪名成立。巴特勒的一位学生,2003年诺贝尔化学奖的得主阿格雷联合三位诺贝尔奖得主发表声明,为其鸣不平。执著于科学研究的巴特勒私带动物样本,偷运过境,他已违法。但是,作为一个科学家,他的行为是道德的吗?

毫无疑问科学研究必须遵守规则。《自然》杂志认为:"公开拒绝那些用于保护公众免受侵害的规则——无论这些规则多么不实用——将会造成(公众的)不信任。"巴特勒的判刑表明,政府对所有的科学家发出这样的信号:如果你不遵守相关法规以保护致命细菌不落入恐怖分子之手,你会被处以百万美元的罚金,事业终止以及终身监禁。①

相关的国际标准是1964年,国际医学会在荷兰赫尔辛基召开大会,对《纽伦堡准则》进行补充和修正,通过了《赫尔辛基宣言》(*The Declaration of Helsinki*),到现在,该宣言已做过五次修订。其中规定:研究对象的受益优于科学和社会利益的考虑,推荐使用书面知情同意。

由此我们可以看到违背职业道德的情形并不完全是不道德的人为了自己的不正当理由干坏事,它完全有可能因为不慎而危害生命健康。科学是中性的,它可以使人类受益,也可以给人类带来巨大灾难。科技工作者的职业责任要求他们严谨慎重,充分考虑可能的风险。

对技术运用的风险问题一直存在激烈的争论。例如:转基因食品的安全性与商业化问题、代孕母亲是社会福音还是家庭社会关系混乱的祸首、用于生殖和用于治疗的克隆人研究、人类可否创造新生命和改造物种、器官移植可否买卖器官、安乐死是否能合法化、电子眼技术的使用与个人隐私、个人生物信息的管理等。在这些争论中我们可以看到,科技人员单纯的技术热情会

---

① 柯南:《审判巴特勒》,《南方周末》2003年12月18日。

助长技术风险,所以必须有职业道德的约束。

二、以经济的名义

在当今社会最有市场最有诱惑力的是发展经济的口号,好像一说到发展经济就说到了人类的终极目标,这样一来掠夺式地使用资源就在所难免了。其实,只要我们再追问一句"发展经济"又是为什么,就会发现,发展经济只是人类快乐幸福生活的必要条件,而人的福利与幸福才是社会发展的终极目标。发达进步的经济是人们幸福的保障,但它所具有的是工具价值或者手段价值,它甚至不可能是幸福的唯一条件。所以,当人们不顾一切地追求经济发展时问题就出现了:美国一家全球第二大化学生产企业,在印度博帕尔发生剧毒物泄漏,该事故成为20世纪在国际社会影响最大的生产安全和公共安全事故。

据统计我国国有大煤矿的吨煤成本一般在120元以上。而规模小,采掘工艺落后的私人小煤矿成本反而更低廉,他们省的是"安全"。乡镇煤矿的百万吨死亡率是大煤矿的10倍;据国家安全生产监督局介绍,每年的安全事故中,乡镇小煤矿占到近70%,重特大事故占到80%。有统计表明,从1980年到2004年,山西省全省有1.7万多名矿工长眠地下。[①]

案例

液态氨泄漏事故调查[②]

5月31日上午,河北省辛集化工集团有限公司化肥分公司发生液态氨泄露事件,多名工人身体受到不同程度的伤害,周围环境也遭到严重污染。

记者了解到,氨作为化工原料储存在密闭压力容器当中时为液态,一旦泄漏会迅速气化,人体接触后,会对人的眼睛和呼吸器官产生直接伤害,如果受害者身处浓度特别高的氨气之中,就会有生命危险。

---

① 曹海东、李廷祯:《山西能摆脱"资源诅咒"吗》,《南方周末》2009年4月30日。
② 见中央电视台网站《今日说法》栏目2006年6月8日。

第八讲 "工程造福人类"原则的实施困境

专家分析,这次事故发生有三种可能,一个就是产品质量问题,二是使用、操作、管理违章,导致阀门突然断裂,三是金属结构上的一些不可抗力的因素。

其实这些年来在危险化学品的运输以及储存过程当中,发生事故已经不是一次两次了,怎么样来应对这些事故对于政府的相关部门应该说是一个很严峻的课题。尤其化学品事故和其他的事故不同,它对周边环境要产生相关的危害,氨气一泄漏会对生态造成损害,在这种情况下还要对现场,对生态环境的破坏或者污染采取控制措施,避免除了人员伤亡、财产损失以外的环境生态损害。

针对近年来危险化学品在道路运输和储存过程中事故频发的问题,国家安监总局、公安部和交通部近日将联合组织五个督查组奔赴各地,检查地方在危险化学品运输、储存方面存在的非法和违规情况;检查液氯、液氨、液化石油气、剧毒溶剂等重点危险品的安全情况。

政府要采取的这些措施最终还是得通过企业才能发挥作用,类似液氨罐子这都属于重大的危险源,所以对重大危险源的检查评估监控《安全生产法》、《危险化学品管理条例》都有明确要求。一般要两年进行一次安全评价,所以企业在这方面应加强管理查堵漏洞,把隐患消灭在萌芽状态。

其实如果我们认真想一想,仔细算一算账,不难懂得这个道理:如果我们在安全生产上多投些成本,减少些事故,应该是经济的、合算的。这个事件不是一桩简单的安全生产的事故,也是一起严重的公共安全事故和环境安全事故。随着高科技渗透到人们生活的方方面面,高风险也与我们每个人结了伴。想想我们今天生活的环境,身边总有大大小小或者多多少少的危险存在。而人们的生命安全和财产安全就系于工程技术人员的职业技术能力与职业道德水准了。所以对于管理、控制着这些技术运用的科技工作者来说,在提供社会服务的同时必须要将公共安全、环境安全和生产安全放在头等重要的位置上,任何一点小小的疏忽都有可能造成重大的危害。

工程活动中的人权保障,要将人的利益放在首位——不管是谁的利益,这些人的数量有多大,要从性质上去分析利益的正当性和合理性。而不能在处理利益关系时,简单地以整体利益和长远利益去否认局部(个人)利益和眼前利益。"人类福利"不是抽象的概念,它是这一概念的基本内容和一个个活生生的人的利益构成的。人人平等的原则,要求每个人的权利都得到尊

· 103 ·

重,如果工程无法规避损害应该依法赔偿。《宪法》、《劳动合同法》、《物权法》等相关国家法律都是与工程活动紧密相关的。

例如,全球玩具买家宣布:从2006年1月1日起,不遵守《国际玩具协会商业行为守则》者退单。玩具生产企业必须证明产品是在人道、环保、安全的环境中生产出来的。生产这些玩具的工人权益必须得到合理保护。① 深圳1200多家玩具企业,通过相关认证者寥寥无几。

国际上有一种惯例,为在重大事故或关涉国家尊严的事件中死亡的本国公民或国家重要人物的去世降国旗致哀,以彰显对生命的尊重。1998年6月德国高速列车出轨事故,美国"9·11"国难,2003年3月韩国地铁纵火案,俄罗斯核潜艇事故、莫斯科文化宫人质事件,伊斯兰人质事件……在这些悲惨事故和恐怖事件中失去生命的数以百计、千计的民众都得到了降半旗的"待遇"。

1999年5月,美国轰炸我驻南大使馆,三名记者殉职,我国第一次为普通人降国旗致哀;2008年5月12日四川汶川8级地震,死亡近8万多人,失踪近两万人。七日后全国降半旗致哀。国旗下降,文明提升,这一让国人表达生命感受的仪式给人们内心的震撼与恐惧以出路,在这种仪式中生命得到尊重。这是中国人道主义精神的当代表达方式。

关注生命财产安全,在工程活动中,表现为对生产风险的预见与及时采取措施。半个多世纪前,在八达岭阳隧道施工过程中,詹天佑考虑到此隧道过长,建成通车以后,检修工人入隧道检修,若遇火车通过,将无处藏身,影响安全。于是令在隧道内每隔300英尺建一避险洞,全隧道共建避险洞数十个,以专供通车后检修工在隧道内存身避险用。② 这是工程设计者对工程使用维护人员工作安全的合理预见,是对其生命安全的细心考虑与周到保护。

三、以政治的名义

这在各国都不难找到相关案例,政治总是有强大的力量让社会成员个人放弃自己的道德信仰。例如:二战期间,纳粹医生和科学家用集中营的犹太人、波兰人作活体实验。侵华日军也曾用中国人作活体实验。1946年12月

---

① 《文摘周报》第一版·新闻,2005年11月25日。
② 经盛鸿:《詹天佑评传》,南京大学出版社2001年版,第177页。

9日—1947年8月20日,欧洲国际军事法庭在德国纽伦堡市审判纳粹战犯,其中就有23名医学战犯受审,他们中15名被判有罪,7名被处绞刑(而犯下同样罪行的日本军人却没有受到审判。)。

纽伦堡审判的法庭决议被收录进第一部有关人体试验的国际性伦理法典。《纽伦堡准则》确立了十项原则,其中:

第1条规定:受试者的自愿同意绝对必要;

第4条规定:实验进行必须力求避免在肉体上和精神上的痛苦和创伤;

第5条规定:事先就有理由相信会发生死亡或残废的实验一律不得进行;

第6条规定:实验的危险性不能超过实验所解决问题的人道主义的重要性。

对照这些人类文明凝聚的行为价值,想想战争期间,战争罪犯们所犯的种种罪行,反人类罪是对其行为最准确的定性。然而,作为人类的暴行,我们不能不冷静地分析它发生的条件。第二次世界大战后,对战争的大量研究表明,政治宣传发动是社会进入狂热的重要条件。

和平时期的政治鼓动也有使人头脑发热的作用。在我国,多数时代政治都具有特殊地位,当然在"政治挂帅"的年代就更不用说了。这些时候,工程领域里的科学规律得不到尊重,一切要为政治服务。

案例

强 国 梦

新中国刚建立,美国的敌视政策刺激了全国人民的强国梦。1950年美国在台湾海峡突然布置第七舰队,使新中国的统一大业无法最终完成。于是苏联出装备,中国出人与美国在朝鲜展开了一场较量。1953年3月18日斯大林去世,朝鲜战争停战。中国赢得民族尊严。

解放初期的国际形势是:中国不强大,美国永远不会在台湾和联合国问题上让步。毛泽东十分重视经济建设尤其是重工业和国防工业的发展,其目标在于让中华民族立于世界强国之林。1955年他明确说我们的目标是赶上美国,美国只有一亿多人,我们有六亿多人。1956年社会主义所有制改造基本完成,苏联完成这项工作用了12年,我们用了不到3年时间。所以,按照

这个速度毛泽东提出:五六十年还不能超过美国,那就要从地球上开除中国的球籍。

1955年秋他第一次提出准备100年,力争50年,计划75年超过美国。1957年苏联提出15年内超过美国的计划,毛泽东马上提出15年超过英国的计划。1958年《人民日报》元旦社论就变成15年赶上英国,再用20—30年赶上美国。1958年毛泽东说:"我就不信搞建设比打仗还难"。1958年5月中共八大二次会议,毛泽东再次调整计划,7年赶上英国,8年赶上美国。一个月后又一次调整计划,除造船、汽车、电力几项外,明年就应超过英国。①

正是在这样急切的发展心理下,这种不合实际的赶超目标被制定出来。我们简单地估计了工业建设,以为钢铁是工业的基础,只要钢铁产量上去了,工业化就实现了。在这种形势下全国人民"大炼钢铁",一切日常生活中的金属都被收集起来,回炉炼钢。"大跃进"成为必然,许多违反科学规律的工程快马加鞭地上马了,失败了。今天这种心理仍在起作用,集中表现为,长官意志,政绩工程。

四、文化的偏见

文化偏见是影响工程师遵循"工程造福人类"原则的又一因素。我们知道领导美国独立战争的华盛顿将军和他的同伴在美国的宪法中大讲人权,但他的庄园中却养着奴隶。人对自身的认识也是随着文明进步而进步的。康有为是清末的中国人中最能够接受新思想的开明人士之一了。1884年开始写《大同书》,在书中,他宣扬了一个"无邦国,无帝王",人人平等,天下为公的"大同社会"。可是,当他第一次遇到黑人时,竟一下子不知所措。他不能想象在他的"大同世界"中,竟然也能包括这样的"一种人"。他对黑人这样描述道:"黑人之身,腥不可闻。……故大同之世,白人黄人,才能形状,相去不远,可以平等。其黑人之形状也,铁面银牙,斜颔若猪,直视如牛,满胸长毛,手足深黑,蠢若羊豕,望而生畏。"主张"人人平等"的康有为,居然认为"大同世界"无法容纳黑人,对黑人想出了一个比奴役他们更为可怕的解决办法,"……其棕黑人有性情太恶,或有疾着,医者饮其断嗣之药,以绝其传

---

① 杨奎松:《毛泽东的"强国梦"》,《南方周末》2008年4月3日。

种"。

这种种族歧视,让歧视者根本不把受歧视者当人看。于是,杀戮无禁;于是,人体实验进行;于是,奴役发生。海外华工的悲惨遭遇是中国人为人歧视、奴役的铁证。

案例

以民族、国家、宗教的名义实施的暴力冲突

1994年4月7日是非洲中东部赤道南侧国家卢旺达胡图族(85%)与图西族(14%)之间部族大屠杀的日子;卢旺达是非洲中部一个仅有800多万人口的内陆小国,在1994年的种族灭绝大屠杀中,在短短100天里,先后有100万图西族人和胡图族温和派人被杀。

4月21日胡图族屠杀了躲在穆兰比技术学校的图西族人,仅一天一夜就杀了5万多人,现在穆兰比大屠杀遗址收存有27 000具尸骨。

在胡图族的砍刀面前,国际社会是无力的。加拿大籍联合国卢旺达援助团司令达莱尔将军认为仅5 000名装备精良、授权明确的部队就可制止这一屠杀。但其向联合国提出的维和请求未果。有多少人不把这些小国人民的生存当回事。在历史上还有多少这样的种族灭绝活动。

这种文化的偏见,在工程实践中常常表现为,对人的不平等看待,总想对人指手画脚。我们见过欧洲中心主义的政治、经济、文化交流;也见过我国东部地区的经济强势;城市人、知识人的文化强势。在工程实践中,工程技术人员常常表现出对弱势群体利益的轻视。例如,第二次世界大战后的美国和欧洲一些国家对非洲国家的所谓经济援助,完全以自己的工程方式强加于人,结果不被非洲当地人接受,导致工程失败。世界银行的社会学和社会政策高级顾问迈克尔·M.塞尼教授在他的《把人放在首位——投资项目社会分析》一书中,讲到不少这样的事例。

国外工程伦理研究的一个重要题目就是跨文化下的工程伦理。尊重不同文化背景居民的文化习惯被认为是国际工程项目成功的重要因素。现在,我国也有大量工程技术人员出国服务,而且,我国的高等工程教育要为世界培养工程师,这就更需要学习、了解不同文化,学会尊重不同民族的人。

在国内的工程实践中,我们常常喜欢以自己的方式安排利益受损者的生活,喜欢迫使他们接受我们的生活方式。另外,在公共资源分配上也表现出社会不公。

"造福人类"的原则要求,在工程活动中,尊重独立人格主体。这意味着无论这个人受过什么教育,处于什么社会地位,主体意识如何,他都是自己生命的主宰,他都有选择自己生活方式的自由,这个自由必须得到尊重。我们可以帮助他对他的利益处境、对自身的健康状况、对其选择可能产生的社会影响做出科学的认知和分析,但选择必须是他自己做出的。应该平等地尊重并保障每个个体合法的生存权、发展权、财产权、隐私权等个人权益,工程师在其职务活动中应该时时处处建立维护公众权利的意识,不任意损害个人利益,对不得不影响的利益给予合理的补偿。在工程招标、设计方案遴选等利益竞争中,则应杜绝私下交易,坚持公平竞争原则。

在工程活动中,实践平等原则是比较复杂的,我们注意到许多工程的实施往往涉及一部分人的利益。发展工业和城市建设,可能会伤害到农业,在农业的化肥与农药使用中又影响到渔业的发展。而平等的原则就是要避免在造福一方的同时又遗祸另一方的现象发生,就是要消除任何不平等的存在。

今天文化偏见还随处可见,例如"农民工"的概念就表现了我们今天这个社会在现代文明下的文化偏见。"农民工"不仅是一个歧视的概念,也是一个名副其实的社会弱势群体。拖欠农民工工资的问题,曾经是我们这个社会不和谐的音符。由于社会发展的历史原因,文化偏见总是难免的,社会不同人群的地位和利益诉求也总是存在差异。但是,工程实施者不能因社会地位、文化程度、行为能力等差异侵害少数人的合法利益。工程伦理"造福人类"的原则还要求对在工程中利益受到影响的人群,尤其是普通老百姓给予合理的补偿,以确保他们的实际生活水平和正常的工作权利不致因此而失去保障。这一点在过去的工程实践中是做得十分不够的。许多大型的水利工程、交通工程都片面强调让老百姓服从大局,做出牺牲,以致在拆迁问题上留下了大量的后遗症。工程移民的安置问题,工程利益与代价的分配,现在仍然是工程管理的一个难题。

五、为名利所诱

这里主要是从工程师个人角度来说的。工程招投标中的人情风、腐败风对工程伦理原则构成极大的威胁。不少工程从设计方案的评选到工程招标都成了表面上的官样文章,真正的交易却在幕后进行。为了得到工程,从工程质量中挤出利润空间,设计人员不得不一再突破技术底线作设计;一些专家要稳坐评委的位置,顺着领导意图作论证,违心地作鉴定、评价。在工程的任何一个质量保障环节都可以看到金钱对科学态度的腐蚀。一些公司拿到大量的工程任务却并不组织施工,只要转手发包,便可稳获利润。而真正施工的队伍却无法直接拿到工程,他们所得到的工程款项早已经过层层盘剥,甚至连成本都可能不足。这样做的后果无疑只能给工程质量留下隐患。

工程技术人员与科研工作者都是要面对客观事实做出技术或认知反应,坚持实事求是,坚持客观科学的态度是其履行职业责任的重要职业道德规范。而事实上,与工程的虚假验收相似,在我国高校,大学生作弊的普遍性是个不争的事实。不仅如此,论文撰写中的抄袭也十分普遍。甚至在研究生阶段,学生也不想费劲地做什么调研。抄抄剪剪,拼凑现象不在少数。学生普遍认为不重要的考试可以以这种方式对付。我在一次调查中发现,工科的大学生居然把实验看做是不重要的学习,把实验列入可以容忍作弊的情况之中。实验是科学精神最好的体现,工程技术人员必须尊重事实。

案例

利益共同体,责任共同体

每一项工程都包含着设计、结构、材料、施工等各方面人员的辛勤劳动,竣工验收时,若能评上优秀工程则皆大欢喜,这就形成了所谓的利益共同体。一旦工程碰到事故,不能通过竣工验收,则必须把事故原因查实,责任分清,追究责任,最后还得修修补补,凑合能用。因为利益所致,工程所涉及的各个环节各个单位都竭力争取通过验收,维护共同利益,委托仲裁,花钱通路子,甚至通过领导施压。一旦出现工程事故往往会搞得各单位关系僵化,共同工作过的工程人员反目成仇,相互踢皮球,推责任,拖时间,合作瓦解。

位于上海静安区的一栋七层综合大楼,1985年12月开始打桩,1986年2月初步验收。由于施工质量和设计问题很大,实际上没有通过验收。1987年蒙混过关,投入使用,当时已经发现二层楼部分混凝土柱有裂缝,使用单位曾要求设计单位实地查勘,但未得到认真检验。直到1991年,二层裂缝越来越大，为探明真相，敲开粉刷层，发现三根结构柱的混凝土保护层严重爆裂，钢筋严重锈蚀。根据这种情况，整栋大楼必须停止使用，所有人员和物品须全部搬离，以免造成更大的经济损失和极坏的社会影响。

游戏与作业

1. 游戏是对现实生活场景的再现，用游戏的方式再现复杂的社会关系，让学生从中体验、认知道德是一种有效的学习方法。

游戏(1)：A 与 B（体验社会关系的复杂）

游戏(2)：歧视记忆

a. 您曾因为性别受到歧视？

b. 您曾因为相貌受到歧视？

c. 您曾因为成绩受到歧视？

d. 您曾因为贫穷受到歧视？

e. 您曾因为性格受到歧视？

f. 您曾因为服饰、发式受到歧视？

g. 您曾因为家庭受到歧视？

h. 您曾因为身份受到歧视？

i. 您曾因为父母受到歧视？

2. 网上查询汶川地震中校舍倒塌、学生死亡的情况；了解其中的工程质量问题。

第九讲　超越人道主义

一、反思人类中心主义

随着近代科学的发展，16—17世纪在欧洲诞生了一批划时代的科学家：伽利略、开普勒、吉尔伯特、笛卡尔、波义耳、拉瓦锡和牛顿等。

科学推动了技术的进步，技术的进步推动了工场手工业向近代工业的转化，最终导致了18世纪工业革命的爆发。工业革命使人类利用自然资源创造生活资料的能力飞速提高，也加重了自然的负担。地球表现出难以满足人类疯狂掠取的局面是在工业革命后的短短一二百年的时间里。

20世纪是科学急速发展并有效地改变着地球自然面貌的世纪。例如，高分子化学的发展，使人类可以自由地合成千百万种化合物，制造出化肥、农药、杀虫剂、塑料、氟利昂、化学纤维等等化工产品。这对提高农业产量，提供方便、多样的生活物资和工业原料做出了极大的贡献。但由此而造成的化学污染，却改变了地球的化学结构以及地球化学的循环和平衡，它对人类生存环境所产生的破坏也是巨大的。如果我们仅仅从科技的正负效应的角度来讨论科技运用的价值与规则，那么应该说问题就简单多了。但是，事实上科技的运用是由社会发展推动的。因此，我们在讨论科技运用的规范时，就不能脱离当时具体的社会政治、经济、文化背景。这些背景因素也影响到我们对科技规范的价值基础的认识与定位。例如，被称为三大公害之一的大气污染就直接与工业文明有关，与内燃机的发明和普遍使用有关，与煤炭、石油的开采和使用相关。而作为近代文明标志的工业化、城市化的要求又加快了对土地、森林、矿产等资源的大肆开发，并且在工业文明不发达的阶段，粗放型经营造成的资源浪费和破坏也是十分严重的。这些因素都对生态平衡、空气调节、水土保持带来极坏的影响。这是人们关注环境问题，要求限制加速环

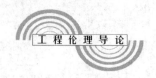

境恶化的某些科技手段运用的直接原因,也是当代所有社会遇到的最复杂最困难的问题——一方面工业化和城市化的密切结合,创造了可观的经济效益和以都市文明为标志的现代生活方式,人类生活的自主性也越来越强;另一方面,随着工业化、城市化的进程向全球扩展,暴露出来的环境污染,生态恶化,濒危物种增加等问题越来越严重,以至于威胁到人类的生活空间、生活的质量乃至人类自身的前途。

电影《后天》讲述的是一个环境灾难的科幻故事。它告诉人们如果我们现在仍坚持这样对能源无度消耗的生活方式,灾难就会来临。《后天》摄制组完成拍摄后,计算了拍摄电影所耗能量产生的污染,然后做出补偿。摄制组购买了节能灯,送给低收入家庭;摄制组到非洲栽种了大约能吸收所排污染量的树。

对于许多怀抱理想的人文主义者而言,工业化、现代化并非将人类带入一个阳光灿烂的时代。工业化激发的人的物欲对人的精神的强力诱惑和异化,世界大战的灾难,对核武器的恐慌,因为资源匮乏而引起的国际冲突的频繁发生,宗教信念的衰落,……凡此种种,无不让人对人类的前途感到深深的忧虑,对人的理性产生怀疑。于是他们开始对传统的价值观提出质疑——人类应该怎样推进自己的文明才是负责的、道德的?人应该是宇宙的主宰、万物的尺度吗?我们究竟给地球带来了什么?人类赖以生存的地球还能健康地存在多久?由此他们想到要重新寻找人在宇宙中的位置,寻找生命的价值。①

对万物之主宰的人类地位的批判来自不同的方面。

哲学方面,主客体二元对立一直是西方哲学认识世界的普遍理性前提,笛卡尔的"我思故我在"是其经典表述。这一理论将世界分为两个部分:一是由机械因果律支配的自然界;另一个是由理性的自由律支配的精神界。这两个世界各自独立,互不联系。拉美特利说,不仅动物是机器,人也是机器。而人的认识活动是一种精神现象,与物质世界不同,受不同的规律支配。事实上希腊人没有像近代人那样把人设想成超越于自然事物之上的存在。人始终是自然界的一部分,人的最高目的和理想不是行动,不是去控制自然,而是静观,是领悟自然的奥秘和创造生机。这一思想深深地影响着中世纪和文艺复兴时期的自然哲学(基督教通过认识自然来认识上帝)。在这种意义上

---

① 肖平等:《工程伦理学》,中国铁道出版社1999年版,第三章。

人的认识与自然物质联系在一起了。

近代科学的发展,鼓起人们对理性的信心。它使人们相信人的理性能够认识自然规律,从而利用自然,征服自然。崇拜知识和科技的力量的文化心理,让他们乐观地相信科技能够帮助人们克服任何障碍,解决任何难题,实现无穷探索,成就一切事业。对自然机械化、简单化的认识,极大地增加了他们控制自然世界的信心。培根认为认识客观能使人类"驾驭自然万物——包括人体、医药、机械力量等一切"。笛卡尔认为通过对工匠技艺的了解,人们可以主宰和拥有自然。工业时代的这个强大的哲学传统,从文艺复兴起源、形成于启蒙运动,以后逐渐体系化,并渗透到社会政治、经济、文化各方面,成为支配人类社会的精神信仰,推动工业文明的发展,构成工业社会的基本逻辑。而工业化、现代化的事实是人类在获得部分控制自然权力的同时,被自然狠狠地报复,被自然所呈现的更多的复杂性和神秘性所笼罩。它们迫使哲学家对"主宰"信仰进行批判,哲学批判的核心是人与自然的关系。

法国哲学家柏格森以生命概念为中心,克服心物二元对立模式,建立一元论的生命哲学体系。科林伍德认为他提出了对世界整体的充分定义,但他不能解决物理学的无生命世界与生命现象的关系。20世纪20—30年代,生态科学的出现开始解决整体世界的有机联系问题。全球生态系统的生物部分和非生物部分之间的关系和联系性才真正得到确认。影响有机联系观念形成的还是科学的发展,主要是物理学领域的革命。机械论的观点建立在近代机械力学上。19世纪末20世纪初,相对论和量子力学出现,物理学关于质量、空间、时间、能等概念发生了根本的变化,经典力学的稳定性被否定(最后的稳定的)。英国哲学家怀特海借助现代物理学的成就,在柏格森的基础上建立了以"事件"和"过程"为核心的"有机体哲学",又称为"活动过程哲学"。有机自然观的复兴使近代以来建立在人与自然对立基础上的价值理论成为思考对象,其思考的主要问题有三个:人是不是唯一的价值主体?自然是否具有对人的工具价值以外的价值?如果有,这类价值是什么?对这些问题的提出和思考催生了几种有代表性的价值观:人类中心论的价值观;非人类中心价值观(包括动物福利论、生命中心论、生态中心论);系统论价值观(即可持续发展的价值观)。

经济学方面,经济学为人类的物质文明、精神文明都做出了巨大的贡献,没有经济学,人类的经济生活将处于一种无序的、盲目的和低效率状态;没有经济学,人类会对自己面临的许多问题,如贫困、通货膨胀、失业、经济停滞及

贸易逆差束手无策。经济学为人类创造更多的物质财富提供了指导性的原则，而正是这种物质财富构成了人类其他一切活动的基础。

但是，传统主流的经济学对 20 世纪的环境危机负有不可推卸的责任。主流经济学视自然资源为自由取用的物品。因此，节约是没有什么必要的。在分配时，主流经济学没有想到要对地力——或其他自然资源予以补偿。主流经济学激励了对自然资源的挥霍与耗竭。工业文明的发展过程中，环境问题曾引起了经济学家们的注意。

马尔萨斯、李嘉图、穆勒等人分别阐述过关于经济活动的范围存在着生态边界的观点。1932 年皮古首次将环境问题作为外部性问题来分析。但他也是站在利润最大化角度立论，不可能突破主流经济学的局限。随着二战后全球工业化程度大大提高，污染已不局限在工业革命的发源地英国。同时资源问题也日益严重，它迫使在管理中追求效益的经济学家关注到资源的利用问题。循环经济是系统论的产物，也是经济发展到今天这等规模后的必然。

如果我们把与循环经济相区别的一切经济形式统称为传统经济的话，那么循环经济与传统经济的最大区别就在于：它们把生产活动视为怎样的一个过程。传统经济以行业为基础，也就是以生产的便利与设备的利用为依据将人工对自然资源的利用、加工视为一个单向度的生产过程。这种经济以割裂的方法对资源利用的生产过程进行切割，其结果必然是封闭式的、线段式的。它切割了无限联系并且循环的资源源头，也切割了产品制成后的一切回路。这种以行业划分为标志的切割，遵从了不同生产阶段不同特点的客观规律，也依据了经济学的效率原则，它一直都是有效的生产方式。但是这种经济形式走到 21 世纪出现了很大的问题，那就是地球上的资源已经不能够满足线段式生产利润最大化原则所采取的资源利用方式。同时，自然的消化力也不能满足不顾回路的生产带来的垃圾重负。

循环经济的基本方法不是切割而是联系，它是将线段式的生产有机联结起来，将生产的两端资源与废料、产品消费联系起来计算效益的经济方式。它俯视人类生活，站在人类活动的高度，视资源获得、加工生产、产品消费、废物再利用和垃圾处理为一个完整的生产过程。它不仅要考虑生产环节之间的资源利用与生产生态链条的联结，还要建立产品流向社会后的循环回收系统；它不仅能加工自然资源，而且更要求创造加工再利用资源的新技术；它不仅关注生产方式，更关注消费方式。唯有将生产的资源与生产过程以及使用后产生的垃圾两端联系起来计算生产成本，让垃圾作为资源再次进入生产过程,才符合循环经济的资源利用观念,提高资源的利用效率。也唯有将消费方式、生活方式结合起来重塑人生价值,才能从整体上解决好人类生存与自然环境的关系,人类才有可能真正缓解资源短缺与垃圾负载的压力,走可持续发展的路。

21世纪的经济模式是以资源的循环再利用和新型再生资源的开发为主导的循环经济模式。它所要建立的循环联系除了社会意义的生产生态系统和回收利用系统外,还包括超越社会的哲学意义的生产与自然的联系。这就是中国哲学"天人合一"思想所包含的"赞天地之化育","与天地参"①的观点。人类的生产应该顺应自然,人类的生产能力和资源利用应当控制在自然能够恢复其资源再生和消化接受人工废弃物的范围内。目前,已经有不少企业家看到这一经济发展的趋势并投身其中。2005年10月17日英国人胡润推出了中国版"2005年能源富豪榜",31名上榜者所属产业主要分为三类:石油、煤炭和其他种类发电。杭州锦江集团的斜正刚从1997年开始投资垃圾发电,以城市生活垃圾、煤泥、煤矸石、石煤为主要燃料,把电厂、热水和污水处理等项目作为投资重点,保持可持续发展已经成为他们事业的核心理念之一。2006年1月13日,无锡尚德太阳能电力控股有限公司在纽约交易所当日收盘时每股达到34.02美元,手持6800万股的公司老板施正荣成为中国最新的首富。他比胡润排行榜首富黄光裕的140亿元人民币多出46亿。有关人士评论说,因为施正荣的财富是"阳光财富",因此"施正荣的首富之路将会稳定而漫长"。② 而这位新南威尔士大学研究多晶硅薄膜太阳电池的博士企业家正具备了新世纪经济发展的眼光与气魄。

二、弱人类中心主义

古代人类中心论的基本观点是以人的目的看待世间万物的。这种观点将宇宙间的存在物以完美程度分为高低不同的等级。其序列为:神、人、动物、植物和无生命物。高一层的存在物对下一层的存在物有控制支配权。对于低层次的存在物来说,其价值是对上一层次的存在物提供工具价值。

关于人类中心主义,有两种不同的观点。《韦伯斯特新世界大辞典》列出"人类中心"的两个不同义项,一个是指"把人视为宇宙的中心事实或最

---

① 《礼记·中庸》。
② 李雨:《186亿!——中国新首富施正荣》,《文摘周报》2006年1月27日。

后目的"的观点;一是指"按照人类的价值观来考虑宇宙间所有事物"的思维方式。目的中心的代表思想有:普罗塔哥拉的"人是万物的尺度";笛卡尔的"借助实践哲学使自己成为自然界的主人和统治者";德国哲学家康德是一个动物工具论主张者,他的"人是目的"、"人是自然界的最高立法者"的思想,让他说出在今天看来十分荒谬的话,他说:"人对羊说,你身上长着的羊皮是自然为我而不是为你所准备的,人在从羊身上剥下羊皮穿在自己身上开始,就意识到依自己的本性可以对所有动物行使特权,现在动物已经不再是与人同等的被造物,而应该被看做是服从于人的任意目的意志的手段与工具。"比较解剖学和古生物学之父居维叶说:"想不出比为人提供食物更好的原因来解释鱼的存在。"地质学家赖尔说:"马、狗、牛、羊、猫及各种家禽被赋予适应各种水土气候条件的能力,这显然是为了使它们能在世界各地追随着人类,以使我们得到它们的效力,而它们得到我们的保护。"这种强势人类中心主义认为:高一层的存在物对下一层的存在物有控制支配权。对于低层次的存在来说,其价值是对上一层次的存在物提供工具(使用)价值。人比其他动物优越,人具有把其他生物作为手段的"特权"。这一思想是那个确立人的尊严的时代的必然要求,是人争取生存自由的价值认知基础,但也是一个偏激形态的观点。

近代科学开始痛击"目的论"的观点,人类中心主义开始由"目的中心"向"价值中心"转移。价值中心有两个分支:一是只承认人的内在价值,不承认动物的固有价值;二是也承认动物的固有价值,但坚持价值中心因主体而定,人只能以人为中心,物只能以物为中心。

现代人类中心主义的代表是默迪和诺顿。诺顿认为没有必要把人的内在价值向自然界其他物种出让。他是在非个人主义和理性主义的立场上来建立环境伦理的,也称为"弱的人类中心主义"。默迪则坚持达尔文的观点:"自然选择不会导致一个独立的物种为了其他物种的善而调整自身",他不承认人以外的生物具有"固有价值"与"权利"。

对人类中心主义的质疑和弱人类价值中心的出现,首先直接导源于现实的困境。经济发展与环境保护的矛盾日益突出。人们开始质疑工程要把人类引向何处?地球上已知物种千余万个,形成第一层次的生物多样性。我国已知有3万多种高等植物、1.9万多种动物,均居世界前列;而人造物种包括栽培植物、家养动物品种等的数量远超过自然物种,也超过其他各国;此外还有繁多的人造无机物,如全国的机械制造产品有7万多种,化学工业产品有

2.5万多种。我们还要看到全球生态环境总体恶化的趋势没有得到扭转,自然物种还在养活和变异,而人造物种与日俱增并更新换代。按"物物相关"、"相生相克"的生态规律,人造物种应以不胁迫自然物种的存续为原则,体现"万物并育而不相害"的理念,这也是人类自身的需要。①

对人类中心主义的质疑从两个方向开展:一是重新认识人类自己,发现人类的无知与人性贪婪的弱点;二是重新认识人与自然的关系,认识自然存在的有限性与特殊价值,甚至赋予自然物独立的主体地位。对传统人道主义人类中心思想的这两方面的批判都导致了人类中心主义的摧毁。在此背景下产生的非人类中心主义思潮认为,并非只有人类才具有独立的价值。相反,传统的人类中心主义正是滋生今天文明灾难的根源。

这种质疑涉及两个核心问题:一是人以外的生物甚至物质是否具有与人同等的"固有价值"和"权利";二是能否把道德调整的利益关系扩展到人际以外更宽阔的关系中。关于这些问题的思考对重新认识人在自然界中的地位,重新调整人与自然的关系无疑有积极的作用,但又有不少理论与实践上的问题。

这种质疑的结果,产生了与传统人类中心主义完全不同的观点——非人类中心主义。

三、非人类中心主义

非人类中心主义提出,要反对以人为中心的"人类沙文主义",否定以人为中心的伦理观,主张把价值观、权利观、伦理观扩充到自然界中,将对道德行为的研究从人与人之间推广到人与自然之间。非人类中心主义有以下几种主要思想派别:

1. 动物福利论。持这种论点者拒绝人类中心论,主张以自然为中心看待自然事物的价值,确定人与自然的道德关系。以彼德·辛格为代表的动物解放论者认为,如同种族歧视一样,人类中心论是对其他物种的歧视。根据功利主义的原则,行为的道德与否取决于对快乐的感受。那么,人类道德应扩展到有感受能力的动物身上,利益由感受而生,因此,人类的利益应该惠及动物。以汤姆·雷根为代表的动物权利论则把动物归结为生命主体,生命主

---

① 方克定:"关于工程创新和工程哲学",殷瑞钰等:《工程与哲学》,北京理工大学出版社2007年版,第76页。

体不因它有什么能力(包括感受、思维)而具有主体价值,主体价值是固有的,人类没有权利剥夺其主体性而赋予其工具价值。

1822年英国国会通过维护动物权利的《马丁法令》,如今100多个国家有了动物福利法。国外的动物福利法规定,运猪的车必须保持清洁,途中要按规定喂食喂水,运输时间超过8小时,就要中途停下来休息24小时;屠宰时必须隔离,不被其他猪看见;必须用电击法在猪完全昏迷后才能放血和宰杀。强调在饲养、运输和屠宰家畜的过程中,应当以人道的方式对待家畜,尽量减少其痛苦。挪威于1974年颁布了《动物福利法》,规定屠宰前一定要通过二氧化碳或者快速电击将其致昏,再行宰杀。德国于1986和1998年分别制定了《动物保护法》和《动物福利法》。这两部法都规定:脊椎动物应先麻醉后屠宰,正常情况下应无痛屠宰。

乌克兰有一批猪因连续运输60多小时,被法国拒收,理由是中途没有按规定时间休息。因为中国没有动物福利法,欧洲许多国家拒买中国猪肉产品。在鲁迅生活的时代,在上海租界,要是倒提着鸡鸭是要被罚款的,理由是虐待动物。鲁迅为此写了《倒提》一文。在印度有一个古老的传统是不杀耕牛。

当今中国全无这个观念,下面出现的情况只是当作奸商的不法行为来打击的。据中央电视台对山东一屠宰场的调查,该屠宰场杀牛之前,先将一根1.8米长比拇指略粗的水管从牛鼻插入牛胃,然后放水。几个小时后,活牛已被灌得七窍流血,肚子滚圆,四脚朝天,直翻白眼,发出痛苦的哀鸣。屠夫们接着用一根十多公分长的锋利的钢管生生插入牛的胃,排放牛体内的气体,以继续放水。这样的灌水长达数小时,甚至十几小时。如此残酷之事不仅见于孔子的故乡,十几年来,从广东到北京,从重庆到浙江,从城市到农村到处可以看到同样的做法。有的省市,注水猪、牛肉达到90%。[①]

非人类中心主义主张把道德扩展到动物。功利主义思想家边沁认为:感受痛苦的能力是获得平等权利的根本特征,而把推理和说话的能力作为享受道德待遇的理由是不充分的。皮特·欣格为代表的动物解放论认为:"必须赋予动物道德权利","所有的动物都是平等的"。澳大利亚哲学家辛格在1993年撰写的"关于大猩猩的宣言"中,要求给黑猩猩、猩猩和大猩猩以"生存权利"和"保护它们的自由","禁止折磨它们"。

---

① 莽萍:《再说动物福利》,《南方周末》2003年12月11日。

2. 生命中心论。法国人道主义思想家、医生、哲学家、神学家施韦泽提出"敬畏生命"的观念。他认为"实际上,伦理与人对所有存在于他的范围之内的生命行为有关,只有当人认为所有生命,包括人的生命和一切生物的生命都是神圣的时候,他才是道德的"。施韦泽的"一切生命"是彻底的包括植物在内的所有生命的概念。1952年施韦泽获得诺贝尔和平奖。

保罗·泰勒接受了这一观点,进一步提出"尊重自然"的思想。英国学者莱昂波特1949年在他的《大地伦理学》一书中指出:(西方)伦理学的发展已经走了三步:最初的伦理学研究人与人之间的关系,后来,伦理学扩展到研究人与社会之间的关系,伦理学发展的第三步是把它的研究扩展到人与大地之间的关系。生命中心论有着牢固的科学依据,要拒绝它,就必须放弃或从根本上推翻大量的生态学知识。

3. 生态中心论。美国生态主义者利奥波德是生态中心论的开创者,他的《沙乡年鉴》被当代环境主义者誉为"圣书",其中"大地伦理"一文首次阐述了生态中心论的价值观。利奥波德的"大地"包括土壤、植物和动物。(如何在现实层面上实践?)罗尔斯顿进而提出"自然价值论",自然价值是自然系统的客观属性。人对自然的道德义务是顺应自然的趋势,参与自然界的创造。

对价值中心重新定位的讨论主要集中在环境伦理的讨论中。在美国高涨的环保运动和1972年罗马俱乐部的报告《增长的极限》的激发下,环境伦理迅速发展。美国的环境伦理学以"生命中心主义"、"承认未来人类的人权"、"地球整体主义"三点为中心。在"生命中心主义"中产生出人类中心主义、感觉中心主义、生命中心主义、自然中心主义等不同的方向。环境伦理学的普遍观点是:近代工业文明造成环境恶化的价值动因是"人是万物的主宰",人具有支配自然的权利的思想。为了遏止人类对自然肆无忌惮地掠夺与支配,必须粉碎这一思想,建立其他生物甚至自然物质具有与人类同等价值的思想与之抗衡。于是,承认动物具有固有价值,动物具有与人同等的生存权利,承认包括植物在内的生命体也具有固有价值与权利,甚至承认包括无生命的自然物在内的自然本身也具有固有价值与权利等等不同层次的非人类中心主义大行其道。

非人类中心论让人类中心的价值彻底崩溃,在实践层面上遇到了极大的障碍,从而也让现代人陷入不知所措的境地。事实上,我们应该向古人学习智慧,在中国传统哲学中人与自然的关系不是以矛盾对立的方式存在的,而

是以共生共存的"天人合一"的方式存在的。人是自然之一分子,人与其他自然物一样遵守着自然规律。《荀子·礼论》提出"天能生物,不能辨物;地能载人,不能治人。"庄子认为"无为而尊者,天道也;有为而累者,人道也"。主张"不以人灭天","不以人助天"。俗话说:人算不如天算。中国传统文化主张"顺应自然",而不是战胜自然。

中国古代许多伟大的工程都注意人工与自然的合一,秦王朝时期的都江堰水利工程就是一个人与自然和谐共存的典型例子。

案例

都江堰水利工程

都江堰位于成都平原西部的岷江上。都江堰水利工程建于公元前256年,是全世界迄今为止年代最久、唯一留存、以无坝引水为特征的宏大水利工程。

都江堰水利工程由创建时的鱼嘴分水堤、飞沙堰溢洪道、宝瓶口引水口三大主体工程和百丈堤、人字堤等附属工程构成,科学地解决了江水自动分流、自动排沙、控制进水流量等问题,消除了水患。

鱼嘴是修建在江心的分水堤坝,把汹涌的岷江分隔成外江和内江,外江排洪,内江引水灌溉。飞沙堰起泄洪、排沙和调节水量的作用。宝瓶口控制进水流量,因口的形状如瓶颈,故称宝瓶口。内江水经过宝瓶口流入川西平原灌溉农田。从玉垒山截断的山丘部分,称为"离堆"。

都江堰水利工程充分利用当地西北高、东南低的地理条件,根据江河出山口处特殊的地形、水脉、水势,乘势利导,无坝引水,自流灌溉,使堤防、分水、泄洪、排沙、控流相互依存,共为体系,保证了防洪、灌溉、水运和社会用水综合效益的充分发挥。

都江堰建成后,成都平原沃野千里,"水旱从人,不知饥馑,时无荒年,谓之天府"。两千多年来都江堰一直发挥着防洪灌溉作用。截至1998年,都江堰灌溉范围已达40余县,灌溉面积达到66.87万公顷。对四川的经济文化发展有很大贡献。

随着科学技术的发展和灌区范围的扩大,从1936年开始,水利技术人员逐步改用混凝土浆砌卵石技术对渠首工程进行维修、加固,增加了部分

第九讲　超越人道主义

水利设施,古堰的工程布局和"深淘滩、低作堰"、"乘势利导、因时制宜"、"遇湾截角、逢正抽心"等治水方略没有改变,都江堰水利工程成为世界最佳水资源利用的典范。现代水利专家们仔细研究了整个工程的设计后,都对它的极高的科学水平和工程思想惊叹不止。比如飞沙堰的设计就是很好地运用了回旋流的理论。这个堰,平时可以引水灌溉,洪水时则可以排水入外江,而且还有排砂石的作用,有时很大的石块也可以从堰上滚走。当时没有水泥,这么大的工程都是就地取材,用竹笼装卵石作堰,费用较省,效果显著。

都江堰的创建,以不破坏自然资源,充分利用自然资源为人类服务为前提,变害为利,使人、地、水三者高度协调统一。①

四、非人类中心主义的意义与困境

地球是人类与其他地球生物共同生存的地方,从目前的科学发现而言,可以说我们只有一个地球。也就是说在茫茫宇宙中我们只发现了太阳系中的地球适合我们生存。如果地球的环境遭到破坏而使地球上的生物包括人

---

① http://baike.baidu.com/view/2240.htm.

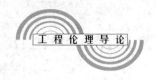

类无法生存,则我们无法找到另外的栖息地。因此保护地球的生存环境是至关重要的。

从另一方面讲,人类希望不断改善自身的生存环境,提高自身的生活质量,有强烈的利用地球资源(包括矿产物质资源与生物生命资源)为自身服务的意愿和冲动。然而在利用地球资源的同时,不可避免地会破坏已有的自然环境并伤害或危及其他生物的生存和繁衍。非人类中心论坚持人类只是所有地球生物中的一种,与其他地球生物有完全相等的生存权利和义务,人类在改善自身生存环境时不能牺牲其他地球生物的生存权,人类有义务维护地球环境的生态平衡。而人类中心论则认为人是地球上特殊的生物种群,人类由于具有其他地球生物所无法企及的高智商而理所当然地成为地球的主宰,有权利用地球上的一切资源为自身的利益服务。在人类社会的近代发展时期,人类中心论曾经大行其道,各种地球资源不计后果地为人类所利用。在一两百年的时间内人类将地球上经历数百万年甚至数亿年生成的资源中的相当部分挥霍殆尽,人类在生活质量得到大幅度提高的同时也对地球环境造成了相当大的破坏,使自身生存的自然环境质量大幅下降。在这种形势下非人类中心论有了较大的市场,成为当代环境哲学的主流。但是,从理论和实践上讲它都存在着一些无法解决的伦理难题。

非人类中心主义的理论难题,首先在于它无法在人这样一个认识主体下,认识并证明人类以外的物质,动物也好、植物也好、大地也好、自然也好,有一个"固有的主体"存在,非人类中心主义无法证明它们具有独立于人类的主体意识。接下来,非人类中心主义也就无法证明或推导出,它们具有主体价值,并具体说明主体价值的内容。如果非人类的主体是否存在,它们是否具有独立的价值都是不确定的话,那么,要求人们尊重它们的固有主体和独立价值就显得可笑了。如果按照动物权利论者的说法,有感应快乐和痛苦能力的生命,它们的感受是道德主体的证明的话(且不论这种感受究竟能不能算作是主体性的证明),那么,那些以人类尚不能理解或认识的方式表达感受的其他生命和物质,它们存在吗?以人的认知能力为基础建立起来的非人类中心主义,最后还是回到人类中心的立场上了。

从实践上说,它只是最低限度地证明了人对自然的义务,而没有提出一套有实际意义的能够制度化的(让人们普遍践行的)行为规范,这使非人类中心主义带有个人信仰的色彩。

课外作业与推荐学习资料

一、课外作业：认知学习

到学校附近的农场、饲养场、宠物市场观察动物，了解动物表达自己愿望与情感的方式。

如果自己养过动物最好。以亲身经历写一篇人与动物的文章，散文、记叙文、诗歌、说明文、议论文均可，文体不限。

二、推荐阅读

地球母亲——我要忏悔
徐书确

地球，我们人类生身的伟大母亲，我们世世代代都在您的襁褓之中，您以母亲宽广的胸怀，拥抱着您的儿女们，您以甘美的乳汁滋润着大地的儿女们，您为我们创造了丰富多彩的世界，关爱着人类的每一个成员。地球母亲也是我们人类在宇宙中的安全屏障，以抵御太空中各类粒子的袭击。您以母亲特有的慈爱，关怀与人类相依共存的链式种群，使我们大家有一个共同休养生息的温床，让我们生儿育女得以代代繁衍。曾几何时，母亲的瞳仁黯淡无光，失去了她往日的风采，她正面向儿女们发出痛苦的呻吟。今天，我要为您唱出忏悔的悲歌。

地球母亲，我为您哭泣，您那不争气的儿女们正刺伤您赖以呼吸的肺叶，世界上80％的原始森林和热带雨林已遭到毁灭性的砍伐，各种林木乱锯滥砍，沙漠化加快，弥漫的沙尘暴使您呼吸困难。更有甚者，"现代文明"制造了亿万吨工业废气、汽车尾气、燃烧热气，破坏了您抵挡宇宙粒子的外衣，是儿女们给您造成了一个窒息的空间。

地球母亲，我为您号啕，您那自私的儿女们，破坏您肌肤上的植被，他们乱刀剥皮，无止境开荒；他们引爆挖矿，追寻黄金梦，从不顾及母亲的痛苦，致使您的肌肤千疮百孔，满目疮痍。更有那无端的连年战火，烽烟连绵，强烈的冲击波使您皮开肉绽，血水横溢，惨不忍睹。是不孝的儿女们为您展现一个伤痕的空间。

地球母亲，我为您呼号，"现代科技"的污染，已涂炭了您的血脉，您的千万条血脉都已遭到污迹的侵袭。人类活动的污染已侵入您的心脏，世界上一半的人口已饮不到洁净的水，深深的海洋已成为污水的集注场。鱼类正面临灭顶之灾。板结的土地长不出粮食。不是母亲要抛弃我们，而是儿女们为自己造出一个饥渴的空间。

地球母亲，我为您呐喊，绿地的破坏，水土的流失，母亲大动脉已出血。动植物的生存空间不断压缩，更由于人类活动的扩大，对野生动植物的残杀滥砍，使世界上的1000万个物种正以每年3‰的速度消亡，部分已濒临灭绝。自从有了人类，物种灭绝的速度加快了500倍。母亲的儿女们自己为自己建立了一个孤独的空间。

我们只有一个地球，人类只有一个慈爱的地球母亲。但是人类是否意识到自己是悲哀

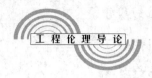

的？富人用他霸道的行为，穷人用他愚昧的行为，践踏环境，亵渎母亲。当工业和生活垃圾铺天盖地向地球母亲袭来，母亲已经窒息，儿女们还能生存吗？

朋友们，请救救母亲！

(作者为福州大学电气工程与自动化学院教授)

第十讲　可持续发展的工程观

一、可持续发展的思想

恩格斯指出："我们这个世界面临的两大变革,即人同自然的和解以及人同本身的和解。"①建立和谐社会需要协调三重关系。微观层面:人的道德心与利欲心之间的平衡;中观层面:人与人之间即不同文明不同民族不同国家之间的协调;宏观层面:人与自然的和谐,指人类与其生于斯长于斯的栖息地之间的整体长久和谐。②

尽管非人类中心主义在理论上实践上都存在难以解决的问题,但它对传统人类中心主义的质疑与批判却大大推进了人道主义的当代发展,推动了人们对人与自然关系的认识。一种新的对人与自然关系的认识——可持续发展的观点得到了国际社会的广泛认可。

可持续发展观认为人对自然的权利和义务的界限的终极目标是人与自然和谐的可持续的发展。一方面人有权利用自然,满足自身的生存需要,但这种权利以不改变自然的基本秩序为限度。另一方面人又有义务尊重自然存在的事实,保持自然规律的稳定性,在开发自然的同时给予补偿。

可持续发展观是人类中心论与非人类中心论的折中,它均衡地考虑了人类的福利与生态系统的健康。从表面上看似乎人类福利是目的,生态健康是手段,但它至少可以获得人类与自然共存共荣的效果。可持续发展的深层意义不是自然对文明的限制,而是文明向自然的拓展或生成。

---

① 马克思、恩格斯:《马克思恩格斯全集》第1卷,人民出版社1995年版,第603页。
② 殷瑞钰:"认识工程,思考工程",殷瑞钰等:《工程与哲学》,北京理工大学出版社2007年版,第21页。

　　人类为改善自身的生存环境,提高生活质量,推动社会文明的发展,不可避免地要从事改造自然环境和利用自然资源的工程活动。这样的工程活动通常都有具体的现实目标和可以计算的经济效益。但是从地球前途和人类命运长远利益考虑,有些工程所获利益仅仅是眼前的局部的,而就收益与代价比来说是不合适的。因此综合地说这种工程并不一定能达到造福人类的目的,反而有可能成为遗祸子孙的毒瘤。因此作为工程技术人员在从事工程活动时一定要坚持可持续发展观,肩负起对人类未来可持续发展的责任。

　　各类工程活动都是自觉或不自觉地在某种工程理念的支配下进行的,在正确的工程理念的指导下,许多工程不仅取得了成功而且名留青史;但也有不少工程由于工程理念的落后甚至错误,导致失误,甚至殃及后世。工程理念必然会影响到工程战略、工程决策、工程规划、工程设计、工程建设、工程运行以及工程管理的各个阶段、各个环节,可以说工程理念的重要性无论怎样强调都不过分。

　　正确的工程理念必须建立在顺应客观规律——包括各种自然规律、经济和社会规律——的基础上,因此,工程除了要体现技术进步和经济效益外,还必须重视环境和资源的效益,包括生态效益;遵循社会道德、伦理和社会公正、公平等准则。面对当前工程活动中出现的诸多矛盾和问题,工程决策者、管理者和实践者必须转变粗放发展的工程理念,树立可持续发展的工程理念。工程理念的内容十分丰富,它的具体内容包括不同的层次和不同的方面,比如:以人为本,人与自然、社会和谐发展;资源节约、环境友好、循环经济和可持续发展;要素优选、组合和集成优化;追求不断创新与工程美感;构建和运行过程中时空因素的动态有序化和信息化等。

　　这些工程理念体现了科学发展观以人为本,人与自然、人与社会协调发展的核心理念;也体现了工程的系统观、工程的生态观、工程的多元价值观和工程的社会观等。树立正确的工程理念是在工程领域落实科学发展观的关键所在。①

　　在工程实践中,可持续发展观要解决两个基本问题。

　　1. 人对自然的正当权利和必要义务是什么?

　　人对自然的权利和义务界限的终极目标是人与自然和谐持续的发展。一方面人有权利用自然,满足自身的生存需要,但这种权利以不改变自然的

---

①　殷瑞玉:"认识工程,思考工程",殷瑞玉等:《工程与哲学》,北京理工大学出版社2007年版,第21页。

基本秩序为限度。另一方面人又有义务尊重自然存在的事实,保持自然规律的稳定性,在开发自然的同时给予补偿。

2. 在全球范围内,人类应遵循环境公正的道德原则。环境公正是指环境利益和负担的正当分配问题。人类对生存环境负有共同的责任,共同享有健康的环境。

可持续发展的伦理观突破了传统五伦关系、民族、文化关系的局限,从全球范围内考虑公正平等问题;从人类与自然共同的长远利益出发,主张全球共同利益与责任,主张代际间公平地享有地球资源与清洁的环境。这一视角还突破了传统伦理限于人际关系的局限,从人与自然的关系这一特殊视角入手,探讨工程活动全面的道德责任,对于建立全方位的道德规范是有益的,它让工程人员直接面对行为后果、直接面对人类生存的环境变化,认清自己的道德责任,而不能因为自然的非自主性特征而逃避对环境、资源和生态的责任。

二、工程活动与资源、环境

(一) 工程与资源利用

人类的工程活动是通过利用自然资源实现获得自身经济利益这一目的的,所以工程活动往往会对自然的面貌进行这样或那样的改变。例如,人类对水资源的利用,通过修建大型水坝和水电站可以发电、灌溉、防洪,也可能有利于一段水道的航运;但是不可避免地会破坏河流的自然流动和自身发展趋势,造成河床淤积,河水净化能力变差,支流河段汛期发洪水,甚至诱发地震。例如我国三门峡大坝、埃及阿斯旺大坝都对所在地的河流环境造成不可逆转的灾难性后果。因此,工程技术人员在进行工程活动特别是改变地质面貌或自然状态的大型工程活动时,一定要站在考虑整个地球生态的高度,利用可持续发展的观点来决策、实施和建设工程项目,而不能只考虑局部和小团体的利益,只考虑眼前利益。这是工程技术人员和决策者的社会责任。

近年来的大型工程活动加剧了我国资源短缺的情况,就以水、土地、矿产等与工程活动关系最紧密的资源来说。我国目前的水资源情况就不容乐观,我国人均水资源占有量是世界的 1/6。这些宝贵的水资源却没有得到很好的利用与保护,2003 年我国万元 GDP 用水量为 465 立方米,是世界平均水平的 4 倍;农业灌溉用水有效利用系数为 0.4—0.5,发达国家为 0.7—0.8;全

国工业万元增加值用水量为 218 立方米,是发达国家的 5—10 倍。①

为改变水资源的自然分布状况,新中国成立以来,我国建坝 30 413 座。但仅 90 年代中期以来,我国就垮坝 235 座,平均每年垮坝 19 座多。② 近年来关于水坝工程的存废之争十分激烈,因为水坝工程作为典型的人化自然,集中地体现了人改善自身安全条件和生存质量的人道主义努力。各种水利工程的兴建满足了现代经济、社会发展对水资源的需求,现代水利工程往往还兼有防洪、发电、航运、休闲等功能。今天,几十万座大小水坝矗立在全球大小河流的干支流上,作为现代水利工程的核心设施,为我们的生活和生产活动提供着水、电力和运输的便利。对水利工程的认识应该在健康的语境中,从工程哲学的角度来辨析水坝工程的是非曲直。早期最著名的建坝争议案例当属 20 世纪初叶美国赫奇峡谷水库引发的长达 7 年的声势浩大的辩论。在权衡环境和社会利益得失后,美国国会专门委员会通过了水库提案,经罗斯福总统批准兴建。坚决支持该工程的另一位环境保护运动先驱,美国首任林务局长吉福德·平肖提出"明智利用"原则,他认为人类保护自然资源的终极目的和价值基础是"为最大多数人谋取最长久的最大利益"(Gifford Pinchot's Principle,"the greatest good of the greatest number in the long run"),这一原则成为传统环境保护阵营资源保护主义的经典指南,也成为可持续发展理论的早期思想基础。③

目前,我国仍处在前现代化阶段,不可照单全收深层生态学的后现代主张,只能基于"以最小的生态代价换取最大经济发展"这个包括水坝在内的一切工程建设应遵守的衡量标准,持续改进水利水电技术,采取各种工程和非工程的措施,重点解决好移民和生态问题,将建坝的种种负面影响降至最低。

耕地是维系人类生存和发展的重要的自然资源,耕地是土地的精华,也是生产我们生活必需品的基地。耕地的数量和质量,不仅影响经济的发展,还威胁人类的生存。土地资源已出现土壤退化、荒漠化、侵蚀、盐碱化和水涝、沙化,工业垃圾污染、生活垃圾污染严重地侵吞了良田等现象;森林覆盖

---

① 李虎军:《海水淡化缓解中国水危机?》相关资料,《比开源更重要的是节流》,《南方周末》2004 年 6 月 24 日。
② 徐刚:"大坝上的中国",凤凰卫视《世纪大讲堂》2007 年 6 月 24 日。
③ 林初学:"关于水坝工程建设争议的思辨",殷瑞玉等:《工程与哲学》,北京理工大学出版社 2007 年版,第 91—92 页。

率锐减:20世纪50年代全球森林覆盖率约为25%,80年代为20%,2000年为16%。

新中国的人口60年来由6亿增长到13亿,而可居住的土地由于水土流失从600多万平方公里减少到300多万平方公里。① 内地近年来的圈地运动愈演愈烈,从1996年10月底到2004年10月底,中国整整减少了1.5亿亩耕地,超过国家耕地总量的5%。圈地热来自房地产热的持续升温,巨额利润的诱惑不仅使得中国的耕地面积大幅减少,也让无数农民流离失所。

改革开放二十多年,中国工业化突飞猛进。从1990年到2001年,中国石油消费增长100%,天然气增长92%,钢增长143%,铜增长189%,铝增长380%,锌增长311%,10种有色金属增长276%。这样的消耗速度,迅速消耗了国内大量的资源。中国人口占世界21%,但石油储量仅占世界1.8%,天然气占0.7%,铁矿石不足9%,铜矿不足5%,锌土矿不足2%。到2010年,我国的石油对外依存度将达到57%,铜将达到70%,铝将达到80%。我国的国内资源再也难以支撑传统工业文明的持续增长和发展。45种主要矿产15年后将剩下6种,5年后60%以上的石油依赖进口。

国家认识到工程在保护环境和建设节约型社会中的关键地位,并开始在这方面努力。如国家发改委启动规划提出的包括建筑节能在内的十大重点节能工程,并对实施工作进行具体部署,通过实施十大重点节能工程,"十一五"期间将实现节约2.4亿吨标准煤的节能目标,这十项节能工程中间,建筑节能节约能源的总数将达到40%。国家也通过制定关于环境保护的法律和法规引导和约束人们的行为,建设部在2005年4月公布了《公共建筑节能设计标准》,2005年11月公布了《民用建筑节能管理规定》。

工程科技界专家、学者也在进行努力,为促进环境友好型、资源节约型社会的建设,由上百名院士、专家参加的课题组经过反复论证,建议有关部门实施农业节水与高效利用工程、水污染治理和污水资源化工程等17项工程。这17项重大节约工程和其中的关键技术项目如果完成并得到实施,到2020年,我国可节能5.5亿吨标准煤;提供4.5亿吨标准煤的可再生能源;改造中低产田3亿亩;节水600亿立方米;节约有色金属资源2 000万吨;城镇建筑面积总量控制在300亿平方米,将节约大量能源资源。

---

① 《文摘周报》2005年5月24日。

（二）工程活动对环境、生态的影响

工程在给人类社会创造财富，提升生产力水平的同时，也可能破坏我们与其他生物共同生存的地球生态。工程的规模越大，影响范围也就越广，涉及的领域也就越复杂，工程对环境的影响也就越严重。比如一些大型工程项目会破坏动植物的生存环境，影响生物物种的多样性，在工程施工过程中会释放出大量的废气、排放废水、倾倒废渣等，给大气、水和环境带来严重的污染。工程建设还会大量占用土地，给原住民和农业带来损失。

工业革命时期，英国大规模应用矿产资源和能源，使劳动生产率大幅上升。但大量的工业废水、废渣倾倒入泰晤士河，使其很快成为一条没有任何生物的死河，而恢复泰晤士河的生态则花费了无数的资金和130多年漫长的时间。

化石能源的大规模应用推动了运输行业的快速发展，促进了工业生产和社会文明的进步，但是化石能源通常要通过燃烧才能将其中蕴藏的化学能转变成热能加以利用。而燃烧过程产生的对生物生存有害的气体和大量的二氧化碳会严重影响地球生态。温室效应、厄尔尼诺现象、酸雨、光化学烟雾等等都与化石能源的大规模应用有关。氟利昂的发明使得食物保鲜、生物医药制剂的保存、人类自由地隔绝酷热成为可能。但是氟利昂泄漏进入大气层破坏臭氧层，造成南极臭氧层空洞也是对生态的极大破坏。大量的太阳紫外线不加臭氧层过滤直接进入地球，使皮肤癌、白内障患者大量增加。

我国数量巨大的小造纸厂、小化肥厂、土炼油厂、制革厂在给当地的经济带来繁荣的同时也排放了大量的夹杂着有害物质的废水进入河流，有害废气排入大气，使当地及其下游河流水质与地下水质严重污染，恶劣的空气质量严重影响到人和其他生物的健康生存，生态平衡被严重破坏。我们应该认识到推动人类社会进步的这些工程活动并不是一定或必然会带来对生态的负面影响。如果以可持续发展的观点全面地考虑问题，则可以利用科学技术的进步减轻甚至避免人类工程活动对地球生态的破坏。工业废水、废气、废渣经过净化处理达到一定的净化标准之后再排入环境中去，可极大地降低对生态的影响；尽量减少对化石能源的依赖，最大限度地采用可再生能源和清洁能源，如生物柴油、太阳能、氢能、水利能和原子能，可以大幅度降低二氧化碳的排放量；采用氟利昂的替代物作为制冷剂在技术上早已成为可能。

我国目前的废水排放总量为439.5亿吨，超过环境容量的82%。四川省的废水排放总达 22.8 亿吨/年,超过环境容量的 60%。1/3 的国土被酸雨污染,100 平方公里以上流域面积的 1 049 条河流中,70% 以上受到不同程度的污染。我国主要水系的 2/5 成为劣五类,3 亿多农村人口喝不到干净的水,一亿多城市居民呼吸不到清洁的空气,1 500 万人因此得支气管疾病和呼吸道癌症。我国单位 GDP 的能耗是日本的 7 倍,美国的 6 倍,印度的 2.8 倍;单位 GDP 的排污量则是发达国家平均水平的十几倍,劳动生产率却是人家的几十分之一。[1]

我国环境已经难以支撑当前这种高污染、高消耗、低效益的生产方式的持续扩张。据专家分析,要实现 2020 年 GDP 翻两番的经济发展目标,按照现有资源利用方式和污染物排放水平,经济社会发展对环境的影响将是现在的 4—5 倍;如果要保持现有环境质量,资源生产率(资源消耗的经济产出)就必须提高 4—5 倍;如果要实现经济发展目标的同时,要求环境质量有明显的改善,则资源及生产效率必须提高 8—10 倍。因此,降低资源的消耗,提高原材料的循环和利用水平,是资源效率与使用效率双提高的必然选择。

针对这种情况,中国政府已经提出建设资源节约型、环境友好型的生产和增长方式。工程师应当建立起资源意识和环境意识,这是指工程师应当能够正确认识人与自然、环境的辩证关系。包括清楚地认识人类活动对自然环境的影响,自然环境存在和演化的规律,人类只有尊重自然规律,才能使环境向着有利于人类的方向发展;清楚地认识到人类与自然界休戚相关,自然环境的良好状态,是人类持续发展的前提;认清工程师的职业活动对全人类、对子孙后代的道德责任。积极开发节能降耗的生产技术和产品,创新生产工艺和流程。

当然,所有这些能够维持可持续发展的措施都需要花费额外的金钱。在经济利益与社会效益和生态效益产生矛盾之时,正是考验工程技术人员的工程伦理和社会道德水平之处。社会和生态的可持续发展必须优先考虑,整个地球生态和全体人类社会的共同利益必须优先考虑,人类与其他生物的和谐共处必须优先考虑。这是工程技术人员和决策者的道德责任。

科学技术的进步促进了大量的发明创造,新合成物质、新设施层出不穷。一般来讲新的发明创造绝大多数是为了人类自身的利益而出现的,有些发明创造在短期可以明白无误地造福人类社会,但长远影响有时会遗祸子孙。例

---

[1] 童大焕:《在环境问题上我们需要大反省》,《南方周末》2005 年 10 月 20 日。

如农药化肥的发明和大规模应用杀死了害虫,提高了农作物的产量。但是食物上的农药残留会严重影响人身健康。内燃机的发明极大地提高了劳动生产率,但有害废气的排放造成的肺部疾病和哮喘发病人数每年数以百万计,肺癌与空气污染有非常直接的关系。原子能的和平利用使我们可以得到几乎取之不尽的能源,但是原子弹也可瞬间毁灭掉数以百万计人的生命。因此科学家和工程师在进行发明创造时不但要顾及眼前利益,还应该考虑到长远影响;不但要追求经济利益,还应该考虑环境影响;不但要惠及人类自身利益,还应该考虑地球生态的影响。人类健康都受到自身工程活动的影响,可持续发展当然无从谈起。

环境意识表现出对生命、对人类发展的真诚关怀,是工程伦理人道主义原则的重要内容之一。这一意识直接影响到国家环境政策、法规、科技政策的制定和贯彻执行,影响到社会的生活方式和价值目标,而这一切都将有力地影响到社会的工程建设和其他经济活动。而工程活动是人类最直接地利用自然资源,改变环境的活动,因此在工程活动中建立环境意识有十分重要的现实意义和实践意义。帮助工程决策者、设计者、管理者以及实施者建立自然意识、环境意识,树立起对社会、对人民、对子孙后代负责的道德意识是工程伦理学的一个重要任务。

三、工程与可持续发展观

在人类生活中,生产性活动对自然的影响远远大于消费性生存活动。因为,生产性活动是人类利用自然资源求生存的第一个环节。当然人们的消费观念和生活方式是生产性活动的最终动力,健康环保的生活方式是每个社会成员对人类未来负责的选择。但在目前情况下,改变生产性活动中的资源浪费、环境污染是扭转环境危机的最急迫最有效的途径。显然,人类不能通过不生产、不发展来解决问题,而是要通过科技手段来解决问题。工程技术人员是担当这一使命的主力军,在工程界,已经有不少有责任感的工程技术专家明确地提到这一点。

中国工程院院长徐匡迪先生在2004年上海召开的第二届世界工程师大会上就明确提出,可持续发展是工程师的职业责任。任何工程活动都受到一定思想观念的指导,可持续发展的工程观是工程师重要的职业道德内容,也是未来工程创新的方向。

傅志寰院士说："在工程活动中落实科学发展观，实现可持续发展，既要靠建设者的努力，也需要有力的外部支持和良好的环境。"

"要广泛深入地开展关于可持续发展和自主创新的教育，使广大群众特别是工程的决策者、建设者清醒地认识到我国资源相对匮乏、人均资源占有量较低、技术开发能力不强的现状，在全社会形成忧患意识，创造节约资源、保护环境及敢于创新、支持创新的良好氛围，并树立不能走高消耗、高污染的老路，必须走新型工业化道路的理念。

"要研究建立'绿色'GDP统计体系。资源消耗、环境污染要列入成本并由相应的企业承担，做到外部成本内部化。采用新的统计体系不但便于对财富增量进行分析，也便于看出工程活动对财富存量的影响，有利于干部考核的科学化。

"国家要在财政、税收、金融、外贸方面制定和完善支持节约资源、保护环境和技术创新的配套法律、法规、政策和技术标准，鼓励开发利用可再生能源，减少污染，发展循环经济。有条件的要作硬性规定。要利用好经济杠杆，提高稀缺资源的价格，以抑制消费。"①

在可持续发展观的引导下，尤其在国际环境运动的推动和环境公约的制约下，各国政府努力发展绿色经济，开发绿色技术。可持续发展的工程观成为这个时代工程技术创新的方向和热点，也创造出新的工程管理和生产管理模式，节能减排成了新经济的特点和经济效益的新增长点。目前，我们已经能够看到在农业与工业方面取得的成就，在这里，我们介绍几种可持续发展的思路，以丰富我们对可持续观念的理解，启发我们的思想。

可持续发展的农业是21世纪世界农业生产的主要模式。其基本特征是：在强调农业发展的同时，重视自然资源的合理开发利用和环境保护。可持续农业实现其持久发展主要依靠：农业生态技术，包括立体种养技术、物质循环利用技术、农村能源综合建设以及庭院经济开发利用技术。可持续发展的农业主要包括以下几种模式：

有机农业：减少或停止使用农用化学品；恢复传统的轮作、间作、休耕制度以维持地力；为作物提供有机型养分。

但是，有机农业存在许多问题：首先是农作物的害虫，它们直接影响农作物产量和质量。解决这个问题长期以来都是使用化学农药，农药的大量使用

---

① 傅志寰："树立正确的工程理念，落实科学发展观"，殷瑞钰等：《工程与哲学》，北京理工大学出版社2007年版，第27页。

破坏了自然的生态平衡,造成严重的果实污染,危及人类身体健康;同时还造成大面积土地污染和水源污染。同时,生物的多样性也受到严重威胁。我国单长江流域每年使用农药就达 70 余万吨。进入 20 世纪 70 年代,全球用于对付害虫的农药达 12 000 多种。到 20 世纪 90 年代,我国每年生产的农药品种约 200 种,加工制剂 500 多种,原药生产 40 万吨,居世界第二位。每年使用的农药达 3 亿公顷次。[①]

美国的一项发明告诉我们技术发明是推动绿色经济的有力武器。美国人发明了"抓虫机器人",抓虫机器人可在田间拉网式行走,用红外线定位寻找害虫,然后用机器手将虫捉进机器人身上的发酵罐,发酵后产生可燃气体,燃烧发电作为机器人动力。这样捉虫机器人就可以 24 小时全天候工作,却不需要消耗能源,对农作物和环境没有负面影响。另外,科学技术人员还用其他发明来代替化学农药,如生物灭虫、光灭虫、声波灭虫等等。

生态农业:生态农业是遵循动植物生长的客观规律,在洁净的土地上,用洁净的生产方式生产洁净的食品,提高人们的健康水平,促进农业的可持续发展。生态农业反对以违背动植物生长规律的不健康的方法从事农业生产。例如,以揠苗助长的方式,给农作物施以各种激素、催红素、化肥;违反动物蛋白生产的规律,使用各种有害健康的技术手段。

生态农业是用各种生态原理驾驭农业生产,以达到物质的自我循环和能量的自足。如初级生产者提供农作物,二级生产者提供家畜、家禽、鱼类,其消费者是人,分解者是微生物。不少科技工作者致力于这项有意义的工作,最近,在印度又传来生物动力的农业技术实验。总之,这是新技术的方向。

持久农业:其伦理基础是"够用原则",对应于刺激高消费的"饭桶原则",只生产够用的农产品,控制人口和消费的增长。

减少奢侈消费是一个需要推行的概念。例如,近些年来对羊绒的需求激剧增加,尤其在中国。全世界羊绒年产量为 14 000—15 000 吨,而中国就约为 10 000 吨,占世界总量的 70%。中国羊绒的 40%来自内蒙。中国畜牧业的发育程度远不及澳大利亚、新西兰。羊绒是动物纤维中最优秀的一种,一只山羊年产毛绒 50—80 克,山羊对草场的破坏相当于绵羊的 20 倍。内蒙全区牲畜存栏数超过 7 000 万个羊单位,而整个自治区草场的理论载畜量只有 4 000 多万个羊单位,超载率超过 30%。20 世纪末草原超载又增加了 31%。

---

① http://www.jgny.net/nong/2002.asp?id=2855.

中国年加工羊绒能力在2 000万件以上,占世界总量的2/3以上。中国年出口羊绒衫1 000万件左右,全国羊绒加工企业达2 600多家。

需求的增加,出口创汇的需求,带来草原生产压力加大和环境、生态的恶劣。黄河第一县玛多县,八万人口,地广人稀,水草丰美,人均收入榜上有名。政府为进一步提高人均收入,加大开发资源力度。凡愿来此生财者,可圈地纳税;三年人口增至几十万,养牛、羊数翻几十番,地不堪其用,仅仅三年变成为不宜居住地区。

生态工业:各国都在探索生态工业的路子,虽然还不能明确它们的具体形态,但它们至少应该包含这些内容:废料资源化;物质循环封闭化(回收的过程尽力保持物质性能);产品和经济活动的非物质化(有的消费需要可以以服务替代物质消耗。例如,也许你不是需要一趟飞行,而是需要一个电话或电子邮件);能源节用与无公害;生态能源的开发;能源脱碳化等。

提高资源利用效率,减少生产过程的资源和能源消耗,这是提高经济效益的重要基础,也是污染排放减量化的前提。在德国,由于推进了清洁生产,在GDP增长两倍多的情况下,主要污染物减少了近75%,收到了经济效益和环境效益"双赢"的结果。

延长和拓宽生产技术链,将污染尽可能地在生产企业内进行处理,减少生产过程的污染排放。1997年日本通产省产业结构协会提出《循环型经济构想》,2010年发展循环经济将使日本新的环境保护产业创造近37万亿日元产值,提供1 400万个就业机会。2000年德国废物循环利用率约为50%,废物回收利用年产值约400亿欧元,就业人数24万,成为德国经济新的增长点和扩大就业的新动力。

对生产和生活用过的废旧产品进行全面回收,可以重复利用的废弃物通过技术处理进行无限次的循环利用,这将最大限度地减少初次资源的开采,最大限度地利用不可再生资源,最大限度地减少造成污染的废弃物的排放。1981年,丹麦政府规定啤酒和软饮料只有使用"可重复使用的包装"才可上市出售。丹麦联合酿酒公司99%的瓶子得到回收,有些瓶子重复使用达30多次。2002年,宝马德国公司国内汽车回收处理再利用的部件已达到99%。2000年,世界一些国家的废钢回收率,德国为80%,荷兰为78%,奥地利为75%,美国为67%,而中国仅达20%。

对生产企业无法处理的废弃物集中回收、处理,扩大环保产业和资源再

生产业的规模,扩大就业。

泸天化(集团)有限公司和四川天华股份有限公司从改进工艺、技术入手,对氨氮冷凝液进行回收利用,实现清洁生产。

宜宾天原股份有限公司在污染治理工作中不断创新,发明了专利技术,使自产的电石渣 100% 综合利用生产水泥,同时改进了 ADC 发泡剂生产工艺,采用了先进的生产技术,从源头控制氨氮污染物的产生,既提高了资源利用率,降低了成本,又解决了污染问题。

安县银河建化公司研究出了专利技术,实现对自产铬渣 100% 回收利用,成为国家唯一一家成功无害化处理铬渣企业。

循环经济:循环经济的目标是① 无害化:针对垃圾和垃圾处理的各种危害,作无害处理;② 减量化:减少污水、废气和固体污染物的数量就是减少危害;③ 资源化:垃圾是放错的资源,垃圾的资源化是循环经济的最高境界,是其追求的根本目标。

案例

EU(欧盟)成员国的垃圾处理

从 2005 年起,EU 要求各成员国垃圾填埋物中有机垃圾的总量不得超过 5%,垃圾填埋场必须进行严格的防渗处理,符合严格的规范和标准。德国、日本实行垃圾分类制度,一周之中只有规定的时间能扔有机垃圾。

根据 EU 生物燃料目标,到 2005 年,生物燃料要达到能源总供给量的 2%,2010 年要达到 5.75%,到 2020 年替代化石燃料的能源总供给量将达到 20%。目前生物制氢、有机物产沼、生物质焚烧等生物燃料技术在 EU 各国得到了迅速发展和应用。

早在 20 世纪 70 年代,厌氧产沼技术在中国南方部分地区就得到了蓬勃发展和普及,80 年代初全国各类沼气池已超过 800 万个,但其主要目的仅在于解决农村生活用能问题,并未从国家能源战略和可持续发展的高度予以重视。

法国 1994 年,建造了满足 50 万人垃圾排放(400 t/d)的垃圾分选中心,将室内分类收集的垃圾进一步分成 11 种不同种类的物品,将其送至各回收工厂。有机再生中心将生物废物(厨房及庭院垃圾)堆肥后用于农业;将可腐有机废物进行厌氧产沼发电,每年可发电 15 000 Mwh。法国 Line 市政当局调整了废弃物管理政策,禁止垃圾填埋,代之以"少扔、多选、工艺更先进",最大限度地回收和利用所有废弃物的城市废弃物综合治理的新政策。

在瑞典,目前已有 200 余座厌氧产沼工厂,其中 60% 来源于城市污水污泥(sewage sludge)的厌氧产沼,30% 来源于可腐有机物和垃圾填埋场产沼,所产沼气或是用于发电或是经提纯后并入气体管网,用作机动车的动力燃料等。

瑞典生物燃料的使用率已超过 50%,成为世界工业化国家使用生物燃料比例最高的国家。瑞典是第一个在国内全部公交车采用生物酒精做燃料的国家,第一个使用沼气为客运火车动力的国家,世界首部废气零排放环保车的生产者。瑞典成为拥有世界最先进的新能源技术的国家之一。在 2020 年前,将成为第一个摆脱石油依赖的发达国家。①

在比利时,一座日处理 400 吨混装垃圾的综合处理厂,将垃圾中的 30% (100 t/d) 的可腐有机物经分选、破碎、筛分后,用于厌氧产沼,获得的 16 万 Nm^3 沼气($CH_4 > 55\%$)用于驱动一台 500 KW 沼气发电机,生产 700 Mwh/年的电能和提供堆肥高温消毒($>70℃$)与中温发酵的热量。垃圾厂还将分选出的 50% 的可燃物制成衍生燃料(RDF)用于水泥厂燃料,到 2005 年这些 RDF 还将以 5 欧元/吨的价格出口到瑞典,做生物质燃料发电厂的燃料,有机垃圾厌氧消化后的残余物,再经 2—3 周的好氧堆肥腐熟后制成腐殖土。在比利时类似的垃圾综合处理厂还将建造 4—5 座。

EU 的要求与途径

目前,EU 各国沼气生产的基本途径:

一是回收和利用已关闭的垃圾填埋场产生的沼气发电或提纯上网;

二是根据联合国气候变化框架公约《京都议定书》中对发达国家温室气体减排的要求,以及 EU 各国的能源战略建造可腐有机废物厌氧消化产沼系统(包括污水污泥、可腐有机物、食品加工残余物、人畜粪便、庭院垃圾等);

三是建造生物质发电厂(可燃垃圾,森林木材,植物根、茎、叶等的焚烧)。

---

① 唐勇林:《瑞典如何占领绿色经济高地》,《南方周末》2009 年 4 月。

作业：阅读与思考

1. 课外阅读：利用课程提供的网址，上网查询相关资料，拓展以下概念：

A. 绿色文明：从人与自然关系的角度，人们把近代以前以农耕为主的活动及其对自然环境的冲击称作"黄色文明"；把近代的工业活动以及它所造成的自然环境破坏称作"黑色文明"；今天，拯救地球、恢复生态平衡以拯救人类命运的绿色浪潮正在世界范围内兴起，人们的目标是创造人与自然和谐发展的"绿色文明"。

B. 绿色运动：1962年《寂静的春天》出版，成为环境伦理最初的启蒙教育读物；1972年6月，联合国"人类环境会议"发布《只有一个地球》报告，这份由58个国家的152位专家组成的通讯顾问委员会撰写的人类环境报告成为"环境时代"的起点。1991年，中国政府指出"要在调整人和自然关系的若干重大领域，特别是人口控制、环境保护、资源能源的保护和合理开发利用方面取得扎实成果"；1994年中国政府制定了《中国21世纪议程——中国21世纪人口、环境发展的白皮书》等政策性文件。

C. 绿色产业、绿色产品：如今，绿色食品、生态时装、绿色汽车、生态房屋、生态礼品、生态列车、生态旅游正在成为一种新的时尚。绿色产业才是最有竞争力的朝阳产业，绿色产品才是符合时代潮流的最有市场的产品。它现实地表明保护自然环境不仅不是经济活动的包袱，还能够促进经济的发展。

D. 绿色GNP：联合国统计办公室已提出一种将环境和资源因素包括在内的反映国民经济水平的国际标准系统，它要求将自然资本和环境退化造成的经济损失从正常情况的国民生产总结中扣除，从而得出经济生态学校正了的净国民生产总值NDP。这是一个重要突破，它引导人们在经济发展中建立环境意识，关注并保护环境。"发展是硬道理不等于GNP是硬道理"。

2. 思考为什么我们要建设资源节约型、环境友好型社会？工程师在构建节约型社会中能做什么？学习案例"可再生的资源"，分组设计生活中节能减污的技术小发明，或设计实施一项校园环保活动。两周后进行交流。

案例

可再生的资源[1]

德韦恩·布雷杰(Dwayne Breger),拉菲特学院的一位土木与环境工程师,邀请工程学、生物学以及环境科学专业的大学三四年级学生加入一个跨学科的团队来从事一个项目,这个项目利用拉菲特大学的农田来做一些有益于大学的事。12名学生被选出来研究这个项目:土木与环境工程、机械工程、化学工程和工程艺术学专业各两位,此外,生物学专业三位,地质学和环境地球科学专业一位。这些学生辅修过诸如经济和商务、环境科学、化学、行政和法律等领域的课程。该项目很有前途,它设计一块燃料作物农田,以便为校园蒸汽锅炉提供一种可再生的替代性能源。

这可以说是一个服务性的学习项目。德韦恩·布雷杰认为,这类项目能为学生提供很好的机会,让他们积极地融入实际工作之中,为探索可持续地利用能源的方式做出贡献。当然,还有其他许多类型的实用性合作项目可让学生参与。讨论这类合作项目对于学生了解工程设计实践的伦理维度做出了怎样的贡献。

---

[1] 案例49,〔美〕查尔斯·E.哈里斯、迈克尔·S.普里查德、迈克尔·J.雷宾斯著,丛杭青、沈琪等译:《工程伦理——概念和案例》,北京理工大学出版社2006年版,第261—262页。

第十一讲 工程目标与手段的伦理价值分析

一、价值选择的游戏

游戏设计:有一艘航船在海上遇险,很快就要沉没。船上载有12人,但只有一艘至多能乘坐6人的救生艇。

这12个人分别是:72岁的医生、患绝症的小女孩、船长、妓女、精通航海的劳改犯、弱智的男孩、青年模范工人、天主教神父、贪污的国家干部、企业经理、新近暴发的个体户、你自己。

请选出上救生艇逃生的6个人;说明你选择的方法;说明选择的标准。

游戏分析:你的选择可能会凭借以下这些原则:生命价值原则、救助的有效性原则、功利主义原则、自我优先原则、妇女儿童优先原则、实用主义原则、公平原则、道德主义原则。

在这些复杂的原则中,有层次的差异,例如:生命价值原则是最高的原则,而自我优先原则、妇女儿童优先原则则是部分包含在生命价值原则中的。这些原则之间也有性质的差异;例如:功利主义原则、公平原则带有工具价值色彩,而生命价值原则等则更多表现为实体价值。

道德选择的特征:道德价值具有多重性、复杂性;道德选择依赖于道德价值判断;道德价值判断与社会其他价值判断密切联系。

良好的行为判断需要各种科学技术知识的支撑,更需要人文哲学知识、人类社会进化的历史知识的支撑。社会文明进步的先知先觉者往往代表着社会发展的方向,苏格拉底、卢梭、尼采、圣雄甘地、马丁·路德·金、弗洛伊德、爱因斯坦、雷切尔·卡逊都是这样的代表。这就是未来的工程师为什么还应该学习哲学、学习伦理学等人文社会科学知识的原因。心理学家荣格有句名言:"文化的最后成果是人格",工程伦理就是要将科学精神和人文关怀人格化。不然未来的工程师即使掌握着现代工程知识在工程实践中也不足以应对复杂的工程伦理问题。

二、工程价值冲突的选择难题

在现实生活中,工程活动常常处于多种价值冲突的境地。这让任何在这种矛盾境地中的工程技术人员都很难做出选择。但任何负有工程责任的工程技术人员又不能逃避做出选择。因此,对工程活动中复杂的价值境况进行分析是工程伦理学要作的基础工作。

在工程活动中,错综复杂的利益关系本来就不是单一价值原则能处理的。这些社会利益关系还具有不确定的性质,有时它们一致的一面是主要性质,有时矛盾的一面又是主要的性质。例如人类利益与国家、民族利益,国家利益与特定文化的道德信念等都可能存在一致性与矛盾性。过去我们常常强调其利益与价值一致性的一面,而忽略其矛盾性的一面。例如:

1. 在战争状态中的价值冲突:对实施种族灭绝的法西斯主义,你选择反叛还是作帮凶;曼哈顿工程应该不应该实施?从国家主义的立场说,从反法西斯阵营的立场说,人类和平的立场说,都可能得到不同的理解。

2. 和平建设中的利益冲突:发展私人汽车与能源、环境保护的矛盾;拉动内需刺激消费与节约资源减少污染的矛盾。美国保持着较高的经济水平,在为民众保持较高的物质生活水平和为全球环境改善承担责任中,奥巴马以前的美国,其选择显然与全世界拯救地球的目标不一致。

3. 推动经济快速增长与文物保护、文化建设之间的矛盾。大规模的城市改造、大型工程的建设来不及考虑历史文物的保护,以致工程在创造物质财富的同时,快速地摧毁了历史遗迹;在工程设计中,技术因素与人文因素的矛盾。

4. 降低工程成本、节约开支与工程质量和公共安全之间的矛盾,与工程建设中劳动安全条件提供所形成的矛盾;工程利益与保障基本人权之间的矛盾;降低成本与开发技术、改进设备、降耗节能之间的矛盾。

5. 工程创新价值、经济价值的追求与社会责任、公共福利之间的矛盾(多数情况之下二者应该是统一的);履行工程师职业道德与工程管理制度以及社会大环境之间的矛盾冲突。

6. 工程技术创新、推动理论进步与谨慎运用科技成果之间的矛盾。科技成果的运用是有风险的,但我们往往只对创新发明的直接目标进行有效性

论证与实验,却不关注它的其他影响,甚至是负面影响。

7. 国家政治、军事要求与技术条件之间的矛盾;上级指派的任务与个人道德信仰之间的矛盾;社会潜规则、个人名利与公共安全、职业道德之间的矛盾时;熟人朋友交情与公司利益之间的矛盾。

案例

"大跃进"大炼钢铁

1958年8月17日,中共中央在北戴河召开政治局扩大会议,通过《全党全民为生产1 070万吨钢而奋斗》的决议,在全国掀起轰轰烈烈的全民大炼钢铁运动。经突击蛮干,1958年12月19日宣布,提前12天完成钢产量翻番任务,钢产量为1 108万吨,生铁产量为1 369万吨。实际上合格的钢只有800万吨,所炼300多万吨土钢、416万吨土铁根本不能用。估计炼钢铁在全国约损失200亿元。全民大炼钢铁运动造成人力、物力、财力的极大浪费,严重削弱了农业,冲击了轻工业和其他事业,造成国民经济比例失调,严重影响了人民生活,挫伤了群众的积极性。① 面对声势浩大的运动,科技工作者还能保持理智客观的态度吗,还能坚持科学立场吗?

三、工程价值分析的两个切入点

为了更清晰有效地分析工程的价值选择,我们可将复杂的工程价值问题分成两个大的层面,一是工程的目标价值,一是工程的技术手段价值。前面我们分析的主要是目标价值,它多从利益相关者的角度分析,第二个层面的价值则主要是技术手段运用的价值。

任何一项工程的决策规划与实施,首先都要从实际出发,确立一个解决具体经济或是社会问题的实际目标。对工程目标进行道德审视的相对困难就在于工程目标不可能是单一、单纯的。工程目标受到一定社会一定时期的现实需要左右,也受到当时的生产力水平、技术水平的制约,受到国际、国内

---

① http://baike.baidu.com/view/126015.htm.

政治经济背景的制约。工程目标的实现过程,既是技术活动、管理活动的过程,也是经济活动、资源合理配置的过程。诸多的经济、社会、政治背景、管理手段、技术运用等因素参与其中,反过来也使工程活动设立的目标受制其中。这样,工程目标的确立就有可能受限于特定的经济、社会条件,不能不更多地考虑实际的狭隘的短期效益,而忽视以人为本的基本价值目标和社会发展的平等、公正规则。或者,工程目标本身的合理性和道德性也可能会因为某些社会因素的不支持或条件不具备而难以实现或产生扭曲。因此,在满足特定的相对短期的经济目标和考虑现实条件的情况下,工程还必须考虑社会整体的长远的环境与生态的安全、工程的社会公共安全、社会公平、平衡发展等社会目标和价值。

将目标的价值问题与技术手段的价值问题加以区分,主要便于认清纯粹技术方式和手段的局限。

工程活动的目标,无论是其经济的、社会的还是技术进步意义上的,我们都要求它的终极目标是造福人类,为人类社会的发展带来福祉。尽管每项具体的工程活动都可能受到具体的经济的、文化的、社会的影响,但其价值核心应该建立在保护人类福祉,或者至少是在不伤害人类的根本利益的基础上。而工程技术手段的运用是保障这一目标实现的重要支撑。因此,工程活动也就不同于一般的生产性活动,其技术创新与运用的特点十分鲜明。

但是人类的技术发明是不断地满足发展需要的过程,它始终有它的局限,前面我们也提到科技的可错性问题。这种可错性是由科学发现与技术发明的客观规律决定的。同时,技术应用的某些负面影响,有时还需要相当长的时间才能表现出来,如技术对环境、生态的影响;有时则需要某些条件的出现,才能表现出来。所以,对技术运用的全面认识是比较困难的。因此,在工程活动中技术的应用始终存在巨大的风险。

案例

DDT 的发明与应用

DDT 又叫滴滴涕,化学名为双对氯苯基三氯乙烷,为白色晶体,不溶于水,溶于煤油,可制成乳剂,是有效的杀虫剂。DDT 的发明为 20 世纪上半叶防止农业病虫害,减轻疟疾伤寒等蚊蝇传播的疾病危害做出了不小的贡献。

但在20世纪60年代科学家们发现滴滴涕在自然环境中非常难降解，DDT的有毒人造有机物易溶于人体脂肪，并可在动物脂肪内蓄积。DDT已被证实会扰乱生物的荷尔蒙分泌，2001年的《流行病学》杂志提到，科学家通过抽查24名16到28岁墨西哥男子的血样，首次证实了人体内DDT水平升高会导致精子数目减少。除此以外，新生儿的早产和初生时体重的增加也和DDT有某种联系，已有的医学研究还表明了它对人类的肝脏功能和形态有影响，并有明显的致癌性能。科学家甚至在南极企鹅的血液中也检测出滴滴涕，鸟类体内含滴滴涕会导致产软壳蛋而不能孵化，尤其是处于食物链顶极的食肉鸟如美国国鸟白头海雕几乎因此而灭绝。

1962年，美国科学家卡逊在其著作《寂静的春天》中怀疑，DDT进入食物链，是导致一些食肉和食鱼的鸟接近灭绝的主要原因。因此从70年代后滴滴涕逐渐被世界各国明令禁止生产和使用。然而直到今天，DDT并没有寿终正寝，许多发展中国家还在使用它，使用目的是杀灭病虫害，如今南非、埃塞俄比亚等国都在广泛使用DDT以抗御疟疾，而疟疾每年造成100万人死亡。DDT现在仍然大有市场，它"大小是一个角儿"，这一点，连联合国环境规划署（UNEP）也不得不承认。联合国的统计表明，如果不使用DDT灭蚊，疟疾每30秒钟就会夺去一名非洲儿童的生命。疟疾不仅是非洲人健康和生命的大敌，也阻碍了经济的发展。

对于非洲和亚洲一些国家的人们来说，还存在着DDT无毒或对健康与环境无损的看法，在南非，人们在屋檐下和土屋内喷洒DDT，而且也只在蚊子抵抗力最弱的8至10月份。喷洒时工人会穿上防护服。所以南非人认为联合国把DDT与其他11种POPs列为禁用物是太过分了。但联合国环境规划署认为，大量事实证明每年由人类释放到环境中的污染物中，持久性有机污染物的毒性是最大的。全球应当寻找替代DDT的控制疟疾的药物，避免再继续使用DDT。

于是，滴滴涕成为世界环境保护事业的催生婆。

这是一个典型的技术运用的案例，它的目标是不容怀疑的，为人类粮食增产和疾病控制所作的贡献也是巨大的。但是，技术上的双重性、负面影响的有害性已经让我们不可能以利弊大小来权衡。它对环境的破坏、对人类持续生存的威胁、对人类健康的伤害，已经危害到人类福祉的基本内容，所以，不可能让社会选择继续使用它。在这里我们可以从目标或手段的角度分析工程活动和技术运用的集体化伦理价值。

工程技术运用的这些特点显然又与工程造福人类的初衷相悖,于是工程技术的运用有其符合自身特点的管理方式,以此来避免技术运用导致的社会伤害。但这些管理制度会让工程技术人员的工作更像"戴着枷锁的舞蹈"。但是我们却认为这是必要的。

四、工程伦理评价的相关问题

(一)工程评价的一个基本哲学认识

目的与手段是伦理学的一对重要的基本范畴,目的是行为的预期,手段是行为预期付诸于实现的中介,是实现目的所采用的途径、方法、技术选择等。在对某项具体行为进行道德评价时,目的与手段的道德性质对行为的是非善恶、价值大小起着非常重要的作用。在伦理学研究中,关于这个问题有几种不同的观点。

1. 目的决定论

目的决定论认为评价行为的善恶是非,只需要看其最终目的是否是为人类福祉的,是否符合主流的道德要求。至于为了达到这样的目的而采取何种的实施手段,其手段的优劣好坏,都无关紧要。举一个简单的例子,某人为了帮助一位在路上晕倒的人,在呼叫120的同时,扶病人站立,欲要前往医院。而正是因为他扶病人站立的动作使病人最终不治而死。这种情况往往能得到人们的理解,并评价为"善"行。

但是,目的论常常会遇到的质疑不仅是最终的善果没能实现,而且,我们往往还很难认定目的的"善"。例如,班级为了增强班级同学的集体荣誉感,从而增进凝聚力,决定申请先进班集体荣誉。于是在经过班委们的集体商量后决定通过隐瞒班集缺点、谎报情况、修改班级同学成绩等手段来争取荣誉。假设最终班级拿到了这份荣誉,试问班级所采取的手段是否能得到称赞呢?同时,我们会发现目的的"善"也遭到质疑。

2. 手段决定论

这种观点认为某个行为的道德性质主要由其当前采用的手段决定。它强调人的行为的自主与自觉性,强调手段对结果的决定性意义,要求人们对行为的方式和手段运用负责。列宁的一句"手段的卑鄙意味着目的的卑鄙",成为这个观点有力的说词。很显然的是这种观点忽略了人的认识局限

性,也忽略了人的行为能力的局限。在现实生活中,有许多事情人们是无法料定情况,也无法完全控制事情的发展,控制行为的结果。以这种方式去评价人们的行为选择无疑是缺乏说服力的。

目的论和手段论都存在认识上的偏差。在伦理学的视野中,对任何一个事物或者行为进行道德的评价,都需要综合地考虑目的与手段的道德属性。而不应该片面地强调目的的重要而采用卑劣的手段;或者只顾及手段的善意而不顾实际地任其目的不能实现。在改革开放初期,我们提出效率优先,兼顾公平的经济、社会发展价值观,由此引发了一些损害个人或某些社会群体利益,破坏社会公正的现象,引发了一些社会矛盾。政府认识到这个问题,提出建设"和谐"社会的价值目标。"和谐"社会建设在伦理学上至少有一个要点是更好地实现社会"公正"。这就是伦理学讲的追求目标与手段的统一,而不是以牺牲某些社会群体或少数人的利益为手段去追求社会发展的目标。

(二)工程目标与手段的关系

1. 工程目标与技术手段选择的一致性

实质上,目标和手段是可以达到和谐的统一的。首先,目的作为行为的预期结果,它贯穿并统帅整个行为过程,它要求行为过程采取与目的相一致的道德手段。从这个意义上讲,目的决定着手段。另一方,手段也决定着目的。手段的道德属性,会影响目标的道德性质。同时,手段是否有效也影响着目标能否得以实现。实质上,手段的道德性部分地体现了目的的道德性,手段的有效性也就影响着目标的现实性。因此,对某个行为的道德评价应将其目的和手段结合起来,务必做到二者的统一。

案例

美国为了从阿拉斯加东北部的普拉德在湾油田每天运出200万桶原油到美国本土,必须研究出合理的输油方案。该油田地处北极圈内,最低气温达到零下50摄氏度,海湾长期冰封,陆地常年冰冻。工程师最初提出了两个方案:一是由海路每天用四五艘超级油轮运输。但要用破冰船开路,加上海上风暴等因素,海路运输很不安全;同时,在起点和终点都需要建大油库,耗资也大。二是由陆路用加温管道运输。但由于沿途要建立许多加温站,而加温又需供应燃料,管理复杂。且在冻土内加温,冻土使油管变形会导致断裂,所以油管须有底架支撑,这使它的成本比普通管道高出三倍。在经过一段时间的研究讨论后,第三种方案被提了出来,即把海水浓缩到含盐量为10%—20%后加入原油中,以降低原油在低温下的黏性,即可用普通油管输送。一个如此理想的方案刚刚提出,另一个方案被熟悉石油生成和变化规律的工程师马登和胡克提出,即将天然气转换为甲醇以后再加到原油中,以降低原油的熔点(凝固点),增加流动性,可使用普通管道输送而无需往返运送浓缩海水,也无需另外铺设天然气管道。第四个方案比第三个方案的费用节省一半多,并且更安全,更易于管理。我们对工程目标与手段进行综合分析,首先考察其经济效应,此项工程因为节省巨额开支而获得更大的经济利益,这有利于社会的经济发展与人民利益的增进,符合工程伦理造福社会的道德原则。同时,这一工程手段的选择体现出工程人员积极的安全意识、社会意识和环境意识。这一设计思想突破了达到目的必须付出代价的观念,反而是坚信技术有能力尽可能避免代价。采取了避免人员、船只与环境所面临的危险的运输方式,这也就有利于生产的组织管理。可见积极创新,不断努力地学习,提高职业能力是一个合格工程师的必备的品质。这是一个运用技术手段成功实现工程目标的例子,它表现出目标与手段的内在一致性。

2. 工程目标与手段的不一致

实际上,工程目标与工程手段不一致的情况也大量存在,并且这些情况相对较多。这主要有两个方面的原因:一是人类对于工程手段认识与运用的局限。不可否认,技术的发展具有阶段性,这种阶段性来自于人们对科学技术的认识是渐进的,不断发展的。在工程活动中,人类对工程手段的认识和开发也是有局限的,呈阶段性的发展。人类的工程活动会因为工程手段、技术的发展水平不够高而影响到目标的善性。我们知道中国历史上,秦始皇修建的长城与兵马俑成为世界文明史上的伟大工程。但是在当时的生产力水平条件下,在那么短的时间内举国大兴工程,在当时的生产技术水平下,只能以民众难以承担之负载为代价,在历史上留下了孟姜女控诉的残暴的工程管理教训。更多的研究表明,泰坦尼克号的沉没,与当时的炼钢技术有很大的关系。尽管生产泰坦尼克号船板的钢材符合了当时的技术要求。但用现代技术手段检测却发现,沉船钢板的脆性非常强而韧性不足,这也就是泰坦尼克号可能由于小小的碰撞而导致船体断裂,酿

成巨大灾难的原因。

二是因为工程师狭隘的观念造成目标与手段不一致的价值矛盾。工程师作为社会的人,不可避免地受到本民族、本国文化传统的影响。世界银行扶贫项目组曾在非洲某国进行牧业的扶贫工程。来自发达国家的工程师认为本国圈养的方式是最先进、成本最低和符合保护生态、资源充分利用观念的。于是,该项目组在扶贫手段上选择了发达国家认为合理的方式。然而扶贫项目后期监测评估却表明,该种做法没有起到好的效果,反而导致当地牧民产生懒惰、不思进取行为等后果,集中圈养带来的污染不能得到处理,当地民众对项目不满意等问题。这个项目在某种程度上的失败可能正是由于工程师的价值观念的局限所致,他们不能很好地尊重当地的文化和生活习惯。包括国内的部分西部项目,说是支援西部开发,实则是污染企业的西部转移。如此怎么能达到带动西部发展的目的,怎么能实现共同富裕的善良目标。

(三) 伦理分析视角下的工程目标与工程手段

1. 手段的卑鄙意味着目的的卑鄙

为了发展经济,造福人民,国家拨了巨额款项设立工程项目。在市场竞争机制的刺激下,各施工设计单位凭借自己的技术实力争取项目,但也有不少施工单位仅仅把工程建设作为自己利益获得的机会,只在争取项目上下工夫,而在管理、设计、技术的使用与创新、用料等方面尽可能地降低要求以求赢利。降低成本的含义被解释为使用劣质材料,使用技术差、设备差的廉价施工队伍。这样目标与手段也达到了一致,不过是用卑劣的手段达到获取私利的卑劣目标。我们清楚地知道,手段作为工具,具有工具的使用价值,也具有工具的道德价值。这种手段带着它的不道德的特性普遍地使用,毫无疑问会败坏我们的社会风气。为什么欺上瞒下、篡改数据的情况到处都有?为什么名不副实的种种假冒伪劣不绝于世?为什么各种形式的欺诈作伪行为屡禁不止?这就是作为工具的手段所具有的获取利益普适性。这种情况十分严重,已不亚于刮浮夸风的时代,而今天大家却如同当年不能觉悟一样,见惯不惊地视之为理所当然,更重要的是它已经成为风气,它把道德变得可笑。

2. 不能以目标的德性代替手段的德性

案例

眼科医生的选择

1999年4月30日,中央电视台《新闻调查》节目追踪调查了一则新闻。北京医院的眼科医生高博士为做眼角膜移植手术,在未与死者家属商量获准的情况下,私自摘取死人的眼球,代之以假眼球。为此死者家属状告高博士。北京医院眼科主任向全国眼科协会紧急求援,希望给高博士以保护。于是五位身兼全国人大代表的资深眼科专家联名向司法部门建议让高博士免于刑事追究。其中一位专家在接受电视采访时说,如果法院对这位高博士进行有罪裁定,那么这个社会的文明程度将退回到野蛮的中世纪。

我们注意到深受专家意见影响的记者在采访中带有明显的倾向性,记者不惜千里迢迢采访接受眼角膜移植手术的一位外地患者,也采访了另一位北京患者。采访的主题是,在治疗过程中,医生本人有没有接受病人的红包,医院收费是否合理,医生的手术是否与其收入或其他利益有关。调查证明医生与医院没有谋取任何非分之利。换句话说,他们只不过是在实行救死扶伤的人道主义,是在履行自己的神圣职责。对医生的职业道德感情深怀理解与同情的记者却遇到了理直气壮的另一方,被偷摘了眼球的死者家属不能容忍高博士的这一侵权行为,采访的后半段记者的道德情感显然发生混乱。难道可以为了支援灾区这样善良的目的而去抢银行吗?这就是我们说的目标的德性与手段的德性是否必然一致的问题,是否可以因为目标的合理取代手段的合理。

事实上,手段的不合理也部分地意味着目标的不合理。在这个例子中,高博士对逝者及其家属采用的是偷窃的行为方式,这一非法侵权行为一定有它不道德不合理的行为目的,这一不合理表现在他对人的不公平的对待,并且这一行为方式为有目的的罪恶行为提供了榜样。在这种手段运用的缝隙中,为器官犯罪的滋生留下了巨大的空间。高医生救治两个眼疾患者无疑是善的,但他采用了侵犯另一方权利的方式。每个人有因疾病而得到医治的权利,也有对自己身体的处置权,即使是犯罪之人也有处置自己身体的权利,我

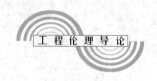

们不能为了一些人的身体健康而用偷窃、欺骗以及其他不道德的方式去获得其他人的器官,尽管在这一事例中的"人"只是一具死尸,但他对自己的身体是有处置权的,如果他放弃这一权力,他的家属有处置权。文明发展至今日,社会道德当然鼓励人们能够捐献有用的器官和躯体以便死后造福于其他患者和贡献于医学,以解除他人的疾患痛苦,为人类科学的发展作贡献。但我们不能以侵害他人权利的方式来解决人们目前还保留着的传统信仰和观念与这一文明要求间的矛盾问题,更不能以不道德也不合法的方式来解决器官来源不足的问题,就像我们不能以抢劫富豪之家、抢劫银行的方法来解决穷困和社会分配不均的问题一样,不能以盗版、偷窃别人的科技成果来提升自己的科技水平和生产力水平,不能以战争的方法来解决国际争端一样。

3. 不能以手段篡改目标

中央电视台的另一则直接涉及患者人权的报道,也让人怀疑医方行为方式的真实目的。浙江医大为一位名叫佳妮的学生做眼外科手术,在家长签字的手术单上写的是为左斜的右眼开刀,但事实上开的却是正常的左眼。医生和院方认为他们的手术没有错,因为主刀医生凭刚刚看到的一本《眼科大全》上的新观点,认为主刀眼的选择应该在非主病眼上更好。因此,医生临时作了变动。事实上这位医生是在没有充分的医学论证并形成常规医疗手段的情况下,用佳妮的眼睛很随意地为这一观点做了一个验证,并且是在病人及家属不知情的情况下进行的。这毫无疑问是对病人知情权、身体处置权的严重侵犯。术后佳妮两个眼睛的视力都比术前下降,就这样院方还坚持认为他们的手术是成功的,其理由是恢复需要时间。院方一面坚持说他们是正确的,一方面又掩盖事实,修改医疗记录和手术签字单。这就不能让人相信他们这样做是出于对科学探索的热忱,更不能让人相信他们是对患者负责的。显然医院的行为不仅违法侵权,还弄虚作假,十分不道德。手段的不道德让人不能不怀疑医生更改整个方案的目标指向的道德合理性,让人怀疑院方行为的随意性和实验性。

这种以手段篡改目标的事例在工程中并不少见,目标仅仅作为一个美丽的外壳存在。例如:每项工程在作项目论证时,总是能够充分显示其目标的合理、正当性。但是,在作技术选择的时候,经济利益、工程成本等次生价值往往会取代目标价值。三门峡水利工程方案讨论时,技术员温善章提出降低蓄水线以减少移民,减少工程损害。但是,他的意见没有被采纳。在铁路修建工程中,往往采取直线方案,不仅施工线路短,今后营运也更快捷。毫无疑问这是应当追求的工程的经济价值。但是,我们还必须了解,这一价值以什么为代价。如果以与目标同质的价值为代价,即以放弃最高目标价值追求次生经济价值为代价,篡改最高目标价值,工程的正当性就会受到质疑。比如,这条直线切割了村庄,避开了人流、物流交点,使这条铁路的目标价值大减。最近对铁路提速的争论其实也是关于提速的真正目的的争论。在生活中这样的例子也有,例如在公共场所不允许抽烟,抽烟罚款。前者是目的,后者是达到目的的手段。但由于执法者注意到手段中的经济意义,而忘记了罚款是禁止在公共场所抽烟的手段,因此,在公共管理中变成了罚了款就可以抽烟,导致了许多违章行为只要交了钱就可以做,或者说行为的合理性与否就在于交了钱没有。这当然大大地歪曲了使用手段的目的,同时也误导人们理解公共管理的目标在于创收,误导人们趋向金钱万能。

拓展性学习与思考题

一、拓展性学习

读点西方哲学著作,读柏拉图、卢梭、尼采、弗洛伊德的书;读思想家圣雄甘地、马丁·路德·金的书;读达尔文、雷切尔·卡逊的书。

读点中国历史文化著作,读关于孔子、孟子、老子、庄子的书。

坚持读下去,同寝室的人可以互相交流。

二、思考题

1. 比较下列三个案例,分析国家利益与人类道德信念的矛盾性。

(1) 纳粹德国科学家进行"快速死亡法"实验,在纽伦堡审判中宣称他们的杀人实验是为祖国服务的爱国行为。

(2) 第二次世界大战中爱因斯坦等科学家鉴于纳粹德国掌握了"用铀引起连锁反应的能力"信息后,说服当时的罗斯福总统进行"曼哈顿计划"原子武器研究,战后,这些科学家们联名致信罗斯福,坚决反对进行原子弹实验。

(3) 原子弹之父奥本海默在原子弹成功爆炸实验后对"自己干了魔鬼所干的事"悔恨不已。由于其坚决反对氢弹研制,被指控"对国家不忠"。

2. 作为未来的工程师,你怎样确定你的职业目标?

第十二讲　工程师的责任

一、国际社会重要工程协会的工程师职业道德章程

（一）国际民用工程师协会制定的十四条规范

1. 忠实于公共利益、健康与安全；
2. 正直；
3. 对雇主忠诚；
4. 不要损害职业声誉；
5. 不要为其他个人或机构游说或接受他人或机构的游说；
6. 坚持公共性；
7. 避免利益冲突，不接受贿赂；
8. 公平竞争；
9. 尊重其他国家的法规或习俗；
10. 力戒违法乱纪行为；
11. 不可取代已任命的工程师；
12. 不因代理人支付报酬而当中介人；
13. 有责任对他人进行工程教育；
14. 支持专业的继续发展。①

---

① James Armstrong, Ross Dixon, Simom Robinsom. *The decision makers: ethics for engineers*. London: Thomas Teford, 1999 年 4 月 6 日。转引自殷瑞玉等：《工程与哲学》，北京理工大学出版社 2007 年版，第 146 页。

(二) IEEE CODE OF ETHICS

We, the members of the IEEE, in recognition of the importance of our technologies in affecting the quality of life throughout the world and in accepting a personal obligation to our profession, its members and the communities we serve, do hereby commit ourselves to the highest ethical and professional conduct and agree:

1. to accept responsibility in making decisions consistent with the safety, health and welfare of the public, and to disclose promptly factors that might endanger the public or the environment;

2. to avoid real or perceived conflicts of interest whenever possible, and to disclose them to affected parties when they do exist;

3. to be honest and realistic in stating claims or estimates based on available data;

4. to reject bribery in all its forms;

5. to improve the understanding of technology, its appropriate application, and potential consequences;

6. to maintain and improve our technical competence and to undertake technological tasks for others only if qualified by training or experience, or after full disclosure of pertinent limitations;

7. to seek, accept, and offer honest criticism of technical work, to acknowledge and correct errors, and to credit properly the contributions of others;

8. to treat fairly all persons regardless of such factors as race, religion, gender, disability, age, or national origin;

9. to avoid injuring others, their property, reputation, or employment by false or malicious action;

10. to assist colleagues and co-workers in their professional development and to support them in following this code of ethics. [①]

(Approved by the IEEE Board of Directors／February 2006)

---

① http://www.ieee.org/portal/cms_docs/about/CoE_poster.pdf.

(三)香港工程师学会章程(节选)

香港工程师学会会长陈清泉教授献辞

身为香港工程师学会会长,我很高兴借着《管理有道——专业工程师实务指引》一书顺利如期出版的机会献辞。这一切都是本学会持续专业进修事务委员会和廉政公署辖下香港道德发展中心共同努力的成果。

工程师是运用科技的专家,但与此同时亦要对本身的职能负责。新的千禧年代来临,当我们进入科技的更高领域,工程师亦需要负起更大的责任。专业本身意味着道德责任,原因是社会极为依重工程师发挥其专业技能,从而获得重要的服务。香港工程师学会的行为守则清楚表明专业工程师的四大责任:(1) 对专业负责,(2) 对同事负责,(3) 对雇主或客户负责,(4) 对公众负责。

符合资格的基本要求

大多数专业协会和技术团体基于自律目的,都要求会员按照道德守则手册列明的准则奉行道德作业。如工程师未能符合守则,可能被有关专业团体撤销或暂停其注册资格。而工程师一旦丧失上述资格,可能被禁参与若干工程项目,尤其是政府出资的项目。

香港工程师学会关于良好专业操守的准则

为确保工程专业的最优质表现和维持社会人士的信心,香港工程师学会已订立行为守则,作为专业工程师恰当行为的基础。行为守则规定的四项工程师基本道德责任附列如下:

第一条守则　对专业负责

学会成员须维护专业的尊严、地位和声誉。

第二条守则　对同事负责

学会成员不得恶意或鲁莽地直接或间接损害或意图损害另一位工程师的专业声誉,并须促进专业的共同进步。

第三条守则　对雇主或客户负责

学会成员须根据商业诚信的最高标准,不偏不倚地如实向雇主或客户履行职责。

第四条守则　对公众负责

学会成员向雇主履行职责时,不管是任何时间,都必须以大众的利益为大前提,尤其是关于社会环境、福利、健康和安全方面。虽然有关守则并非我们应该或不应该做什么事情的完全规范,但它为专业工程师提供了所需的重要提示。工程师可从中获得指引,知道如何处理工作上常见的法律和道德问题。①

(四) 台湾"中国工程师学会""中国工程师信条"

壹、工程师对社会的责任
守法奉献:恪遵法令规章、保障公共安全、增进民众福祉
尊重自然:维护生态平衡、珍惜天然资源、保存文化资产
贰、工程师对专业的责任
敬业守分:发挥专业知能、严守职业本分、做好工程实务
创新精进:吸收科技新知、致力求精求进、提升产品质量
叁、工程师对业雇主的责任
真诚服务:竭尽才能智慧、提供最佳服务、达成工作目标
互信互利:建立相互信任、营造双赢共识、创造工程佳绩
肆、工程师对同僚的责任
分工合作:贯彻专长分工、注重协调合作、增进作业效率
承先启后:矢志自励互勉、传承技术经验、培养后进人才。②

(五) 日本机械学会伦理规则

本会会员通过对真理的探索和对未知领域的开拓挑战技术革新、支撑社会和人的活动,为工业和文明的发展而努力。并且,为提高和增进人类的安全、健康和福利,保护环境,希望最大限度地发挥其专业能力和技艺。

本会会员认识到科学技术对人类的环境和生存所带来的重大影响,作为技术专业履行其职务时,也明确认识到以自己的良心和良知进行自律的活动,对于科学技术的发展和其成果还原于社会是不可缺少的,为赢得社会的信任和尊敬,发誓遵守以下制定的伦理规则。

---

① "管理有道——专业工程师实务指引"(摘引), Gayle Sato Stodder, "Hunting – Who cares about socially responsible business practices? Seventy percent of consumers, that's who", 1998. http://www.hkie.org.hk/docs/downloads/membership/forms/Ethics_in_Practice_Chinese.pdf.

② http://www.cie.org.tw/cgi-bin/big5/hiweb/pu3101? q163 = &q168 = 20071009102459&q167 = &time = 10:21:37&qctrl = &q35 = &q1 = newsv2&q24 = &q22 = 3&q3 = &q4 = fu34&q25 = back.

纲领：

1. （作为技术者的责任） 会员通过有效发挥自己的专业知识、技术和经验，应该为促进人类的安全、健康和福利的提高与增进尽最大努力。

2. （对社会的责任） 会员通过对人类的可持续发展和确保社会秩序有益的自我判断，作为技术专业人员选择自己参与的计划和事业。

3. （自己的钻研和提高） 会员要始终致力于技术专业能力和技艺的提高，对有关科学技术的问题要始终从中立、客观的立场进行正直诚实的讨论，负责任地得出结论，像这样来进行不断的努力。通过这样以谋求技术者社会地位的提高。

4. （情报的公开） 会员要公开地积极地说明参与计划和事业的意义与作用，在预测评价它们对人类社会和环境所带来的影响和变化方面不懈努力，并注意中立地客观地将其结果进行公开。

5. （契约的遵守） 会员以专业职务的雇佣者或委托人诚实的受托者或代理人进行行动，按照契约负有保持所得知的职务情报机密的义务。这些情报中存在预计可能对人类社会和环境产生重大影响事项时，契约人之间要努力得到有关情报公开的谅解。

6. （与他人的关系） 会员要和他人相互合作以提高互相的能力和技艺，对专业职务上的批评要谦虚倾听，并以真诚的态度进行讨论，同时尊重作为他人业绩的知识成果和知识产权。

7. （确保公平性） 会员要考虑国际社会中他人文化的多样性，不以个人的生来属性无差别地公平地处理并尊重个人的自由和人格。

（1999 年 12 月 14 日评议会承认）

（六）关于工程道德的倡议（中日韩三国工程院院长圆桌会议）

自从 1997 年 11 月 12—13 日，在日本大阪，中国工程院、日本工程院和韩国工程院开始举行圆桌会议以来，为促进东亚工程技术的进步，三个工程院每年围绕一个主题举行会议并进行讨论，提出多项重要并符合实际的咨询意见，内容涉及区域性共同关心的许多工程技术问题。

为此目的，我们三个工程院于 2004 年 11 月 1 日在中国苏州召开的第八届中日韩（东亚）工程院圆桌会议上，达成如下意见。

一、新兴的工程技术，包括交通、通信、制造、生活保障、环境保护和信息处理等，通过工业发展、经济增长，提高了生活质量，也为社会带来了预料不到的机会和挑战。我们确信，亚洲工程师们通过开拓机遇、迎接挑战、改善社会生活质量，发挥了他们应有的作用。

二、工程师的工作对社会的影响是巨大的。现代工程技术是一个复杂的系统，具有很强的渗透力，涉及文化、社会、政治以及知识等方面，在我们生活的各个领域中明显并实际地存在着。为此，工程师们必须在涉及公众安全、健康和社会福祉方面，在各自的业务活动中凭良心行事。

三、我们相信，所有亚洲工程师应该做出保证，在他们的业务活动中，遵守高尚的道德标准，使得工程技术改善人们生活，为社会福祉做出贡献。

四、基于上述共同认识，我们推荐关于"亚洲工程师道德指导意见"，希望亚洲工程技术界，以此指导他们的成员，在开展各自的业务工作中，承担并遵循各种义务和道德标准。

签署：中国工程院院长　徐匡迪教授
日本工程院院长　希泽润一教授
韩国工程院院长　李基俊教授

二、工程师职业责任的内容

让我们简单回顾一下，前面八、九、十、十一讲中，我们提出了工程界的职业伦理以"工程造福人类"为基本原则，它包含两个大的层面，一是对待社会关系，包括：尊重生命、尊重每个人的基本人权、坚守平等原则、利用技术服务社会，增加人类福祉；二是对待人与自然的关系，坚守可持续发展的原则。包括：人类对自然的权利与义务，利用自然维护人类生存的权利；对自然给予补偿的义务，维护环境保护的公正性（全球和代际的公正）。这些原则给出了工程活动基本价值目标，在这里我们将着重讨论工程师的职业责任。它是工程价值目标在工程师职业活动中的具体要求。

（一）工程师为什么负有工程及工程社会效益的责任

对工程师应当承担的社会责任的认识是随着社会演变不断变化的。早些时候的认识更倾向于工程师的社会责任就是做好本职工作。例如，工程哲学家塞缪尔·佛洛曼就认为工程师的基本职责就是把工程干好。工程技术是实现工程目标的重要手段，工程只有技术上的先进和落后之分，没有技术选择的恰当与正当的道德问题。这种观点在工程界比较流行，它认为工程师

对技术应用没有道德责任可言，工程师只需关心技术问题，至于工程对社会、对公众有怎样的影响那不是工程师要关心的事，也不是工程师的责任。这种观点，既模糊了工程价值的社会来源与目的，又抹杀了工程活动客观存在的道德性。

科学技术的进步、现代工程的实施，大大改变了社会的面貌，也改变了社会的生产方式和人们的生活方式，甚至可以说它创造了新的文化。它将人从自然界的束缚与繁重的体力劳动中解放了出来，获得了有利于人个性发展的充裕时间和用于满足人的多方面需要的物质财富。据国外资料报道，工程师在企业成本降低中所起的作用是工人的6倍，他们是推动社会经济发展的重要力量。近两个世纪来，各类工程技术人员辛勤的工作使人类的居住、交通、生产、生活等各方面发生了翻天覆地的变化。他们的成果对社会的影响越大，对文化价值观的影响越大，对人类前景的影响越大，我们越是有理由要求它运行在人类的基本价值轨道上。越是投资巨大的工程项目，就越是与更广大的社会公众的切身利益密切相关，一旦发生危害，造成的财产损失和人员伤亡就越大，工程伦理就越是要求工程师承担职业责任。工程师给我们"创造"一个什么样的生存环境，将社会引导向何方，这是关系到每个人的切身利益的大事，也是我们普遍关注的大事。如果工程师没有高度的责任感，对自己的行为不加约束，就可能给社会、他人、环境带来重大的伤害。工程活动对社会和环境日益扩张的影响要求工程师打破技术眼光的局限，对工程活动的全面社会意义和长远社会影响建立自觉的社会责任意识。

可是，工程活动的风险不能通过限制科学研究和技术创新来避免，而必须依赖科学家和工程师强烈的社会责任感来预防，依靠社会对工程行为的职业道德规定来保障。这就是我们说的：工程活动的客观社会性质决定了工程师需要担负社会责任。而工程师的职业技术特点又决定了唯有他有能力预见技术风险。同时，工程师这一职业有相对独立的社会地位，形成了工程师共同体，作为科技的运用者工程师群体是一个能够承担，也应该承担工程社会责任的群体。航空工程的先驱者、美国加州理工学院冯·卡门教授有句名言："科学家研究已有的世界，工程师创造未有的世界"。现代工程活动使工程师扮演了一个极其重要的社会角色，工程师是现代工程活动的核心，是工程活动的设计者、管理者、实施者和监督者。工程师作为社会的一员，是受过高等教育与训练的精英分子，他们的工作对人类社会的责任也就由传统走向现代。

为此，我们还要从制度上作建设，以便工程师更好地承担职业责任。在制度建设上，我国和西方以及亚洲发达国家和地区还存在着很大的差距。我们希望在工程管理的完善和工程伦理的建设过程中，不断改善我们的制度环境。

（二）工程师职业责任的内容

处理好工程师与甲方顾主的关系是古老工程伦理对工程师道德要求的重要内容。英国18世纪末19世纪初对工程师的道德要求都集中在对顾主的忠诚上。因为，工程师的技术领域是一般人群难以介入的，因此，技术隔阂屏障了人们对工程师在职业行为中利益获取的正当性的判断依据，人们对工程师的服务无法进行专业评价。工程师这一职业要在社会上赢得良好的职业声誉全靠职业道德的维护。在当今中国，我们知道工程师职业道德是没有保障的，因此，当国人遇到不得不向工程师提出技术帮助的情况时，对工程师的职业忠诚一般不抱幻想。例如：在集资建房、房屋装修、汽车修理、计算机修理与配置等专业技术较强的个人活动中，人们不得不聘请专业人员。而遇到技术好、价格又公道的情况少之又少。这种局面对工程职业的这一市场服务开展而言是十分不利的，对工程师个人而言也是十分不利的。

工程师（engineer）在18世纪产业革命前后形成一种专门职业，那时对他的主要责任要求是忠诚于雇主和客户，带有较强的工具色彩。这是这一职业得以维系的起码要求。到了现代社会，随着工程技术发展到电子、信息时代，大规模的技术装备和复杂的技术被用于社会大生产，工程技术与社会经济、政治、文化、自然环境紧密相关成为时代的特征。对工程师的责任要求也就越高。工程师对专业的责任、对雇主和客户的责任、对公众（公共安全）的责任、对环境的责任都被提出来了。还有不少章程提及对同事的责任，这一责任更多地用于处理同行竞争关系和团队合作关系。

工程师需要承担比普通人更多的社会责任已经得到国际上很多国家的认同，很多国家和地区对工程师的社会责任做出了具体要求，美国工程教育学会（ASEE）于1999年发表声明强调：唯有新一代的工程师接受足够的处理伦理问题的训练，方足以在变迁中的世界承担作为一个负责任的科技代理人的工程师的角色，也唯有如此，工程师才能够在21世纪的专业工作中具有竞争力。美国《工程师的伦理规范》就规定：在履行自己的职责时，工程师应当把公众的安全、健康和福利放在首位；澳大利亚、德国等国家也有相关的规

定；东亚三国工程院院长在第八届"中日韩（东亚）工程院圆桌会议"上联合发出"关于工程道德的倡议"，希望工程师"在涉及公众安全、健康和福祉方面，在各自的业务活动中凭良心行事"，并要求工程师"在他们的业务活动中，遵守高的道德标准，以使工程技术对社会福祉做出贡献，改善人们的生活"。1999年，在匈牙利布达佩斯举行的世界科学大会上，与会代表一致认为，新世纪科学发展应该更加富有"人性"、更有责任感。也就是说，科学应该更自觉地为人类的利益服务，更好地满足人类发展的需求，为对付疾病和抵御自然灾害服务。2000年首届世界工程师大会由世界工程师组织联合会和联合国教科文组织发起在德国召开，确定以后每四年召开一次。2004年在中国上海召开第二次大会，大会主题是"工程师塑造可持续发展的未来"。来自58个国家和地区的3000多名工程师参加了大会，大会通过了《上海宣言——工程师与可持续的未来》。徐匡迪院长在工程师大会上讲：工程师的角色正在从"物质财富的创造者"转变到"可持续发展的实践者"。他说，如果一篇文章没写好，大家可以对其评论探讨；如果一个工程师设计的工程是错的，就有可能浪费资源，破坏生态，所以工程师应有更强的社会责任感。

　　进入工程大国的中国，对工程师社会责任的内容也在不断地更新。环境污染和资源短缺已经成为制约我国经济发展的重要障碍，所以国家领导人提出"科学发展观"、"资源节约型，环境友好型社会"的发展道路。我国能源利用率、矿产资源总回收率、工业用水重复利用率跟西方国家相比都有很大差距，所以节能技术的利用对节约型社会的建设有重要的意义，这是工程师不可推卸的责任。2002年中国科学大会在四川大学召开，会上中国科学院院士物理化学家张存浩作了"科学道德建设与科技工作者的责任"的专题发言。2004年6月，两院院士大会上，胡锦涛总书记强调要大力加强能源领域的科技进步和创新，提高我国资源特别是能源和水资源的使用效率，减少资源浪费，发展可再生资源，为建设节约型社会提供技术保证。这是对两院院士提出的要求和希望，也是对全国的工程师提出的要求和希望。中国工程院院士清华大学教授钱易指出，工程师是一个城市和国家的建筑者，在工程实践中应该以节约资源与能源为准则，不再破坏岌岌可危的生态环境，开发并应用环境友好技术，将废物变成可再生的资源。我国经济正处于高速发展的时期，工程师面临着严峻的挑战和难得的机遇：一方面要求工程技术在满足人们物质文化生活需求的同时，还要满足人们对保护生态环境的需要，走绿色化制造和循环经济的道路。

重视自己工作的社会影响,担负起科技工作者的社会责任,是今天越来越多的工程师的共识,作为社会的一分子应该关心人类的前途、命运和社会的发展,工程师因为比常人更深知工程对社会对他人的影响,所以他应承担更大的社会责任。具体表现在科技活动、工程活动的整个过程中。首先,在科研和工程项目的选择上。项目的选择通常要注意两个方面:一是科研价值与条件,二是社会价值和影响,这两个方面都包含道德因素。其次,在科技成果的运用上。科技是双刃剑,既可能给人类带来福祉,也可能给人类带来灾难,科技工作者应该做出正确的选择,在科技成果的作用不明确时,不能为了经济利益仓促投入生产。最后,科技工作者的社会责任还延伸科技活动之外,比如做好科普宣传和工程基本知识的宣传,为政府出谋划策等。

(三)为了让未来的工程师更好地承担社会责任,工程教育与工程界应该做好几件事

(1)提高工程师的专业技能。专业技能是提供服务的必要条件,努力提高自身的专业技能,是工程师所从事的职业对自身提出的客观要求。工程师决不能满足现状,必须终身不断学习,不断总结经验,提高自身的专业技术水平,锻炼自身的组织协调能力,防范由于专业技能不足可能给自身带来的风险。

(2)加强工程师职业道德教育。加强职业道德教育,提高从业人员的道德敏感和个人修养,树立正确的利益观和价值观,坚守"工程造福人类"的最高价值。施工安全和工程安全关系到每个人的切身利益,是人本思想的集中体现。任何时候都要坚持"质量第一、安全第一"的观点,严格按设计和工程质量验收规范进行检查验收,决不能因为个人利益牺牲国家利益和他人利益,更不能搞权钱交易。

(3)建立客观公正的责任评价机制。以往的管理模式缺乏有效的责任追究机制,一些工程人员为牟取个人利益编造假数据、假结论。责任评价机制要公开、公正、公平。

(4)建立健全工程法律法规。我们国家已经有很多相关的工程法律法规,但是有些已经不适应社会发展的需要,一方面我们应该制定相关的新法律法规,另一方面要修改那些不适应形势的旧的法律法规。

(5)建立道德监督机制。特别是加强公众的监督力度,广泛动员公众参与,使通过多种形式吸引公众参与,建言献策。公众参与可以让决策部门了解各方观点、意见,从而公平决策和科学决策,减少盲目和失误。

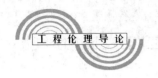

三、工程实践中的责任问题

科技应用及其工程活动是社会活动的组成部分,因而科学家、工程技术人员不可能再游离于社会价值之外。通常在我们这个社会中,对工程的社会价值评价存在两个角度的偏差。一是对工程目标评益不评弊,二是对工程影响的评价,评大不评小。重视收益而忽略损害,视其为必然代价;以"奉献"、"牺牲"论对待工程利益相关者,不考虑规避,不考虑赔偿。这些做法不仅有违"工程造福人类"的基本原则,也不利于社会的和谐安定。这也是目前我国因工程活动引发的最多最严重的社会矛盾之一。

对此,国际社会较多采用利益相关者分析方法,要求对为工程做出牺牲的利益相关者以公平对待。2004年我国宪法的两条重要修改都与保护公民合法权力相关,2008年又颁布了《物权法》,近年我国政府提出让人民群众共享改革开放的成果,都表明我们对工程利益相关者态度的转变。国家以法律的形式彰示的公民权利,工程师应该在工程活动中有意识地尊重并保护它。

目前,以利益为逻辑起点对工程责任分析,主要集中在工程收益的视角。这是所有工程都着力论证的视角,这一视角对扩大工程的积极意义起到很好的作用,也能很好地体现工程技术人员服务社会的职业责任。但是,以利益为逻辑起点的责任分析还集中在宏观层面、决策设计层面上,而对工程实践层面的具体利益损害的认识十分不足。虽然,宏观的赢利的层面的论证是必须的,也是通用的,但是这远远不能够解决当代工程所引发的问题。因为,任何工程都可能出现消极的影响,工程也应该为自己的损害后果承担责任,而这一责任视角的认识却极少。工程的负面影响既与工程造福社会的价值目标、与社会公正目标以及其他社会伦理价值相背离,也为社会的利益冲突埋下隐患。从工程的利益损害视角分析工程责任,剖析工程损害与工程责任的联系性,是为了更有效地避免工程的消极影响,尤其是为了减少工程活动中行为层面的实际损害,这将有助于工程责任的全面承担。

工程对部分人的利益损害,因为其方式、强度的不同,工程责任的大小、责任承担方式和工程责任主体也不同;有些损害具有极大的隐蔽性,使得认清责任十分困难。因此,将受工程影响的方式分为不同类型,有利于认识工程各方与工程损害的关系,从而帮助我们寻找到责任主体和负责的行为方式。

1. 持续影响与暂时影响。我们说工程是一种造物活动,这一活动一定是在特定的自然环境和社会环境中进行的,它自然会对环境产生正面影响或负面影响。工程的目的是希望对社会产生持续的正面影响,比如建大坝,我们希望它能持续地发挥灌溉、防洪和发电的积极功效。但是,任何工程都会让社会付出成本或代价,至少是经济的成本,建坝还会有社会成本,主要是移民。而这些影响有些是长期的,有些是短期的。工程有责任消除长期影响,减轻短期影响。仍以移民为例,工程移民安排一定要妥当,让移民能够适应新的生存环境,重新具有生存能力,而不是只能靠移民安置费过活。因此,社会现在呼吁的不是给移民"渔"或"鱼"的问题,而是要给他们继续生存的"水"。例如生态恢复,使之重新建立活性的生态系统。这些问题已经被大型工程重视,但它所体现出来的责任观念并没有普遍地被工程界接受,对"生存生态"的恢复更是被忽视。于是出现了这样的问题:一条铁路贯穿一个自然村落,永远地切断了生产、生活紧密联系的一个村庄的人们;一条高架公路与住宅楼擦肩而过,从此临路的居民永无宁日。浙江萧山区朱家塔村,被浙赣铁路一分为二。许多村民新建的小楼房距架高的铁路仅五六米远,其卧室与铁路高度相当,通车后,居民感觉火车是在屋顶上跑。为了降低成本不作任何隔离防护的路线上火车日夜在上面裸奔,震动、噪声、夜间行车的灯光、尘土严重影响到居民的生活和身心健康。穿越院落坝子的铁路还不时落下路基石,直接威胁着在院子里行走活动的村民。

这类问题的主要责任在现场勘测与工程设计上。在工程勘测中自然因素、地质因素被考虑得较多,工程勘测以技术实施的可能性为头等问题,而对以人的生存质量为代价,对工程受损方的利益考虑得不多。这就让我们自然地追问到他们对工程目标的认识,工程的真目的是造福社会,那它就会把避免损害作为与造福社会同等重要的责任。勘测技术人员就应该把部分人的利益作为问题提出,并计入成本。工程设计是直接落实工程方案的人,他是有同等责任的人。只要勘测方已经将这一问题提出,设计方就有责任提出避免影响或消除影响的方案。绕道避免影响是一种负责的设计方案,按工程标准远离住房,并修建隔离挡板阻隔噪声和尘土等污染源,防止路基石下落是一种负责的补救方法。浙赣铁路改造工程是在人口密度较大的区域进行的,沿线切断了人们生产生活的交通,为此工程共修建涵洞1 439座,新建桥梁109座,其中特大桥12座,大中桥86座,小桥11座,平均每650米就有一处

过路桥涵以恢复受影响人的交通,①这也是一种补救。当然勘测方和设计方的方案会受到投资方或者决策方的影响,甚至决定。所以我们不仅要讲责任,还要建立负责任的制度,给工程技术人员能够坚守职业道德的制度保障和履行责任的工作空间。但是他们不可以因为来自投资方或决策方的压力而放弃责任,其实任何负责任的行为都会有压力。

短期影响通常是因为施工造成的,因为工程施工相对于运营来说是短期的。对短期影响负责的态度是要把它减少到最低。例如,建立隔离墙以避免人们进入施工现场发生危险;施工占道阻塞交通,就应该建立临时通道;工程用料易扬沙尘,就要按规定覆盖或浇水;施工噪声大就应该在规定时间作业以免打扰居民休息等。有些短期影响会演变成长期影响,例如,带着泥沙的污水会堵塞城市排水系统,甚至带着水泥的污水还会在地下排水道中结成大的水泥块封闭下水系统,造成长期排水不畅,甚至造成城市泄洪隐患。这类责任主要在施工方,施工方对自己工作的性质、特点和所使用的材料应该有充分的认识与把握,国家也有相关的施工要求和标准,他们负责任的行为就是照章办事,并充分理解施工给人民群众带来的不便,以随时接受民众的意见改进工作方法。

2. 显性影响与隐性影响。在这一组工程影响形式中,显性影响容易判断,所以不是我们重点分析的内容,我们关注的是隐性影响。隐性影响是那些工程造成的环境改变,这种改变并不一定会立即造成损害,而当各种因素同时出现时,它就可能酿成大祸。例如,某城市高校,在修建人工湖的地段上发现旧河床,施工单位就地取用建校所需的沙石,一举两得地淘了沙,挖了湖。由于施工过程较长,遇到几次较大的降雨,形成积水潭,施工单位没有按规定造湖,顺势挖掘。由于湖底不平整,湖深距离差异很大,且有施工单位回填的坚硬的建筑废料,就在这个湖里几次夺人性命,成了公共安全的隐患。在这个案例中,直接责任人应当是施工方,监理验收方也要负失察之责。

这种因追求经济利益而心存侥幸地容忍隐患存在的事例在国际社会也能够见到。例如,9·11事件中倒塌的世界贸易中心大楼,让2 000多人死亡,我们当然要谴责恐怖分子。但事故后期的调查,让我们了解到世贸大楼的决策者和设计者在他们早期的设计中就发现,按1945年纽约市建筑条例要求设计的方案不能提供足够的出租空间维持大楼在经济上的收益。他们

---

① 浙赣线电气化提速改造工程环境影响报告书第三版。北京奥希斯环保技术有限责任公司,铁道第二勘察设计院。

修改了设计方案,放弃对楼梯井围建土石方或混凝土结构,这样当危情发生,消防人员不能进入高层,着火点之上楼层的人也无法从大火中逃生。而这一变通的设计方案得到了当时的纽约市的许可。① 这时政府就成了直接责任人之一。

还有一类隐性影响是需要时间才能显现出来,例如,三门峡水坝拦沙设计的生态影响。有些问题受制于当时的科学认识与技术手段的局限,但是,对于中国工程来说更多的则是政治经济的影响和工程责任的问题。

3. 直接影响与间接影响。对这组影响的认识重点在间接影响上,因为,间接影响与行为方的联系不直接不易确定与责任方的联系。对这种联系的分析需要普通公众难以掌握的技术知识,因此,它更依赖工程技术人员的职业责任心。另外它还涉及损害可能有多种原因,在多种因素中工程究竟起到了怎样的作用,工程应当承担怎样的责任等问题。例如,太中银(太原—中卫—银川)铁路的山西段,在汾阳有35公里长的线路,要穿过4个乡镇,35个行政村。汾阳市峪道河镇和栗家庄两个乡镇常年处于干旱缺水地区,人畜饮用水和农田灌溉用水主要依赖区域内的4口泉水——向阳峡山泉、上林舍泉、神头泉和宋家庄泉。汾阳吕梁山隧道工程2006年2月开工建设以来,这4口泉水水源多次发生断流和偏移,特别是向阳峡山泉和上林舍泉流量不断减少,到2006年11月,彻底干涸。峪道河神头泉的流量也从多年的平均每小时0.30立方米,减少到0.15立方米。其他小泉的流量也锐减趋势。导致峪道河镇李家庄村两个乡镇的19个村民组11 171口人和749口牲畜用水面临严重威胁,周边生态也出现了明显退化。地方政府与水利部门认为断水是由于开挖隧道造成岩土挤压的结果。事实上,太中银铁路建设项目上马时间仓促,工期要求紧,经常性地出现"边设计,边施工,边修改"的情况。设计前期的勘测工作因为经费不足,工程勘测比较简单,调查论证的深度不够,造成勘察的缜密性和科学性都不能达到要求。虽然设计单位了解到当地地质水文状况复杂,地下水系比较脆弱,但只是在设计图纸上标注了提请施工单位注意的提示,没有对施工单位提出更多的技术要求或在设计中采取技术防范。

2007年7月吕梁市领导协调小组将该问题的调查结果形成报告《关于尽快解决因太中银铁路隧洞建设导致泉水断流问题的函》,上报山西省发改

---

① 查尔斯·E.哈里斯等著,丛杭青等译:《工程伦理概念和案例》,北京理工大学出版社2006,第4版。

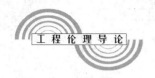

委和省水利厅,并转至太中银铁路有限责任公司。工程指挥长却不认同这个结论,认为该工程已经通过环评,断水是否因为施工引起尚不能确定。吃水问题迟迟不能解决,群众意见很大,已经出现了多次群众上访和拦阻施工车辆的事件。为保障群众利益和维护社会稳定,地方政府与施工单位达成共识,先搁下对责任的追求,由中铁十二局出资,汾阳市水利局采用管道抽取地下水的方式临时为群众解决用水问题。①

在这个案例中,施工对泉水断流的影响需要专业技术鉴定,简单地凭经验是不行的。另外,一个问题的出现可能是由多个原因造成的,2007年的下半年该地区出现少有的雨水较丰的情况,用水问题有一定程度的缓解,可见施工并不是唯一原因。再有,"边设计,边施工,边修改"的工程方式不科学不合理,不应该,如此这般设计勘测方,施工方都要替决策方承担责任。同时,监理方的压力也会更大。这都不利于责任的划分,也不利于责任的独立地承担。如果有一个清晰的调查结果,是能够找到责任方的,但是责任方会是一个责任关系较为复杂的群体。

4. 可避免影响与不可避免影响。可避免与不可避免是相对的,它既相对于当时的技术水平和认识能力,也相对于工程人的责任心。例如"豆腐渣"工程引起的损害是典型的疏于工程责任的损害,包括我们前面分析的几种工程损害在一定意义上,只要强化责任意识,规范制度都可以避免负面影响。但是,工程总是难免对少数人群产生影响,比如对于许多工程尤其是大型工程来说移民总是必需的;比如土木基建工程总是要在特定的空间中进行,总会或多或少地影响到自然的平衡;比如施工期间的运输和噪声污染会给施工范围内的人群带来不便和不良影响。对这类影响,在决策、设计和施工时就应考虑采取各种措施把影响降到最小。这类影响我们也能够期待技术进步和认识发展而变得可避免。例如,工程对生态的修复,例如采矿后熟土回填,将耕地还给农民,减少离乡离土的农民。即使对不可避免的影响,工程方也应该给予补偿,尤其是对涉及基本生存权利的影响一定要给予补偿。不能以少数人受法律保护的权利为牺牲,换取工程利益。全社会的公民都有权享受社会进步的成果应该成为我们的共识。

5. 可修复与不可修复的影响。工程不可修复的影响主要是就它已然地改变了自然状态,打破了自然平衡而言的。但随着时间的推移这些不平衡会

---

① 西南交通大学公共管理:《公共管理案例集(第一辑)》,2007年9月。

重新达成平衡,虽然有些工程要达到新的平衡需要经过漫长的甚至扩大损害的灾害期,如三门峡在一个相对时期内灾难在扩大,但它总会出现安静的平衡期。因此,就无限的时间来说,所有的影响都是相对可修复的。我们说不可修复是就灾害期内而言的。仍以三门峡为例,实施拦沙蓄水的工程方案仅一年多,库内就猛淤15.3亿吨泥沙,94%的来沙都淤在库内,潼关河床高程一下子抬高了4.31米,渭河形成拦门沙。回水和渭河洪水叠加,沿河两岸淹地25万亩,5 000人被水围困。① 虽然修复性的改建工程在1965年开工,打通左岸两条隧洞和利用4根钢管排沙。但仍未阻止1966年汛期带来的泥沙,渭河河床继续上升0.7米,继续淤沙20亿吨,渭河上延15.6公里。自然平衡一旦打破很难修复。这类问题的主要责任在于决策与设计,决策违背自然规律,硬要"黄河清";而设计又迎合这一决策,好大喜功地提出高坝设计。这类问题最有效地应该在决策与设计阶段杜绝,所以科学的发展观,实事求是的科学精神应该永远是工程决策者和设计者的职业责任态度。我们有时迷信效率,甚至认为唯此唯大,显然像这样的效率越高给社会带来的灾难就越大。效率只表明行事的有效性和功效的大小,并不体现行事的正当性和社会实体价值。

通过上述几组受工程影响类型的分析,我们知道只要工程各方认真履行职责很多影响是可以避免、减轻或得到补偿的。符合工程伦理精神的做法是:工程在造福社会的同时,也应该保障工程受影响人的利益,而不是要牺牲部分人的福利。只要工程各方认识到他们全面的社会责任,他们是可以真正做到工程造福社会的。

拓展性学习与思考作业

一、拓展性学习
1. 阅读美国、日本及其他发达国家各工程学会的伦理章程。
2. 网上观看案例:"花旗银行大厦"。
3. 提供所学专业履行社会责任的一个案例(最好是本国案例)。

二、思考作业
1. 从本讲中概括出三条以上工程师的职业道德责任。

---

① 潘家铮:《千秋功罪话水坝》,清华大学、暨南大学出版社2000年版,第122页。

第十三讲　责任与行动(教学实践课)

一、实践内容及要求

(一) 主题

1. 公共安全专题:突发事件下零号楼公共安全调查策划书。
2. 资源与环境专题:小发明"节能燃气灶"(案例)、节能灯的节能效能调研(课程实践)、健康环保的校园生活(学生作业)、创办校园环保网站(学生作业)、房屋照明设计、课本使用建议。
3. 社会公正专题:农村饮水安全问题;农村垃圾处理与公共卫生;三峡移民问题讨论;2008年(胶东)火车事故分析——铁路选线与移民。
4. 工程的经济与社会效率辩:火车该如何提速(效率与公平);城市交通应当优先发展公共交通还是私人汽车;新《劳动合同法》与资本流向的经济结果;彭州化工项目(经济与环境)。

(二) 难题求解

1. 自行车防盗设计。
2. 电瓶车制动与安全。
3. 民宅循环用水设计。
4. 学生宿舍水电管理。
5. 大学生教科书节用管理方式。
6. 西部地区农村散居的太阳能利用。

(三) 作业评价依据

1. 是否关注社会生活和工程实践；利用图书文献、网络资料发现工程伦理问题的能力。
2. 通过社会调查认识问题，并尝试提出解决问题的能力与有效性。
3. 组织起来对工程伦理问题进行干预，或者通过技术发明解决难题，评价干预方式、干预效果和发明效果。
4. 将工程伦理实践过程做成 PPT 或其他展示形式，在课堂上交流。可用演讲、PPT 演示、讨论等方式。

二、实践作业文本

实践作业文本（一）

突发事件下零号楼公共安全调查策划书

西南交通大学九里校区零号楼作为各学院集中办公和教学、实验的重地，每天都有大量师生和管理人员在此工作。而零号楼在使用过程中，各用房单位为扩大使用空间，对原建筑作过大量改建工作。目前的公共通道对紧急状态下的人员疏散能力如何？会不会存在公共安全隐患？为彻底了解这个问题，我们计划对零号楼在突发事件发生时的安全疏散能力进行测量。

一、调查内容

（一）该楼办公、授课情况统计

1. 各楼层办公数量、办公人员统计。
2. 各楼层教室数量、授课师生人数统计。
3. 各楼层实验室数量、日常试验人数、实验室消防安全情况。
4. 各楼层其他储物间数量及其用途。

（二）该楼安全通道布局

1. 教室、办公室、储物间改建后情况。
2. 楼层通道情况。
3. 建筑通风等情况。

4. 建筑材料。
5. 各楼层隐性消防隐患(在公共通道上设障碍物)。

(三) 该楼安全管理制度

1. 保安人员作息时间表。
2. 各楼层工作时间表。
3. 楼道栅栏封锁时间,是否存放其他物品等。
4. 消防设施检修周期。
5. 安全通道指示情况。

(四) 情景试验

1. 高层建筑底层发生火情。

被测数据:逃生时间。

2. 高层建筑中间发生火情。

被测数据:着火楼层下人员逃生时间、着火楼层上人员逃生办法。

3. 建筑高层火情。

被测数据:向上逃生阻碍因素及时间(录像链接)。

二、完成调研报告

四个组分别完成各自的调查,做出分析。

综合四个组的调查,分析数据与情况,得出结论。

撰写综合调研报告和改进建议意见。

三、提交报告,以求解决问题

向学校提交综合调研报告,并敦请学校改变现状,以消除公共安全隐患。

(注:该项活动的每一步骤都已完成,校方管理改进。2008年地震时该楼正在使用,未发生拥堵踩踏现象。)

实践作业文本(二)

小发明:"节能燃气灶"

重庆南岸区珊瑚实验小学五年级的学生曾德宇,在一次科学课上听教师讲火焰的知识:火焰分为三部分,外焰、内焰和焰心,其中外焰的温度最高,焰心的温度最低。曾德宇发现家中使用的燃气灶只能调节火焰大小,不能调节火焰高低。当火焰小时,外焰不能直接接触锅底,而当火焰大时,直接接触锅底的是内焰和焰心,这样就造成了燃气燃烧不充分(热能利用不充分),浪费了能源。他想到用杠杆原理,通过在灶心下连接杠杆来带动灶心的升降,达到让火焰接触锅底的目的。用曾德宇发明的节能灶烧水,比用普通灶快两分钟烧开。

2008年5月曾德宇向国家专利局申请了专利。他的这项发明获得第二十三届青少年科技创新大赛银奖。①

实践作业文本(三)

关于节能灯节能效能的调研
——以西南交通大学(九里校区)为例

西南交通大学公共管理学院节能灯调研组②

《北京青年报》曾进行专题报道说,钻木取火是人类照明的第一次革命,爱迪生发明的白炽灯被公认为第二次照明的革命。现在,环保、节能的半导体照明则标志着第三次照明革命的到来。伴随着照明技术的飞速发展,越来越多高效、环保、健康的节能灯被推向市场,走入我们的生活,造福于整个人类社会。然而,与节能灯的良好节能品质与人类可持续发展要求不相应的是,目前我国高校乃至中小学校的照明用灯还是以白炽灯为主。基于此,本文从多个层面,对节能灯的节能效能、推广使用节能灯的效应进行了理论分析并辅以实例佐证;同时,通过对西南交通大学(九里校区)全面使用节能灯节能效益的测算,从效能、效应和效益三方面论证了节能灯良好的节能效果、性价比、环境及社会效益等。最后,本文对节能灯在现阶段推广不利的原因进行了分析,并给出了几点建议,旨在全社会大力推广节能灯。

一、节能灯与白炽灯对比研究

目前,白炽灯仍是我国使用的主要照明产品,节能灯的使用率还很低。

---

① 记者汤寒锋、实习生叶石秀:"11岁小学生发明节能燃气灶",《重庆晚报》2008年8月6日。
② 本文为西南交通大学第二期大学生科研计划项目"节能灯节能效能的调研"的调研报告。该文发表在《公共管理探索》2008年第3期,西南交通大学出版社2008年版。

本节通过对比节能灯(即普通照明用俗称自镇流荧光灯)与白炽灯的技术参数,认识节能灯在未来发展中的竞争优势,为节能灯替代白炽灯的可能性提供理论依据。

节能灯与白炽灯在技术参数上的对比如表1所示:

表1 节能灯与白炽灯技术参数对比研究

光效(1 m/W)——节能灯光源发出的光通量与其消耗功率之比。光效值越高代表其节能效果越好。	节能灯的发光效率通常超过普通白炽灯泡6倍左右,即输出同样的光使用节能灯比白炽灯省电6倍。显示出良好的节能性。
显色指数(Ra)——表明当节能灯照射物体时,物体颜色的失真程度。显色指数越高,照射物体颜色越不易失真。	节能灯显色性较白炽灯宽很多,白炽灯的显色指数为100 Ra,节能灯的显色指数在51—100 Ra不等,可以根据实际需要选择显色性不同的节能灯。如在停车场、仓库等对显色性要求不高的场所,可以选择显色性在60左右的节能灯;在一般居住、一般工作环境、一般商场等场所可采用显色性在85左右的节能灯;在对显色性要求较高的场所,如百货商场、医院、美术馆等可采用显色性在95左右的节能灯。
色温(K)——在不同温度下呈现出的色彩	节能灯的色温较白炽灯多很多,白炽灯的色温为2 800 K,节能灯的色温为2 700—6 500 K不等,可以根据实际需要选择不同色温的节能灯。如需要暖色调的照明环境,可选择色温在3 000 K左右的节能灯;需要与自然光完美结合的场所,可选择色温在3 500—4 000 K的白色系列节能灯;需要与自然光相似,但又强调冷色调效果的场所,可选择色温在5 000—6 500 K的昼光色系列节能灯。
平均寿命(h)	以国家标准要求为例,节能灯的平均寿命为6 000 h以上,是普通白炽灯平均寿命的6倍以上。

表1通过节能灯与白炽灯的对比,从各种技术参数上分析了节能灯良好的节能照明效能、可供多元需求选择即广阔使用范围的良好使用品质。从节能灯技术上的优势来看,推广使用节能灯是明智的选择。①

通过实验室测定,表2以光效相当的一支40 W的白炽灯和一支9 W的节能灯为例,从实际运用的角度分析节能灯的节能效果:

---

① 表1资料数据来源为:温晓红:《崇尚绿色照明 促进节能灯应用》,《四川建筑》2003年第2期。

表2 白炽灯与节能灯功效对比

	白炽灯	节能灯
功率(W)	40	9
价格(元)	2	25
使用寿命(h)	1 000	6 000
电费(元/kWh)(按成都市居民用电电费计算)	0.5124	
按白炽灯寿命(1 000 h)计算的耗电量(kWh)	40W×1 000 h=40	9W×1 000 h=9
按节能灯寿命(6 000 h)计算的耗电量(kWh)	40W×6 000 h=240	9W×6 000 h=54
按白炽灯寿命计算的电费支出(元)	40 kWh×0.5124元=20.496	9 kWh×0.5124元=4.162
按节能灯寿命计算的电费支出(元)	240 W×0.5124元=122.976	54 W×0.5124元=27.67
按白炽灯寿命计算的费用总支出(元)	20.496元+2元=22.496元	4.162元+25元=29.162
按节能灯寿命计算的费用总支出(元)	122.976元+2×6元=134.976	27.67元+25元=52.67

由表2可以看出,从节能效益上无论如何计算,节能灯都大大优于白炽灯;但加上购买灯泡的费用,从总的使用效益看,只有按节能灯寿命计,即按较长的时间计算,节能灯才能显示出优势。因此,节能灯前期投入较大。虽然在一支白炽灯的使用寿命内没有收回成本,但是,在一支节能灯的使用寿命内可以节约大量开支。在节约能源同时,大大降低了排污量,有良好的社会效益和环境效益。因此,从长远效益来看,节能灯的综合社会效益显著,推广使用节能灯是明智的选择。

在安全性方面,有关资料表明:白炽灯含有较多的红外辐射,长时间高强度照射会损害人体的眼睛和皮肤,有害身体健康;而节能灯却可以避免紫外线和红外线辐射带来的伤害,许多高效节能灯,如LED灯,不仅改善了普通荧光灯特有的光闪烁问题,而且根本不产生光污染和光辐射。因此,从灯具使用的安全性考虑,推广使用节能灯是明智的选择。

二、使用节能灯成功实现照明节能的案例

节能灯良好的节能效能与效益,在照明改造工程中,已充分体现出来。

案例一 成都银河王朝大酒店照明改造工程

成都银河王朝大酒店节能灯改造工程,使用广东南海市华兴光电实业有限公司生产的"华登"牌节能灯近万只,总投资26.92万元,项目投资回收期为3.8个月,年节电103.4万kWh,折合417.7吨标煤,电费按(0.82元/kWh)计算,每年可节约电费84.78万元。减排CO_2 1088.1吨。

案例二 昆明钢铁集团公司照明改造工程

昆明钢铁集团公司是云南省第二用电大户,也是最大的生产照明用电大

户,该公司将13 000多只白炽灯换成节能灯,照明功率由整改前的1 032千瓦下降到235千瓦,综合节电率在70%以上,年节电110万度。

据报道:欧盟2007年的春季首脑会议已经达成协议,两年内将逐步用节能荧光灯代替能耗高的老式白炽灯,以减少温室气体排放。

三、西南交通大学(九里校区)全面使用节能灯的节能效益测算

为了对我校(九里校区)全面使用节能灯的节能效益做一个初步测算,我们在我校后勤集团物管公司的协助下,对我校(九里校区)照明用电情况做了实地调研,并专程采访了后勤集团水电中心的鄂主任及节能办公室的邓主任,使我们充分认识到,随着我校办学规模的不断扩大,耗电量巨大,用电紧张的问题日益突出。节能办公室邓主任说:"目前,我校(九里校区)正准备对照明电器有计划地进行改造。我校希望在科学发展观的指导下,身体力行,为国家节能做出应有的贡献,同时,为把我校建设成资源节约型、环境良好型校园而努力。"

根据调研我们了解到我校学生宿舍多用白炽灯照明,教室、办公室多用普通日光灯照明。因此,我们把我校照明用电分为宿舍区和教学办公区两部分,对其全面使用节能灯的节能效益分别进行测算。

1. 我校(九里校区)宿舍区全面使用节能灯的节能效益测算

我校共有宿舍楼16栋,其结构基本相同。以一栋宿舍楼为例,白炽灯的分布情况如表3所示:

表3 西南交通大学(九里校区)宿舍楼白炽灯分布情况

楼层	每层寝室数量(间)	每间寝室白炽灯数量(盏)	每间寝室白炽灯功率(W)	每层过道照明白炽灯数量(盏)	每层过道照明白炽灯功率(W)
6	44	2	40	10	60

资料表明,一只9 W的节能灯的照明效果相当于一盏40 W的白炽灯,一只13 W的节能灯的照明效果相当于一只60 W的白炽灯,一般情况下,节能灯接口与白炽灯相同,无需改装费用,可直接替代白炽灯。因此,我们就以9 W的节能灯代替40 W的白炽灯,13 W的节能灯代替60 W的白炽灯,对宿舍区公共照明(即不考虑学生个人使用的台灯数量)使用节能灯的节能效益进行测算如下:

每天假定照明时间:8小时

电费(成都地区学校学生用电收费标准):0.733 元/kWh

白炽灯年耗电量:986 726.4 kW + 168 129 kW = 1 154 855.4 kW

节能灯年耗电量:222 013.44 kW + 36 427.95 kW = 258 441.39 kW

使用白炽灯年电费支出:84.65 万元

使用节能灯年电费支出:18.94 万元

白炽灯一次性成本:1.5 元/盏

4 W 节能灯一次性成本:5 元/只

13 W 节能灯一次性成本:8 元/只

使用白炽灯年费用总(包括买灯泡)支出:86.06 万元

使用节能灯年费用总支出:23.93 万元

仅仅宿舍用电一年可节约费用:62.13 万元

由此可见,节能灯在全面替代白炽灯上具有相当大的优势(测算中还没有计入白炽灯多次更换所需的成本及人工费用,及其发热量较节能灯高而在夏季时必须额外付出的空调制冷费用)。

2. 我校(九里校区)教学办公区全面使用节能灯的节能效益测算

节能办邓主任告诉我们,我校正在对一种教室、办公室用 28 W 高效细管节能灯进行实地效能监测,希望用此灯代替目前我校使用的 40 W 普通日光灯。该节能光效与现用 40 W 普通日光灯相当,可以满足教室、办公室的照明需求,已通过3C 质量体系认证,并获得国家颁发的能效标签,平均寿命超过 8 000 小时。它相对于其他高效节能灯的优势在于:该节能灯照明无需使用镇流器,接口规格与现用 40 W 日光灯相同,可直接替换,大大减少了改装费用。

该节能灯生产厂家预与我校以合同能源管理模式(EPC-Energy Performance Contracting)进行合作。合同能源管理模式是指设备商先行投入设备、人力,帮助用户装设使用节电设备,再从节电效益中回收项目成本并进而赚取利润,其实质就是以减少的能源费用来支付节能项目全部成本的节能投资方式。合同规定,厂家前期免费投入该节能灯,并在五年之内对损坏的灯具免费进行维修、退换,年底厂家按照我校节能效益的 30% 收取费用。

如果我校使用合同能源管理模式推广使用此款 28 W 高效细管节能灯,其节能效益测算如下:

2006 年,我校日光灯照明电费总支出:100 万元

我校现用普通日光灯功率:40 W

使用节能灯一年的照明电费支出为:100 万元 × 28 W ÷ 40 W = 70 万元

使用节能灯一年节省照明电费支出为:100万元－70万元＝30万元
厂家收取费用:30万×30%＝9万元
学校节约费用:30万元－9万元＝21万元

通过我们以上两方面的初步测算可以看出,我校在全面推广使用节能灯后,一年内就可节约费用支出83.13万元,长远效益会更加可观。

节能灯在我校的推广使用,不仅可以给我校带来经济效益,而且可以保障我们的用眼健康。我校现用的普通日光灯管实际上并不是持续发光的,而是以比较高的频率闪烁,因为频率较高,人眼看起来是持续亮着而已,但这种闪烁实际上还是容易给眼睛带来疲劳,据医生讲,这是近视眼高发的原因之一。据资料报导,近年来我国学生近视眼患者居高不下,其中小学、初中和高中学生的近视率分别为20%、38%和70%,进入大学以后近视患者更呈上升趋势。推广使用高频节能灯,有效避免了普通日光灯对眼睛的伤害,是健康的选择。

我校节能办的邓主任告诉我们,目前,我校在观念节能、制度节能、管理节能、技术节能等方面做了许多工作。如在观念节能方面,号召全校师生增强节电意识,做到随手关灯、及时关闭暂不使用的电器设备、控制好空调设备的开启时间和温度等;在制度节能方面,我校于1月25号出台了2007年1号文件《我校水电用量定额管理》和2007年2号文件《我校空调用电定额管理》。一号文件对我校宿舍区水电用量采取定额的办法,超过定额用量的,自己出钱购买,没超过定额用量的,按节约的20%予以奖励。二号文件规定今年6月在全校范围内安装预付费电表,超过额定用电量将会自动断电。四川师范大学已经采取了此种方式,一年可节约电费50—60万元的支出;在管理节能方面,学校经常组织考察小组到有关高校学习取经,进一步完善管理制度,提高制度可操作性,加大对薄弱环节的查询监督力度,及时制止乱搭乱拉行为,塞堵漏洞,减少浪费;在技术节能方面,我校对某种红外线可控设备在我校机械馆进行监测试用,节能效率达40%。该设备可感受照明电器照明范围中的热源,若在照明范围内没有人使用照明电器,照明电器可被红外线设备自动关闭(目前还没有证实此种红外线对人体是否有伤害,因此还没有在全校范围内推广使用)。另外,我校还准备开发编程控制开关,以对照明电器照明情况随时监控。

最后,水电中心的鄂主任和节能办的邓主任都表示,我校今后会进一步做好节能工作,把节能成效落到实处。

四、推广使用节能灯的效应

推广使用节能灯是"中国绿色照明工程"和实施可持续发展战略的重要任务。国家经济贸易委员会和国家发展计划委员会2001年制定的《节约用电管理办法》第三章第十七条明确提出推广绿色照明技术、产品和节能型家用电器。节能灯的推广使用在节能降耗、保护环境、促进健康等方面具有巨大的效应。

1. 节电效应

照明耗电在总发电量中占有相当的比例,目前,我国照明耗电约占发电总量的12%。据统计,我国照明用电量每年已超过1 200亿kWh,超过三峡水电工程的年发电量840亿kWh。据专家估计,照明节能率至少可以达到20%,年节电费用可达700多亿。

2. 节约生产电力的能源耗费及资金投入

目前,我国电厂2/3为火力发电,其中3/4燃煤,每节约1 kWh的电能,就可以节约燃煤350—370 g。同时,还可以节约油、气、水力、原子能等生产电力的能源。据专家计算,如果在全国范围内推广使用12亿只节能灯,其节电效果相当于新建一个三峡工程,生产电力的资金投入也会大大降低。

3. 环保效应

在火力发电的情况下,不同的燃料每生产1 kWh电能,排放到空气中污染物的数量,详见表4:

表4　火力发电排放污染物统计表　　　　　　　　g/kWh

产生污染物	燃煤	燃油	燃气
SO_2	9	3.7	—
NO_x	4.4	1.5	2.4
CO_2	1 100	860	640

我们都知道,CO_2是导致全球变暖,形成大气"温室效应"的罪魁祸首;SO_2和NO_x导致酸雨的形成,使材料加速腐蚀,破坏土壤和水的质量,影响植物和水生生物的生长。人体长期处在一定浓度的SO_2和NO_x的空气中,会产生呼吸道和其他疾病。因此,节约电能,就等于减少大气污染,保护生态环境。

4. 健康效应

节能灯的节能效应,不仅可以降低能耗、净化空气,给我们提供良好的生存环境,而且,其高效、清洁的节能光源的使用,也为我们创造有益于身心健

康的视觉环境提供了技术保障。

五、现阶段节能灯推广不利的原因

我国从20世纪80年代末开始研制节能灯,现阶段出产的节能灯从多方面来看,具有良好的节能效能、效益和效应,但是,推广使用却很缓慢。其主要原因是:

1. 价格高

目前市场上普通白炽灯的价格才1—2元,而一只合格的节能灯的价格至少要在5元以上。很多消费者可能还没来得及考虑节能的种种好处,就已经买了白炽灯。节能灯与白炽灯价格的巨大差距,使一次性投入的费用偏高,用户不易接受。

2. 国内市场中的节能灯质量参差不齐

今年2月,国家工商行政管理总局对上海、广东两地的节能灯商品进行检测,结果抽样合格率仅为39%。质量问题主要有安全指标和性能指标两方面,如:机械强度不够。机械强度是节能灯一项重要的安全指标,该项目主要是考验灯头与灯体连接的牢固度,此项不合格会使用户在拆卸灯时灯头移位或脱落,导致短路或触电;预防触电不符合要求。预防触电也是一项重要的安全指标,当灯旋入符合规定的灯座后,灯头的带电部件不应外露,此项不合格可能导致消费者在安装或拆卸时意外触电,造成人身伤害;节能灯功率偏差大。灯功率是指正常工作时消耗的功率,有些企业为了提高售价往往将小功率灯标称为大功率灯,使得实测功率与额定功率相差较大,有的甚至还不到标注功率的一半;光通量不合格。灯的光通量是表明灯的发光大小的一个物理量,国家标准对不同规格的灯都规定了明确的下限要求,以保证其节电作用,有些企业为了降低成本,用普通卤磷酸钙光粉代替三基色荧光粉,致使光通量达不到标准要求;节能灯管及与其相配套的电子元件的质量不同步,严重降低了节能灯的使用寿命;耐热性能差。塑料材料遇热后易变形,会危及使用者的人身安全。

3. 目前行业市场不规范,运行混乱,缺乏统一的管理、统一的标准和统一的购销渠道,对伪劣节能灯监管不严

当前多如牛毛的节能灯厂家鱼目混珠,有的所谓节能灯厂家根本没有生产能力,也打着节能灯厂的旗号,不断推出的劣质节能灯,依然能够顺利地进入市场,使一般用户难辨别真伪,严重损害了消费者的利益和信心。据权威人士介绍,目前全国共有各类节能灯厂家近8000家,而真正能生产出合格产

品的厂家不过3 000家。因此,节能灯因为寿命问题被有些用户戏称为"淘气灯",或认为其"节电不节钱"。

4. 国产优质节能灯大多用于出口

行业市场的混乱严重影响了品牌产品的市场占有率,对规范的节能灯生产厂家冲击很大,因此许多好企业宁愿出口,为别的企业做OEM(定牌加工),也不在国内市场创品牌、争市场,导致70%的国产优质节能灯转向出口贸易。这样下去,会形成一种恶性循环,对节能灯行业的长远健康发展十分不利。根据国家发改委的抽样调查结果,虽然2003年我国生产节能灯10.5亿只,但在国内的销售量只有3.56亿只,白炽灯的使用量却高达30亿只。

5. 扶持激励政策不完善

据悉,美国等发达国家对购买节能产品都会进行补贴,在美国市场,消费者每买1只"得邦"牌节能灯(浙江出口产品),便能得到美国能源部3美元的补贴。

6. 宣传力度欠佳

国家在推广使用节能灯时偏重于指令性使用,节能型电光源推广的范围绝大部分局限于工业和商业等大用户,对中小型用户、社区和居民推广工作还未有效开展。用户不了解节能灯的节能效应,自然对使用节能灯的积极性不高。

六、我们对推广使用节能灯的几点建议

"十一五"期间我国将加大力度推进中国绿色照明工程。国家发展改革委员会发布的《节能中长期专项规划》中,已将"照明器具"列入节能重点领域,将"绿色照明工程"列为十大节能重点工程之一,"十一五"期间也将重点在公用设施、宾馆、商厦、写字楼、体育场馆、居民家庭中推广高效节电照明系统、稀土三基色荧光灯,并对高效照明电器产品生产线进行自动化改造。以下是我们对于推广使用节能灯的几点建议,希望有所帮助:

1. 从短期来看,政府应对节能灯用户给予补贴,补贴额度可根据被补贴用户的经济情况进一步细分,将补贴比率控制在不同的限定值内,使政府财政所能承受的上限同用户所能接受的下限相接轨。像湖南、温州等一些地方相继采取给予补助的办法鼓励用户使用节能灯,取得一定成效。其中湖南省取得照明节电1933万千瓦的好成绩;从长期来看,政府应加大研制高效节能灯的专项投入,积极支持企业的技术改造,建立可持续的高效照明产品研发机制,不断开发新技术,努力降低节能灯成本,消除节能灯推广中的价格

障碍。

2. 提高产品质量,搞好售后服务,建立废旧照明产品回收利用体系

产品质量是企业的生命线,试想,如果用户使用了劣质的节能灯,浪费金钱不说,还要经常修理、更换,就会给用户留下费钱又劳神的印象,谁还会购买使用节能灯?因此,节能灯生产厂家一定要在狠抓产品质量上下足功夫,不让次品流出厂门;工商部门也应严把质量关,强制性执行投入少、见效快、对消费者影响大的能效信息标识的制度,真正把高效环保、性价比高的节能灯推向社会。厂家提高产品质量的同时,搞好售后服务,建立废旧照明产品回收利用体系,也是当前提高节能灯普及率的另一个不可忽视的问题。在高效节能灯全面替代普通日光灯的同时,许多废旧灯管将被丢弃,据环保部门介绍,含有汞的旧灯管是日常生活产生的重要危险废物之一。据中国照明协会统计,我国每年的荧光灯产量约为8亿只,年消耗量为4亿只,用汞量约为12吨多。如果没有完善的回收利用体系,随便乱弃这些旧灯管,后果可想而知。

3. 加大整顿国内节能灯市场的力度

建立一套行之有效的、系统的质量认证体系及市场准入制度是解决目前节能产品市场混乱,维护品牌产品的声誉以及保护消费者利益的长效方法。目前市场上有上千种节能产品,而现有的3C产品认证更多的是关注产品安全,执行力度也不够。要真正将假冒伪劣的节能灯清理出市场,为高品质产品开辟空间,政府职能部门一方面要进一步加强查处打击力度,开展大规模的抽查活动,惩罚制假造假者;一方面要制定出强制性标准,严格市场准入,将假冒伪劣产品挡在市场之外。

4. 建立扶植、激励机制

政府可以在税收等政策上扶持节能灯企业。现行的增值税制对节能灯生产企业很不利。国家相关税法规定,企业成本中只有耗用的原材料取得了进项税额才可抵扣,而节能灯企业相对来说直接消耗少,科研投入很多,却不能抵扣增值税,企业税赋压力很沉重。广东雪莱特公司花费3年研制出一种名为汽车氙气金卤灯的新产品,科研开发投入1 300多万元,由于不能抵扣,新产品的综合税赋高达24.4%,严重挫伤了企业科研开发的积极性。我们建议,国家给予节能灯生产企业一定人力、财力的扶持,实现一定的奖励制度,如扩大增值税进项税额的抵扣范围,准许作为高新技术产业的节能灯企业将研究开发、技术转让、技术咨询、技术服务、人员培训等费用按比例从增值税税基中抵扣,以扶持节能灯产业发展。另外,电力部门可以利用行业优势,在增容、计划用电、电价等方面制定一些鼓励用户使用节能灯的政策,使用户感到使用节能灯有甜头。

5. 加大宣传力度

进一步开展绿色照明工程宣传活动,如举办相关的公益活动,建立节能灯具展厅、超市,进一步开展示范项目,由厂商直接做自身品牌的宣传,在节能灯具制造业中广泛开展并进一步加强质量监督及维信活动等等。让用户充分了解其性能,帮助用户算好节能账(一般使用一二年可收回投资),增强用户使用节能灯的信心,进一步提高中小型用户使用节能灯的积极性。尤其是偏僻的地方,电力线延伸较长、线损大、电压不稳,如果发动这些用户使用节能灯,效果将更加明显。

6. 政府、学校应带头使用节能灯,身体力行,以起到示范作用

推广使用节能灯完全靠企业和市场是不行的,各级政府和学校应该成为中坚力量。只有政府出力,才能在全社会形成浩大的声势;而学校是知识集散地,尤其是高校在一个社会中是新知识新技术的产地,是社会科技的信心支柱。在提倡节能的今天,政府更应该运用其行政权力引导社会的可持续发展,将节能灯这张"节能王牌"利用起来。中国绿色照明工程的一个成功经验,就是推动政府部门开展节能灯大宗采购示范活动。北京市政府从前年开始,计划用3年时间,在政府机关、大型公共建筑、大型公用设施、部分大中型企业及道路推广使用100万只节能灯,这不但能节约大量的用电,也会形成良好的社会示范效应。这一经验值得其他政府部门借鉴。

七、结语

随着经济的持续发展,人民的生活水平逐年提高,照明用电量在整个电力消费中的比率仍将持续大幅增长。上世纪90年代以后,国内照明用电量的年增长在15%以上,但是白炽灯使用量仍占有很大的比率,人均使用节能灯的比率偏低。从节能降耗、建设节约型社会的角度出发,在全社会大力推广节能灯是我们义不容辞的责任。

此外,中国照明学会调查资料显示:我国是拥有近13亿人口和3亿多个家庭的大国,中国目前使用节能灯的家庭有1亿户,使用节能灯的酒店及公共场所更是难以统计;全国每年节能灯市场的总额在120亿只以上,灯饰产品正以30%的速度在增长。强劲的市场需求和充足的市场供应为节能灯的推广创造了良好的历史机遇。因此,在我国推广使用节能灯的工作虽任重道

远,但前景光明。

(注:该调研报告提交学校,校区道路、园林等照明已使用节能灯,部分校舍走廊也使用了节能灯。后续效果调查尚未开展。)

其他实践方式与专题讨论

一、专题讨论

1. 关于新能源的讨论:该项讨论始于2002年6月的电力供应危机席卷中国,有20多个省市区出现了不同程度的"拉闸限电"现象。在缺电严重的浙江等地一些企业遭遇了"停二供五"(即每周停电二天,供电五天)甚至"停三供四"。一场更大的危机正在酝酿。新的危机是由发电厂自身带来的。发展可再生能源,不仅是未雨绸缪,为将来替代化石燃料作准备,同时缓解环境污染和二氧化碳排放这一燃眉之急。

2. 关于可持续发展的公共交通讨论:格利博达说:发展公共交通不是简单修点地铁、建几条公交线就完事了。公共交通的一个重要理念就是为所有人服务。要让公共交通设施变得非常舒适、方便、快捷。让出行的人都会首先选择公共交通。如果不重视公共交通的人性化,使乘车成为一件苦差事,一旦穷人有了足够的钱,他一定会去买汽车开。

二、校园环保活动策划

告诉你的朋友、同学和父母,生命的价值不在于你消耗了多少物质财富,过节俭朴素的生活,就是为负载不堪的地球减压。如果你这样做,你其实是在做一件大善事。

节约不必要的浪费;节约用水、用电;从小事做起,勿以善小而不为。

三、创办校园环保网站

每个班负责一个专题,如:食堂、教室、宿舍、校园、校园商业地带的公德倡导。

每位同学提交至少一条校园生活中的环保倡议;或网上评说公德行。

第十四讲　实事求是　开拓创新

一、实事求是是科学的生命

科学是对客观事物的探索,是对客观事物真实而准确的反映。科学这一本质决定了实事求是是科学的生命,是职业行为的基本态度。

做一个科技工作者、工程师,首先就要恪守实事求是的信念,做一个诚实的人,有信的人。实事求是,要求坚持真理,忠于事实。诚信是要求言而有信,不说假话。

毛泽东同志认为:"'实事'就是客观存在的一切事物,'是'就是客观事物的内部联系,即规律性,'求'就是我们去研究。"所以,实事求是就是要尊重反映客观事实、客观规律和客观真理的科学。作为科学家和工程师必须实事求是,不弄虚作假,坚持真理,忠于事实。科学的目的在于求真,而不是随心所欲地制造规则。这就要求科学家立足现实,占有大量的客观材料,客观真实地探索规律。爱因斯坦说过,"世界在本质上是有秩序的和可认识的,这是一切科学工作的基础","从思想上掌握这个在个人之外客观存在的世界,是科学一个最高目标"。所以,科学的最高目的就是追求真理。在人类探求客观世界的运动规律即追求真理的过程中,必须坚持实事求是。

在科学研究和工程活动中必须要诚实,敢于讲真话。国际国内的科学规范和工程规范中都强调了诚实的品质。比如美国电气和电子工程师协会伦理章程中第三条准则规定:"在陈述主张和基于现有数据进行评估时,要保持诚实和真实。"第七条准则要求工程师"寻求、接受和提供对技术工作的诚实批评"。美国机械工程师协会伦理章程第二条规定工程师必须"诚实和公正"地从事他们的职业。中国工程院院士科学道德行为准则自律规定也提出"院士必须坚持实事求是的科学态度"。国际国内很多知名的科学家在实事求是追求真理方面给我们树立了榜样。中国工程院院士邹承鲁被称为"科技界的真理斗士",他说:"科学研究来不得半点虚假,可是有的人却弄虚作假,用以追逐名利。个别人甚至不择手段剽窃他人成果,就更令人不能容忍。"他不仅自己严格要求自己,还坚决投身到反对科学腐败、维护科学道德的斗争中。

与科技活动的诚实性要求对立的越轨行为被称之为科技作伪,或学术不端。它是指采取不正当手段,故意违背客观事实,以窃取荣誉和利益的不道德行为。常见的表现是为了证实自己的设想与观点在实验数据上的弄虚作假,违背实验的事实和过程,随意取舍数据、篡改数据、捏造数据。例如,哈佛的一位医生,曾经在不到两年的时间内发表了100余篇论文。他的同事们悄悄地观察他,发现他在实验室里不是进行实验研究,而是在捏造实验数据。工程实践活动中的作伪情况亦是如此,有些工程技术人员为了一己之利,一时之利,不顾客观事实,或为了什么政绩工程,或为了所谓"降低成本",采用虚报数据,偷工减料,以次充好等等手段,导致工程质量下降,工程风险潜伏。例如,三门峡大坝设计之初,国内的工程技术人员向为三门峡大坝作设计的列宁格勒设计院提供的黄河年含沙量的数据就低于实际的含沙量。"沙"也就成为了三门峡大坝工程不能实现设计功能的最大障碍,"沙"也是三门峡大坝工程殃及大坝上游的主要原因。

科学作伪中,弄虚作假的欺骗和剽窃是最严重的两种。1911 年,英国律师道森将黑猩猩的下颌骨拼凑到几块人类化石上,先将其埋在地下,再煞有介事地挖出来,造出一个所谓的"道森原始人",居然名噪一时,欺骗科学界达40 年之久。1912 年在英格兰发现了皮尔丹人化石,此化石头骨有着人类高贵的眉骨和较粗野的猿类的下颌。这证明了达尔文的进化论,是人与猿进化的链环。一时激起人们的热情,论及该化石的文章达 500 篇之多,发现化石的地址还被指定为英国国家纪念碑。然而这块头骨实际是一位无名氏用一块较为近代的人的头盖骨和一个猩猩的下颌相拼接而伪造的。当时的科学家要鉴别真伪是不难的,下颌是骨头不是化石,牙齿也有为了改变其形状被挫过的痕迹。有个别科学家对皮尔丹人表示怀疑,但他们受到几乎全世界的嘲笑。几十年后,科学家们才着手检查这一原始人种。随着检测技术的进步,皮尔丹人化石在20 世纪30 年代被发现是用现代人类头骨和黑猩猩下颌骨伪造的,用碳-14 测年法在 1953 年确认了这一点。"道森原始人"和"皮尔丹人化石"伪造事件成为英国科学界的耻辱。

第十四讲　实事求是　开拓创新

剽窃是科技界学术界的一种偷盗行为,是不劳而获地占有他人的劳动成果。如同日常生活中的偷盗行为一样,科学技术界学术界的偷盗也令人可憎。它不仅破坏公正的学术秩序,而且颠覆整个科学研究。因为,剽窃不劳而获的性质决定了这种行为不以产生实际有贡献于科学发展的认知为目的,它让科研变得苍白并通过蛀食研究秩序而颠覆科学。

现代工程要求工程师承担更多的社会责任,具有更高的社会责任感。然而,本应肩负历史重任的未来的工程师、现在的理工科大学生却表现出道德意识的淡化,甚至缺乏社会责任感的倾向。大学校园里作业抄袭、考试作弊、伪造或篡改调查数据和实验数据的情况时有发生。我们对理工科学生的一项调查显示,他们最能接受或者容忍的作弊理由有三:其一是得到更好的成绩。尽管他们自己也知道更好的成绩应该通过更多的努力获得。但是,现在更多的大学生却希望通过偷奸耍滑获取功名,而刻苦认真,甘坐冷板凳的劲头少了。其二,教师监考纪律的松弛。老师对考试纪律的放松,甚至纵容让作弊者获利,这既损害了未作弊者的利益,损害了公正,也鼓励了作弊者。其三,同学、好友请求帮助。当今社会不敢公开开展批评、道德失语现象也影响到了我们的大学生。不仅揭发或指责同学作弊会被大家视为另类,就连拒绝作弊合作也会被认为不讲义气,从而使自己在其他需要同学帮助的情况下处于孤立无援的境地。非常令人不解的是,一部分同学将课程作狭隘的功利区分,将实验类课程视为不重要的课程,认为不需要为它花工夫,哪怕耍点滑头只要得到好成绩就行。他们根本认识不到实验是科学最重要的方法之一,是实事求是科学精神的最好体现。他们没有认识到实验作弊已经背叛了科学,这种行为将使他们一生无功。

大学生应该懂得承担社会责任是其实现自我价值的必由之路。有些大学生之所以缺乏社会责任感,是因为他们把个人利益与社会公共利益、他人利益对立起来,把自我价值的实现与社会价值的实现对立起来,认为如果追求社会整体利益,其个人价值的实现就必定会受到影响。我们传统的教育也有意地强调了个人与集体矛盾的一面,强调了奉献与牺牲。市场经济之下,人的利益要求又被"经济人"的理论夸张到只有单向度的物质要求,而忽略了作为社会存在的具有情感、心理、精神要求的内容。历史与文化、时代与教育都没有厘清这些关系与处理规则,让大学生在处理这些关系时更多地受到个人利益的驱动,更多地接受自然本能的指引,而让人类的道德理性失效。

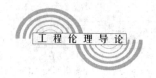

二、开拓创新是工程技术者的灵魂

在科学和工程活动中,坚持实事求是,不作假,只是科研及技术应用最起码的要求,它是保障科学活动不至于自毁的必要条件。但是,科学和工程活动要实现自己的职业目标,科学要去发现一个已经存在而未被人知的世界,工程要建造一个尚不存在的理想世界,这都需要科技工作者积极努力地进取。根据这一职业的使命,开拓创新自然是科技工作者最重要的职业品质之首。当然,一切创新都必以实事求是为基础。

勇于探索、开拓创新同解放思想、实事求是密切相关。科技发明有一个突出特点是它的探索性。科学研究的任务就在于不断发现客观世界的新现象、寻找新的规律。客观世界和人类实践是无穷展开和无限发展的,人对客观世界的认识和凭借这种认识而对世界进行变革、利用和保护的能力是无穷无尽。科学之所以有生命力、创造力,就在于不断开拓创新。一部科学史,就是一部在实践和认识基础上不断开拓创新的历史。邓小平说过:"世界形势日新月异,特别是现代科学技术发展很快。现在的一年抵得上过去古老社会几十年、上百年甚至更长的时间。不以新的思想、观点去继承、发展马克思主义,不是真正的马克思主义者。"科学技术是第一生产力,工程是现实的生产力,直接生产力。工程绝不是单纯的科学的应用,也不是相关技术的简单运用。工程活动所要面临的自然对象都是不同的。例如,修建铁路的技术已经很成熟了,但是在山区和在平原所采用的技术手段大不同,在北方和在南方遇到的问题大不同。工程技术人员必须根据客观情况选择技术手段,甚至创造新方法、新技术。创新是工程技术者的灵魂。从微观角度看,工程创新的程度决定了一个工程项目的成败与技术价值。从宏观层面看,一个国家工程创新的总体水平既决定了这个国家整个经济发展水平,又决定了这个国家的科技文明程度。所以作为工程活动的主体的工程师必须具备创新精神。创新是科学的生命,没有创新,科学将停滞不前。

可以说,科学的进步就是依靠不断地怀疑批判,不断地提出问题并解答问题来实现的。开拓创新要求独立的认知态度,拒绝一切思想约束,这就要求工程技术人员要有挑战前人,挑战权威的勇气。怀疑批判精神是开拓创新的起点。没有怀疑批判的精神,把现有的一切知识尊为绝对,那就阻塞了科学技术前进、超越、开拓、创新的道路。科技工作者需要集思广益,需要吸收别人的经验。对别人的观点包括权威的观点的借鉴是必要的,但是借鉴的目的是创新,而不是迷信,迷信会束缚人的思想,束缚人的想象力和创造力。任何人的知识和能力都是有限的,都会有不足的地方;任何一项人类知识都是阶段性的认知成果,都有发展丰富的可能。对待前人的研究成就保持独立的批判精神对创新认知来说是极可贵的。但怀疑批判精神也有两种,一种是科学的怀疑批判,一种是非科学、或者反科学的怀疑批判。前者建立在实践基础之上;后者则脱离实践,建立在主观臆想的基础之上。

在1953—1954年,物理学界出现了一个叫做"西特套"的谜。西特套谜大体是讲有一组实验跟另外一组实验不吻合,好像彼此冲突。刚开始的时候,大家都认为一定是实验出了错,后来每一组都做了更多的实验,越来越多的实验证实这两组实验都没错。这个实验是对的,那个实验也是对的,冲突怎么解释呢? 所以成了"西特套谜"。到了1956年春天,这个谜就变得尽人皆知,并且成为那个研究领域里最迫切要解决的问题。杨振宁和李政道提出大胆的理论猜想,至少在弱相互作用的领域内宇称并不守恒。这个观点的提出轰动了当时的整个物理学界,他们的猜想被另一个美籍华裔科学家吴健雄女士的实验证明了。1957年杨振宁和李政道为此获得诺贝尔物理学奖。[①]

钱三强在回顾自己的科学生涯时,曾向中国物理学界提出:"在科学中没有禁区,没有绝对权威,也没有千古不易的定论和所谓的'终极真理'。"许多杰出科学家,正是因为不迷信,敢于闯禁区,才取得重大突破,做出巨大贡献的。没有哥白尼对托勒密"地心说"的批判,就没有"日心说"的创立;没有达尔文对"物种不变论"的怀疑,进化论的创立不可想象;年轻的爱因斯坦敢于怀疑占统治地位的牛顿绝对时空观,才引起了物理学的革命;失学青年华罗庚敢于怀疑苏家驹教授在五次方程式比较解法上有问题,才开始了探索的步伐。伽罗瓦、拉瓦锡、达尔文、孟德尔、巴甫洛夫、海森伯、杨振宁、李政道等都是敢于突破旧的束缚,从而取得重大突破的著名科学家,他们具有敢于冒险、敢于创新的开拓精神。人们在向未知领域探索的过程中,各种习惯势力、已有的学说与传统的观念,常常会严重束缚人们的思想,只有具备敢于冒险、敢于批判、敢于创新的开拓精神的人,才有可能冲破习惯势力的阻挠、传统观念的束缚,完善或修正原有的学说,开辟新领域,创造新天地。培养科学的怀疑精神必须基于雄厚的知识基础。仅凭借单纯地在学校学到的知识是远远

[①] http://course.jnu.edu.cn/151/sts/web/renwu/yangzhenning/06.htm.

不够的,科学家和工程师要养成终身学习的习惯。这是工程技术人员以专业知识服务社会,荣耀职业,对专业负责的基本要求。

案例

李济生与他的"中国轨道"

一条条通天轨道,把48颗用途各异的中国人造卫星送上茫茫天宇。浩瀚太空,这一条条"中国轨道",联系着同一个科学家的名字——中国科学院院士、中国西安卫星测控中心58岁的总工程师李济生。30多年来,李济生为在太空创建"中国轨道",进行了不懈的科技创新,取得了令世人瞩目的业绩。他首次提出并实现了卫星测控应用软件的通用化、模块化、标准化,使我国卫星测控软件的设计思想发生了根本性变革;他建立的"三轴稳定卫星姿控动力对卫星轨道摄动的动力学模型",填补了国内空白;他首创的"卫星时"概念,开创了独具特色的"一网管多星"新路子;他主持开发的人造卫星精密定轨系统,把我国人造卫星精密定轨技术推向世界前列……他从事人造卫星轨道研究和测控30多年,取得了10多项高等级科研成果,其中一项获重大突破,两项填补国内空白,三项属于关键性技术。他曾荣立一等功,并获首届航天基金奖。

三、工程师的职业处境与制度环境建设

今天这个时代给人们更多价值选择的自由,也给了青年学子更多行为方式的选择空间。这是一个没有权威的时代,价值难以归一,行为难以统一;也是一个极有活力,生活节奏快速有力,经济蓬勃向上的时代;同时也是一个寻找新秩序的时代。在社会上,除国家的法律,主流道德意识外,各个社会领域内总是流行着各自的潜规则。这些潜规则与法律和社会道德精神相左右,形成灰色地带,却对相关行为者有着巨大的约束力。这些潜规则成为工程师遵守职业道德最大的障碍。

1981年,58岁的邹承鲁刚当选中科院院士不久,便执笔发表文章,第一次在科技界鲜明地提出"科研道德"问题。他说,"科学研究来不得半点虚

假,可是有的人却弄虚作假,用以追逐名利。个别人甚至不择手段剽窃他人成果,就更令人不能容忍。"之后20年,反对科学腐败、维护科学道德成为他科研生涯中另一个重要责任。他在媒体和各种公开场合痛斥科学界学术腐败,主张科学道德的精神回归。他直言不讳,毫无隐瞒。2002年,邹承鲁公开抨击徐荣祥"5年克隆人体器官206种"之说为伪科学。他毫不留情开出清单痛斥科学领域学术腐败"七宗罪":伪造学历、工作经历;伪造或篡改原始实验数据;抄袭、剽窃他人成果;贬低前人成果,自我夸张宣传;一稿两投甚至多投;在自己并无贡献的论文上署名;为商业广告作不符合实际的宣传。

不按潜规则办事无非就是少得到利益和名誉,但对科学的纯洁和工程质量却是有力的保障。但是科技工作者和工程技术人员身处现实社会之中,也有自己的利益要求。因此,应该加强制度环境的建设,为科技工作者和工程师创建一个良好的制度环境。

三门峡工程是建国后我国建设的第一项重大水利工程。据说,当时大多数水利工作者和专家都同意三门峡水库建设方案,反对者只占极少数。但实践已经证明,该工程在许多方面都是失败的。①

然而这样的事不止一次地出现。继20世纪50年代大炼钢铁后,直到70年代,我国为结束"钢铁工业十年徘徊",在全国范围内组织"结束徘徊,年产钢超2600万吨"的会战。会战三次,也未能实现目标。改革开放以后,特别是从20世纪90年代起,我国钢铁产量进入了快车道。进入21世纪,我国钢铁产量在三年内增加了一亿吨。与此同时,钢铁产业在资源、能源和环境方面也带来了一些负面影响。②

我们的问题是:为什么多数人会同意支持那些缺乏科学依据的工程建设方案,是当时科学技术的局限还是社会文化因素的影响,如何防止这类问题的出现。正是在这个意义上,有人说中国没有工程师职业。实质上说的是中国工程师没有能够独立承担职业责任的制度环境。如果是这样,又怎么能够谈得上工程师的职业道德呢?

现代科学研究和现代大工程要求科学家更多地对技术运用带来的公共影响负责;要求科技工作者对科学知识与应用效果做出更有力更易懂的解释,以积极影响公共决策。③ 工程师和各种专家对工程决策具有不可替代的

---

① 张寿荣:"工程哲学管窥",殷瑞钰等:《工程与哲学》,北京理工大学出版社2007年版,第68页。
② 同上书,第69页。
③ 潘家铮:《千秋功罪话水坝》,清华大学出版社、暨南大学出版社2000年版。

作用,但不论是科学技术专家还是工程师本人都不应该也不可能成为唯一的工程决策人。工程师往往具有多种身份,在市场经济下,工程师本人也是一种工程利益相关者,或者是某些利益集团的雇佣者或代言人。工程师具有多种角色:统治者——因其拥有技术能力和物质财富而被看做乌托邦社会中的决定性角色;守望者——以工程知识为基础,追求社会利益的最大化;有产者的仆人——管理者的仆人,将管理者的思想变成现实;社会性的仆人——忠诚于社会事业;遵守社会规范的游戏者——按照政治和经济的规则,希望在竞争中获胜。① 因此,工程活动的制度设计应该适应工程师的多种身份。

工程伦理的建构除了价值讨论、规范的制定,还应当有制度的保障和建设。因此,应建设具有伦理属性的工程管理制度,使工程师的责任履行和科技工作者的诚信态度在一个良好的制度环境中培育并增长,而不是要将工程技术人员置于一个矛盾的、扭曲的地位,这将更有利于他们坚守职业道德,也更有利于他们的人格健康。

西方工程界的共识会议(consensus conferences)就是按照协商民主理论,由公众参与重大社会工程的重要形式。这就是精英政治与大众政治的讨论在工程管理中反映。这种方式较为有效地解决了科技工作者迫于管理的行政要求放弃独立见解和技术观点发生分歧带来的窘境。1977 年,美国国家卫生研究院举办了首次关于乳腺癌筛检的共识会议,这个会议基本上是一个来自不同领域的专家组成的小组会议。20 世纪 80 年代,丹麦技术委员会(DBT)才将共识会议从专家小组会议转变为公众参与工程决策的民主会议。丹麦风格的共识会议主要由公民小组、专家小组和咨询计划委员会等组成;共识会议的运行主要包括:选定议题、组成咨询/计划委员会、组成公民小组、预备会议、组成专家小组和正式会议等关键步骤;最后形成一个"共识性结论"。

工程在本质上是科学性与民主性的统一。

除丹麦外,据美国 Loka 协会截止 2002 年的一份不完全统计资料,全球还有 15 个国家举办了多次共识会议。例如:阿根廷关于人类基因组计划的讨论(2001 年);澳大利亚关于食物链中的基因技术讨论(1999 年);奥地利

---

① "决策者:工程师的伦理学",James Armstrong, Ross Dixon, Simom Robinsom. The decision makers: ethics for engineers. London: Thomas Teford,1999:30,转引自殷瑞玉等:《工程与哲学》,北京理工大学出版社 2007 年版,第 146 页。

关于外部大气层中的臭氧的讨论(1997年);加拿大关于食物生物工程的讨论(1999年);法国关于转基因食品的讨论(1998年);德国关于基因测试的讨论(2001年);以色列关于未来运输的讨论(2000年);日本关于高度信息化社会的讨论(1999年);荷兰关于人类遗传学研究的讨论(1995年);新西兰关于植物生物工程的讨论(1999年);挪威关于疗养院的smart-house技术的讨论(2000年);韩国关于转基因食品的安全与伦理的讨论(1998年);瑞士关于移植医学的讨论(2000年);英国关于放射性废物管理的讨论(1999年);美国关于远程通信和未来的民主的讨论(1997年)。①

工程活动的科学论证包括证实与证伪、可行性论证与不可行性论证。首先是工程决策、规划、计划过程中的公众参与和听证制度。任何一项工程首先都是社会性工程,特别是大型工程,往往对社会的经济、政治和文化的发展具有直接的显著的影响和作用,会引起强大的公众反应和该地区社会结构变迁。因此,首先必须有社会性的公众参与。国家统计局《中国固定资产投资统计年鉴》显示,1958—2001年我国投资项目失误率接近总投资的50%!"拍脑袋工程"(政绩工程、献礼工程、里程碑工程)禁而不止,公众参与度和透明度不高等体制上的问题是重要原因。

由于越来越多的国际合作项目在中国的实施,给我国的工程管理带来新的制度模式。而这些模式越来越多地被运用到其他工程中,渐渐成为中国工程管理的制度样式。例如,工程的环境评估制度、社会评估制度。甚至出现了独立的专业环境评价中介机构,也出现了独立的专业的安全工程师。

工程后评估制度也是来自国外工程管理的一项制度。在我国,对工程进行后评估的阻力很大。因为它能够从最终结果上,发现工程的问题,评价工程过程的各个环节。三门峡工程作为问题工程有许多违背客观规律和科学方法的地方,但因为没有这种后评估,那些问题都得不到证实。林初学先生要求"把哲人智者对世界普遍性问题的思辨引入工程规划和实施以及后评价"②。

除了社会的管理制度外,工程师组织内部的自我管理也是十分重要的道德约束力量。例如,日本一名考古学家因为考古作伪而被日本考古协会处

---

① 安维复:"工程决策的哲学分析",殷瑞玉等:《工程与哲学》,北京理工大学出版社2007年版,第147—148页。
② 方克定:"关于工程创新和工程哲学",殷瑞玉等:《工程与哲学》,北京理工大学出版社2007年版,第78页。

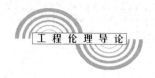

罚,协会宣布他以前的考古发现均需重新鉴定,他一生的成果都受到怀疑。

在美国、加拿大、德国、英国、澳大利亚、日本等国,以及中国的香港、台湾地区都有不同行业的工程协会,各协会都有自己的伦理章程,用以对业内人士进行道德自律。在美国,未来的工程师不仅要接受工程伦理教育,获得工程师资质的注册考试也有工程伦理的内容。他们的工程伦理章程不仅是从业人员的职业规范,更是从业人员的职业保护。

因为中国的现代工程出现较晚,中国的工程师职业社团出现也较晚。1912年初詹天佑组织成立了"广东工程师会",并被选为会长,这是中国最早的工程师社团。1913年8月,詹天佑在武汉召集各地工程师代表到汉口开会,正式宣布"中华工程师会"成立,并被推选为会长。其时注册会员200余名。"中华工程师会"之宗旨为"以发扬学术为唯一之要图"。该会初定为8个专业,后来入会会员所在专业发展为土木、建筑、水力、机械、电机、矿冶、兵工、造船、窑业、染织、应用化学、航空共12种学科,是具有广泛群众性的学术团体。①

道德教育是詹天佑的重要思想内容,他认为"必须先品行而后学问"。他在《敬告交通界青年工学家》一文中说:"道德者人之基础也。学术虽精,道德不足,犹诸筑高屋于流沙之上,稍有震摇,无不倾倒。欧美富强,实普通人民,皆守自然道德所致也。近世人心浇薄,古道难行,毁谨厚者为迂腐,誉巧辩者为能才。而我工学家以实业为根本,切忌浸染于狂流,杨震四知(天知地知你知我知)之说,阳明良知之谈,乃道德最精之义,为吾人必守之箴。"詹天佑对青年技术人员在道德上的要求有几点:1. 要有以国家、以事业为重的理想情操与敬业精神。2. 要"平日砥品励行,束身自爱"。3. 要心胸开阔,加强团结。4. 要诚实坦荡。

1905年詹天佑主持京张铁路工程,在制定与颁布施行考核、使用、升转工程技术人员的规章制度时,提出了"品格资格"。各级工程技术人员的递升,除按规定的年资经历外,还要有必须达到的品行要求与业务水准资格要求。其中品德要求如下:

> 凡堪以承充工程师者,必须先品行而后学问,如毕业生已具有工程师之艺术,应加察看其守为优劣与否,即照左列之看语,适可当之而无愧,始准再按资格,依项酌定升阶。

---

① 经盛鸿:《詹天佑评传》,南京大学出版社2001年版,第272页。

附列看语:洁己奉公,不辞劳怨。勤慎精细,恪守规范。志趣诚笃,无挟偏私。明体达用,善于调度①(1910年)。

作业

一、坚持独立意见的心理体验游戏

二、案例分析

弗朗辛在完成博士论文就差几个月时,发现研究生西尔维娅的工作有严重的问题。

弗朗辛确信,西尔维娅实际上没有做她宣称要做的测量。她们在同一个实验室,西尔维娅很少到实验室来。

有时弗朗辛看到研究材料没开包就被扔掉了。西尔维娅报告给她们的共同论文导师的结果,看起来过分整洁,以致不可能是真的。

弗朗辛知道,她很快就需要其论文导师提供一封关于她当教员和博士后的推荐信。如果她现在向导师提出问题,将肯定会影响推荐信的写作。因为西尔维娅很得导师喜欢,导师经常在其项目出问题前就帮助她。

弗朗辛也知道,如果她等到以后再提出这个问题,就不可避免地会有人问,她是什么时候开始怀疑这个问题的。弗朗辛和她的导师在自己的研究中使用西尔维娅的结果。如果西尔维娅结果不精确,他们都应该尽早知道。

弗朗辛的选择:

1. 弗朗辛应该先与西尔维娅、论文导师或其他人讨论吗?
2. 她知道的东西对提出问题足够多吗?
3. 弗朗辛还能从哪里得到信息,帮助她决定如何做?

案例拓展思考题:

1. 如果你的好友邀你联手作弊,你会答应他(她)吗?
2. 你所在的班级学风如何?如果有10个以上的人作弊,你会跟风吗?
3. 你作弊或不作弊的原则是什么?
4. 你能分清抄袭与资料引用的区别吗?

三、拓展阅读

1. 〔美〕查尔斯·E.哈里斯、迈克尔·S.普里查德、迈克尔·J.雷宾斯

---

① 《京张路张绥路酌订升转工程师品格程度规章及在工学生递升办法》,转引自经盛鸿:《詹天佑评传》,南京大学出版社2001年版,第422—424页。

著,丛杭青、沈琪等译:《工程伦理——概念和案例》第 11 章"工程职业化与伦理:未来的挑战"中关于爱德华·特纳的案例和美国职业工程社团,以及获得执照的过程(北京理工大学出版社 2006 年 4 月)。

2. 美国医学科学院、美国科学三院国家科研委员会,苗德岁译:《科研道德——倡导负责行为》,北京大学出版社 2007 年版。

第十五讲　严谨认真　精益求精

一、严谨认真　造福人类

科学技术是一把双刃剑,它可以造福人类,也可以毁灭人类。因此,这把剑的创造者和使用者应当具有强烈的道德责任感和社会责任感。爱因斯坦说:"在我们这个时代,科学家和工程师担负着特别沉重的道义责任。"对人类命运真诚的关切应该是现代工程师职业素质的基础。

如果疏于职业责任,因科技的误用、滥用,因为工程安全而演出工程事故、公共事件、环境危机、战争灾难或人性丧失等人类自毁的悲剧,那不仅将使科技和工程蒙羞带垢,其责任人也将成为祸害他人、祸害社会、祸害环境的罪人。原苏联专家在总结切尔诺贝利核电站事故的教训时指出:有关人员玩忽职守、粗暴违反工艺规程是造成事故的主要原因。按规定,反应堆的反应区内至少应有15根控制反应的控制棒,但事故发生时反应区内只有8根控制棒。反应堆产生的蒸汽是供给两台涡轮发电机的。当关掉涡轮机时,自动保护系统会立即关掉反应堆。但事故当天,电站工作人员在进行实验之前却先切断了自动保护系统,致使涡轮机被关闭,而开始实验时,反应堆却在继续工作。此外,电站工作人员还关掉了蒸汽分离器的安全连锁系统。这种做法宛如飞机要降落时,驾驶员却没有放下起落架。① 这一个不按规程操作的疏忽带来的灾难性后果是巨大的,其人员伤亡如此惨重,经济损失如此巨大,让全世界在开发核技术,利用核能的问题上迟疑不前,当然它也让人们对待核利用更加小心谨慎。

严谨的工作作风要求科学家和工程技术人员对工作一丝不苟,兢兢业

---

① http://news.xinhuanet.com/ziliao/2006-04/26/content_4476543.htm.

业,精益求精,只有这样才能不放过有价值的第一手资料和真实信息,保证正确选择每一个环节上的技术手段,只有这样才能保证工程的质量,真正做到让科技和工程造福人类。严谨与草率相对立,在职业活动过程中,对每个技术细节都要采取审慎的态度,有的研究者错误地认为,进行大量的精确细致的测量工作好像不如对新事实的探索那样有价值,那样有趣。其实,几乎所有伟大的发明和发现都是在精确细致的日常观察测量工作的基础上取得的,科技工作者正是在处理那些看上去微不足道、枯燥乏味,而且非常麻烦的细枝末节时采取了极为严谨认真的态度,才取得了伟大的胜利。伟大出于平凡不仅对生活是真理,对科技活动来说也是真理。有经验的科技工作者,即使是对一般人认为是万无一失的结果,他们也要千方百计地寻求更进一步的证明,他们从不轻易地做出尚未被实验结果或观察到的现象充分证明的结论。在理论研究中,每一概念、假说、设想的提出,都要有充分的理论或事实做依据。在实验中,忠实地记录全过程和所得到的结果,小心翼翼地对结果进行解释。伟大的科学发现与技术发明都有严谨认真的工作态度作支撑。

戴维·格罗斯、戴维·波利策和弗兰克·维尔切克三位美国科学家从 1973 年论文发表,到 2004 年获得诺贝尔奖,期间 30 余年的实验检验历程,需要大量的人力、物力、财力。在证明自己的研究结果正确之前,"冷板凳太长"。何祚庥先生说过,数十年的科研,不是任何一个科研者都能够忍耐的,也不是任何一个国家的科技基金能够支持的。

在今天我们的大学校园里,学生在做实验记录、论文指导记录、科研指导记录时,随意涂改甚至杜撰编写,不仅学生甚至有些老师都完全意识不到他们行为的不道德性。这些随意而成,任意改写的记录既不能起到了解学生科研活动、论文写作过程中的工作态度和努力程度的目的,更不能通过分析过程认识到科研过程出现的真实问题。严谨认真要从工程教育抓起,要依靠教学管理制度养成学生严谨认真的职业精神。

案例

詹天佑的故事

1905 年,詹天佑曾带领中国人修建了由我们自己设计的第一条铁路。这年 5 月詹天佑勘测京张铁路线路,他携带着沉重的测量工具,奔走跋涉于崇山峻岭之中，风餐露宿，走行全线200余公里，亲自测量，亲自计算。他还经常访问当地农民、樵夫，进行实地调查研究，取得了真实可靠的第一手材料。在勘测途中，经过悬崖峭壁，他也亲自插标选线。詹天佑说，"错误的定线将会增加行车和维修费的开支，以及增加修筑费用"，贻害无穷。据他后来说："京张之间工程最难之点为南口关沟，曾经勘测七八线之多，始定一线。"①

他经常勉励工程技术人员，技术第一要求精密，不能有一点含糊和轻率，对一点点小误差也不放过。"大概"、"差不多"之类的说法，不应出自工程人员之口，每一个测量数据都要准确无误。他是这样告诫一起工作的年轻技术人员的，自己也是这样做的。在他的影响下，每一个工程人员都精益求精地对待工作。在选用工程材料时，詹天佑严格把关。确保了钢轨和枕木的优质。他曾对人说：修筑铁路要从铁路轨距划一开始，只有这样才能保证铁路畅通无阻。当外国工程师看到这项工程设计之合理、设施之完备、施工之精密时，不得不心悦诚服，连声赞叹。经过他们的努力，工程顺利完工，比原先计划提前了两年多，而费用只及外国人估价的1/5。

后来，英日德等国家的工程师在中国修铁路，经过几次失败的打桩试验后，不得不求助于詹天佑。他仔细地研究了滦河河床的地质情况，根据实际情况用中国自己的打桩方法获得成功。②

工程师的职业道德要求科技工作者以严谨认真的态度对待工作，预防任何危害他人和社会的后果出现。

天津建筑界赫赫有名的范玉恕是以工作认真严谨闻名的。在今天，不少人认为能按国家标准施工就不容易了，而他却把国家标准看成最低标准，在施工中自找麻烦，千方百计优于国家标准。在修建天津体育中心工程时，为了找准27 000平方米主馆的水准点，白天他带着施工人员在齐腰深的芦苇塘里测量，晚上围着蜡烛查对图纸，蚊虫叮咬，饥饿酷暑全然不顾，因为找水准点的困难太大，有关部门交代，水准点的误差可以在1米以内，他却认为是给工程抹黑。他带领大家反反复复测量了9次，就是凭着这严谨认真的工作态度，他找的水准点硬是丝毫不差。范玉恕就这样创造了一个个工程质量高标准的奇迹。

① 经盛鸿：《詹天佑评传》，南京大学出版社2001年版，第367页。
② 孙华旭：《科技工作者思想品德概论》，辽宁科学技术出版社1985年版。

我国水利专家张光斗先生,几十年里,无论负责哪一个工程,一定到施工现场。工程的关键部位,再艰难危险,也要亲眼看一看,伸手摸一摸。他常说:在工程的细节上1%的缺陷,可以带来100%的失败,而水利工程的失败导致的将是灾难,水利工程师对国家和人民负有更大的责任。为了这个责任,他无数次与死神擦肩而过。他经历过去水库的路上翻车,在山上遭遇泥石流。年近80岁时,他乘坐一只封闭的压气沉箱下到20多米深的水底,开沉箱的工人惊叹:我从来没见过这么大年纪的人敢往水下钻。1993年张光斗被国务院三峡工程委员会聘为《长江三峡水利枢纽初步设计报告》审查中心专家组副组长,1999年出任国务院三峡工程质量检查专家组副组长,他一趟一趟往三峡工地上跑。2002年90岁的张先生,第21次来到三峡,登上了近60米高的大坝导流底孔。

"一条残留的钢筋头会毁掉整条泄洪道",这个失败的工程案例,张光斗从20世纪一直讲到今天。他严格要求学生,如果论文没有经过实验数据论证或工程实践检验,他会立刻退回。他说:在水利工程上,绝不能单纯依靠计算机算出来的结果,水是流动变化的,即使你已经设计了100座大坝,第101座对于你依然是一个"零"。做一个好的工程师,一定要先做好人,正直,爱国,为人民做事。1996年他获得了工程院工程成就奖,2001年获得中国水利学会功勋奖。胡锦涛在给张先生的信中写道:"从1937年归国至今,70年来,先生一直胸怀祖国,热爱人民,情系山河,为我国的江河治理和水资源的开发利用栉风沐雨,殚精竭虑,建立了卓越功绩。先生钟爱教育事业,在长期的教学生涯中,默默耕耘,传道授业,诲人不倦,为祖国的水利水电事业培养了众多优秀人才,做出了重要贡献。先生的品德风范山高水长,令人景仰!"①

二、精益求精　持续提高工作能力

前面我们讲到科学家和工程师要有敢想、敢说、敢干的大胆创新精神,这样才能推动工程技术的发展。但是大胆创新不是冒险盲进,它要求工程技术人员有开拓进取的精神和严谨认真的工作态度,以不断的学习和工作经验的积累持续地提高工作能力,承担起职业使命。

工程师通过创造新物品服务社会,现代工程跟公众的关系更直接更密

---

① "水之恋——记著名水利水电工程专家、工程教育家张光斗",新华网2007年9月8日。

切,也更复杂,例如:现代工程与自然生态的关系与环境的关系都更加复杂,这些关系到现在都难以得到直接的可量化的证明。但是它毫无疑问通过人们的健康状况表现出来,通过自然现象反馈出来。从而影响到公众包括生命、健康、财产等在内的利益。而当今技术的发明与运用越来越广泛,也越来越专门化,不仅让普通民众无法了解,即使是知识水平较高的科技工作者也会因为专业的隔阂而不能全面了解。正是因为工程活动在科学和生产中的特殊地位,从事技术发明、产品开发、实验推广的工程技术人员被赋予了别人不能替代的不可推卸的责任,工程师被要求具有良好的技术能力以预见技术运用的风险并用技术手段规避风险。在知识爆炸性增长的今天,新的工程观念,新的技术手段,新的材料使用等等都需要工程技术人员持续不断地学习,以提升自己的工程理念,掌握最新的技术解决工程实践中的问题,使自己的职业技术水平和工作能力保持不断向上的势头,以适应发展的社会需要和更好地服务公众的要求。例如,现代建筑由于土地资源的紧缺而更加高耸。那么,建筑的安全就成了需要攻克的难题。

案例一

尼加拉瓜美洲银行

1972 年 12 月 23 日,尼加拉瓜首都马拉瓜发生强烈地震,死亡 1 万多人。市中心 511 个街区成为一片废墟,唯独屹立着林同炎①公司设计的一座 18 层,61 米高,四筒相连的钢筋混凝土结构——美洲银行大厦。就在大厦前面的街道地面,却呈现上下达 1/2 英寸的错动,如此奇迹,轰动了全球。

美洲银行大厦设计采取框筒结构,这种结构和一般结构不同,具有刚柔

---

① 林同炎先生是福建福州人,华裔美国工程专家,美国工程科学院院士,"预应力混凝土先生",著名桥梁专家。1931 年毕业于交通大学唐山工程学院,1933 年获美国加利福尼亚大学硕士学位。1933—1946 年在成渝铁路、滇缅铁路任工程司兼桥梁课、设计课课长。1946 年定居美国,任教于加利福尼亚大学伯克利分校。林同炎是美国预应力混凝土学会创始人之一。他的主要贡献在于首次系统而完整地提出荷载平衡法,用以求解预应力超静定结构。与他人合写的著作《预应力混凝土结构设计》,1981 年发行第三版并被译成多种文字。他设计的代表性建筑物有:旧金山莫斯科尼地下会议大厅、金门大学礼堂、跨度 396 米的拉克埃省基曲线型斜拉桥。他曾获美国和国际多种奖励和荣誉称号:惠灵顿奖状、贺瓦德金质奖章、弗雷西内奖、伯克利奖和名誉教授称号、四分之一世纪贡献奖等。中国西南交通大学、同济大学和清华大学于 1982—1985 年先后聘他为名誉教授。2003 年 11 月 15 日在其艾尔赛利度的家中去世,享年 91 岁。

大地震后的美洲银行

相济的特点：在一般受力情况下，建筑物有足够的刚度来承受外力；而当受到突如其来的强烈外力时，可由房屋内部结构中某些次要构件的开裂，使房屋总刚度骤然减弱，从而大大减少对地震力的承受。这种以房屋次要构件开裂的损失来避免建筑物倒坍的设计思想，突破了一般常规的思维框架，突破了以刚对刚的正面思维模式，从而创造了世界上少有的奇迹。如今这座建筑被认为是抗风抗震设计的典范，因为它非常好地兼顾了地震和风对结构作用时的相互影响。成为当时世界工程界的美谈，也使林同炎及其公司的工程设计能力与水平得到充分的肯定和极高的评价。[1]

其实，现代建筑已经融入了许多新工程理念，例如，个性、自然、节能、降耗、环保。国际设计大师贝聿铭为他的家乡设计的苏州博物馆，就是通过向自然借光的设计来表现这些理念的。不断学习，紧跟时代，是持续提高工作能力的关键，也是工程师的优秀品质。

如果是因为技术的专门化使非专业的管理人士对技

苏州博物馆馆内的借光设计

---

[1] http://i.club.sohu.com/show_thread.php?zoneid=2970&threadid=43325.

术风险无法预见的话,那么专业工程技术人员对规避风险自然是责无旁贷的。在学习使用新技术时,一定要保持对新技术风险的警惕。

案例二

脑手术戒毒

2004年8月24日,卫生部召集全国神经外科、神经内科、神经心理医学伦理等方面的医学专家,就手术戒毒的安全性召开论证会,达成一致意见,鉴于戒毒手术远期效果尚未得到确认,且手术对大脑部分组织的摧毁是否会导致大脑其他功能的减退或丧失也缺乏有力证明,建议审慎对待,把手术戒毒列为医学研究项目,加强规范和引导。

11月2日,卫生部发布通知,全面叫停戒毒手术项目。指出擅自将戒毒手术作为临床服务提供给病人是不道德和不负责任的。

湖南脑科医院的郭院长称,该院手术水平已达到国内一流,但提及手术最关键的靶点位置确定时,他坦陈,靶点位置为该院自己的探索,并不知道是否与其他医院一致。

国外脑手术戒毒一共只有300例左右,一直没有作为一种固定的戒毒模式推广,而中国目前已有500多例,即便是科研考虑,也应该足够总结了。

是实验还是治疗?医院方面声称是研究性医疗,三九医院为此承担了两项课题研究,但他们为每例手术收取了3—5万元的手术费。同时,在国内相应管理办法缺失的情况下,一般以国际通行的《赫尔辛基宣言》为准。该宣言规定,临床科研应遵循合法性原则、知情同意原则、有利和无伤害原则,以及普遍认可原则等。

事实上,国际社会在许多领域都有了职业活动的相关道德规则。例如,2002年,国际医学科学组织理事会和世界卫生组织在日内瓦通过了《涉及人的生物医学研究国际伦理准则》。如果专业技术人员能够不断关注国际社会相关研究领域的价值走向,不断了解各自领域的发展方向,我们的专业技术人员就会表现出更好的职业道德水平。目前,在欧美发达国家中已经在许多工程领域制定了职业道德准则,中国工程师要国际化,除了专业知识外,还要学习了解国际社会工程活动的伦理准则和工程理念。

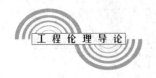

三、正确对待名与利

严谨认真的工作态度要求科技工作者要淡泊名利,杜绝浮躁,表现出诚实谦逊的做人风格,严谨认真的工作态度要求科技工作者能做到"知之为知之,不知为不知",不夸夸其谈,炫耀自己,不夸大其词,胡乱吹嘘。对待科技成果,一是一,二是二。不为名利弄虚作假。

然而,由于科学技术活动的发现和发明只有第一,没有第二,因此在这个赛场上竞争非常激烈。竞争对于科学技术的进步起着十分重要的推动作用,可以说没有竞争就不会有今天科学技术上的辉煌成就。知识产权的保护既体现对科学技术创新正常竞争秩序的维护和对科技创新的推动,也体现对科技工作者劳动成果的肯定和对科技工作者正当个人名利的承认与保护。在市场经济时代,学术名誉可以计量转换为金钱,它让人的好奇心、探索精神与人的好利心矛盾地交织在一起。而好利心会破坏科学精神,严谨认真的科技工作者决不应该为了在竞争中获得功名,轻率地发表自己未经严格论证或还不成熟的成果。荣誉是宝贵的,但是荣誉是以造福社会为前提的。所以,工程技术人员必须处理好以下几种名利关系。

1. 正确处理名誉问题,不因好虚名而损害科学精神或牺牲工程利益

严谨认真的工作作风要求科技工作者正确对待名和利。什么是名利?名者,誉也,主要是精神方面的声望、学术地位、尊严;利者,益也,主要是物质方面的好处。名利,无非是金钱、财富、权力等等。为了促使科学技术事业的发展,支持和鼓励科技工作者的活动,社会制定了名目繁多的奖励制度。这些制度对科技发展起到了一定的促进作用。但是世界科技史上却也上演了一幕幕科技工作者争夺名利的可耻悲剧,不仅把自己弄得身败名裂,也阻碍了科学技术事业的发展。

翻开科技史,可以看到,那些成绩卓著的科技工作者大多具有"轻荣重义,薄利厚德"的高尚情操。

许多人都知道杨振宁,尤其是中国人。但同是华裔科学家,而且是与杨振宁的科学成就关系密切的吴健雄就不怎么为人所知了。杨振宁与李政道发现的在弱相互作用的领域内宇称并不守恒的现象,打破了物理学界以前一直坚信的一些定则一些定律都是绝对左右对称的认识。他们提出虽然左右大概是相当的对称,可是略微有一点点差别。他们提出来五六个实验,用这

第十五讲　严谨认真　精益求精

些实验可以验证他们设想的在很微细的地方左右不对称。到了 1957 年初，留美华人吴健雄女士通过反复试验证明了杨振宁和李政道的推想是对的，就是说左右不绝对对称。① 在现代科学中，有两个被普遍认同的基本方法，一是可以理解的逻辑；一是可以控制的实验。在中国有许多人并不理解这两个普遍方法的意义，曾经有中国人问为什么诺贝尔奖不颁给霍金，得到的回答是霍金的宇宙爆炸理论未得到实验的支持。所有理论的假设都应该得到实验的证实，可见，吴健雄的这个实验对杨振宁和李政道得到世界科学界、物理学界的认可起着多么关键的作用。而吴健雄却不去争什么名誉。即使有人提出诺贝尔物理奖应该有吴健雄的份，她也淡然处之。

2002 年获得诺贝尔物理学奖的美国科学家雷蒙德·戴维斯对宇宙中微子等问题进行了 40 年的研究，这一研究是非常基础性的，不仅当时看不到对生活的具体作用，即使是现在，依然没有很明显的应用成果。② 早些年，在我国市场上常常可以看到由院士、专家、学者参与其中的高科技产品的广告，人们都急着推广自己的研究成果，希望研究收到立竿见影的效果。而雷蒙德·戴维斯 40 年的研究意味着什么，他投入的是毕生的精力与心血，而没有爱迪生发明应用的效果。目前我们国家的科技工作者可以做得到吗？当然，美国基金委员会一直不动摇地给予了这项研究自始至终的经费支持，表现出美国科研管理的目标与气度。

两次获诺贝尔奖的英国生物学家桑格说："有的人投身于科学研究的主要目的就是为了得奖，而且一直千方百计地考虑如何得奖，这样的人是不会成功的。要想真正在科学领域有所成就，你必须对它有兴趣，你必须作好艰苦工作和遇到挫折时不会太泄气的思想准备。"科技工作者就是要力戒浮躁，浮夸虚假地制造"学术泡沫"。尽管目前我国的科技管理水平还不高，相关制度建设也不完善，让一些人有机可乘。但是，一个立志高远的科技工作者就应该懂得，中国要立于世界民族之林，不能靠自欺欺人方法强盛。我们的科研成果，我们的工程水平得建筑在实实在在的技术水平之上。何况就算吹牛得了一时之利，也遮不了一生之丑，老老实实做人比什么都重要。

2. 正确处理利益问题，不把工作当作换取利益的筹码

中国改革开放之初，有过一段"造原子弹不如卖茶叶蛋"、"拿手术刀不

---

① http://course.jnu.edu.cn/151/sts/web/renwu/yangzhenning/06.htm.
② http://news1.ustc.edu.cn/Article_Show.asp?ArticleID=2710.

如拿剃头刀"的脑体倒挂现象。在特定的历史环境下,工程师能够放弃职业责任吗?

中国的航天人为了祖国的航天事业,淡泊名利,默默奉献,他们献出了青春年华,献出聪明才智,献出热血汗水,有的甚至献出生命。直接参与航天工作的人员就有10万之众,每个航天人的背后还有他们亲人的支持。在"一切为了祖国,一切为了成功"的信念支撑下,广大航天人将自己的才华和青春岁月奉献在戈壁荒漠中。新中国一穷二白,百废待兴。以毛泽东为代表的领导人高瞻远瞩,代表中国人民独立自主的强国愿望,不等条件完全具备就果断做出发展"两弹一星"的战略决策。新中国的成立呼唤海外学子的归来。1950年,朱光亚等52位留美学生发表了《致全美中国留学生的一封公开信》,发出了呼吁。很多学子放弃优越的条件,纷纷回到祖国。苏联承诺的原子弹模型和俄文资料始终没到,到1959年等来的是苏联中断援建项目,并开始撤走在华专家。赫鲁晓夫还嘲笑中国说:"我看他们不仅得不到原子弹,到头来恐怕连裤子都穿不上。"1959年6月,为了记住这个蒙受耻辱的日子,中国科技人员将自己研制的第一颗原子弹的代号定为"596"。我们在不到10年的时间里,完成了从原子弹到导弹,氢弹,再到人造地球卫星的成功跨越。

今天,我们目睹航天事业的辉煌,却很难体会他们长期工作在荒漠深山的艰苦,无数没有报酬的加班加点的生活,数不清的攻关突击,许多工作要付出血的代价。"饥餐沙砾饭,渴饮苦水浆"是对航天工作者当年生活的反映。邓稼先于1950年从美国回国,没有书,就从最基本的三本书学起,没有大型计算机,就用手摇式计算机日夜计算,装计算稿纸的麻袋堆满了房间,没有办公室就趴在水泥地上设计,没有现代化的设施,就利用一把老虎钳,两把锉刀,几张铝皮和几张三合板,外加十几个蜡烛和几把手电筒。为苏联专家随口说的一个不准确的数据,邓稼先带领十几个年轻人三班倒,用四台手摇式计算机日夜连轴,算了9次,耗时几个月。最后结果是邓稼先他们的计算是准确的。

8年辛苦的大漠生活,邓稼先一直隐姓埋名。在一次爆炸失败后,几个单位推卸责任,为了找到真正的原因,必须有人到那颗原子弹被摔碎的地方去找一些重要的部件。邓稼先说,谁也别去,我进去吧。你们去了也找不到,白受污染。他一个人走进了那片地区,这可是死亡之地。找到了核弹头,最后证明是降落伞的问题。就这一次,潜伏下了他受放射线辐射的危险因素。

1979年冬,邓稼先的肝脏严重受损害,放射性物质侵入骨髓,爱人担心他得了癌症。1984年,他天天便血,几次晕倒在罗布泊基地。1985年被确诊为直肠癌,作了手术。但因受过严重的辐射伤害,不能接受放疗,10个月中,连续做了5次手术。航天九院来京的一个专家从公共汽车上下来时,意外发现邓稼先也从另一个车门走下来,他是身上挂着引流瓶的晚期癌症病人,去图书馆查资料居然坐公共汽车。

如果说国家对新中国的第一代科技工作者还没有能力提供好的工作和生活条件,他们与全国人民一样艰苦奋斗尚可以理解。改革开放后,社会物质条件有较大的改善,一部分人开始富起来。科技工作者也是人,也有正当的利益要求。而这些在尖端科技战线上工作的科技工作者却依然在艰苦奋斗,这时的他们要调整脑体倒挂所形成的心理冲击。

中国有这样一个工程师,职称、住房都不计较,1982年逝世时年仅47岁,按照他的遗愿,做了遗体解剖,医生惊奇地发现他周身都是癌细胞,胸腔里的肿瘤比心脏还大,胸骨已经酥脆,一碰就碎了,经检验他患的是"低分化恶性淋巴瘤",癌症中最凶恶的一种,医护人员都哭了,说:"很少见这样的病,更少见这样的人,他真是特殊的材料制成的"。他是20世纪80年代中国中年知识分子两位楷模之一——航天工业部骊山微电子高速工程师罗健夫,文化大革命时他受批判,为了搞计算机每天只睡四五个小时,两个馒头一块臭豆腐,一碗面条拌酱油,终于在1972年研制成功我国第一台图形发生器,填补了电子工业的一块空白,三年以后,又研制"Ⅱ型"图形发生器,1978年获得全国科学大会的奖励,在呈报科研成功表格时,他要求不写自己的名字,3 000元奖金全部上缴组织。按他的水平评高级工程师不成问题,但两次申报机会都有意避开。主动让出调资指标。提拔他当室主任也不当。公司盖楼,他可以分好的,却主动提出最远,最顶层,最边角的。天天加班,但加班费、餐补费什么都不要。生病时也继续工作。①

我们没有理由要求科技工作者去欲忘我,我们也不是要用罗健夫的生活状态来要求科技工作者,而是要检讨我们的制度为什么没有能给科技工作者提供一个良好的生活条件。但是,如果科技工作者以不当方式对待种种社会不公,用技术、知识作为生财之道,以工程质量或工程相关者的利益为代价,谋取利益,那就是自毁职业。无论科学家或工程师把追求功名利禄当作工作

---

① 孙华旭:《科技工作者思想品德概论》,辽宁科学技术出版社1985年版。

的目标,狭隘的追求难免造成科学发展的畸形现象。

3. 正确对待研究志趣与社会责任的关系,不因个人志趣而忽略、放弃社会责任

第一次世界大战中,德国的两位著名的化学家哈伯和能斯特效忠于自己国家的军事侵略政策,一起研制毒气化学武器。他们甚至作为上尉亲自担任毒气战指挥,并在战场上观察毒气使用效果。据统计,在一战中各交战国至少使用了 125 000 吨化学毒剂,造成 130 万人伤残,10 万人死亡。哈伯和能斯特祸害人类的行径受到科技界的猛烈抨击,他们玷污了科学和科技工作者的盛名。事实上,许多科学家是会考虑研究的目的,会因为研究可能的不祥结果而放弃工作的。

事实上,不少的科技工作者都遇到过这样的事,发现自己的研究可能造成伤害性效果而放弃自己感兴趣或已近成功的研究。1972 年,以斯坦福大学化学系主任 P. 伯格为首的一批科学家合成了 DNA 杂种分子,研究人员要设法把含有猴子肿瘤病毒 Sv40 的杂种分子引入通常寄生人体肠道中的大肠杆菌。但他们考虑到,万一这种大肠杆菌无意中感染了人群,必将引起极其严重的后果,于是便停止了实验,放弃了这个项目;维纳出于道义的考虑多次拒绝与"五角大楼"合作;生物学家罗兹贝里坚决拒绝参加生物武器的研制工作;水利博士黄万里坚持反对三门峡工程,不惜远离水利工作。这些都表明科学家、工程师具有鲜明的选择标准与道德立场。

四、可错性问题讨论

严谨的作风要求科技工作者正确对待工程中的错误。真理和错误往往相伴而行,科学研究是探索性的工作,它意味着存在错误的可能,人类的认识能力是渐进发展的,我们不可能要求科技工作者不犯错误,而是要谨慎地对待研究成果,并且勇于纠正错误。

在 20 世纪早期的天文学中,最热门的话题是后来被定义为旋涡状星云(即夜空中通过大望远镜常常观察到的漫射的旋涡光环)的物质的科学属性。有些天文学家认为,这些星云是因为离地球太远而不能分辨单颗星的、像银河系那样的旋涡星系。另外的天文学家相信,它们是我们星系中的气体云。

威尔逊山天文台的阿德里安·范玛宁认为旋涡状星云是在银河系内。

他想通过比较不同年份星云照片来解决此问题。经过一系列的艰辛测量,范玛宁宣布,他已发现星云内几乎一致的伸展运动。测定这种运动表明,旋涡状星云应该在银河系内,因为太远物体的运动是不可能被测到的。

范玛宁的声誉使许多天文学家接受了旋涡状星云的银河系定位。但是,几年后,范玛宁的同事,埃德温·哈勃用新的 100 英寸望远镜,令人信服地证明,旋涡状星云事实上是很远的星系,范玛宁的观察是错误的。

但是,研究范玛宁的记录没有发现任何有意的误报或系统性错误源。确切地说,他的观察精度有限,他的期望影响了他的观测。尽管范玛宁被证明是错的,但他没有道德失误。①

有些自然现象需要新的技术手段的出现才能得以正确认识,有时科学家在认识事物的过程中还会付出生命的代价。但这只能成为我们更加严谨地对待科研工作的理由,而不是止步不前。在居里夫人一手创办的镭研究所,居里夫人指导了一位来自中国的留学生施士元。施士元发现居里夫人做事认真,要求严格。实验室门上贴着一张颜色发黄的纸条,上面用法语写着:"任何材料不允许带出室外。"她规定:在离开实验室之前,必须把实验台面和仪器整理好,凡是从某一地方取出来的东西必须放回原来的地方。有一次,居里夫人发现图书室中有一本杂志不见了,她就在全所查询:"是谁取走了这本杂志,为什么没有在借书簿上登记?"后来发现,只是有人不小心插错了地方。这些小事给施士元留下了深刻的印象,也从中领悟到科学需要严谨的作风。

在施士元做实验时,居里夫人经常站在他的身边,用略带严厉又近乎固执的口吻,反复地提醒必须注意的事项:一是不能用手去碰放射源,要用摄子去夹取,否则手指尖会被灼伤,变得僵硬甚至发炎;二是接近放射源时,要用铅盾挡住自己的身体,要屏住呼吸,以防把放射性气体吸入体内。

开始施士元有些不理解:这么大的科学家怎么老是说这些东西。后来才明白,原来在他来镭研究所前,曾有一个法国青年在这儿工作。居里夫人给他一个题目,就是用内转换电子能谱来解决 γ 射线谱,当时用的是镭系的放射性沉淀物,其中氡是一种放射性很强的惰性气体。这个法国青年本来身体强壮,科研工作也取得了一些进展,但因为没有注意安全事项,吸进了相当剂量的氡气,后来患了急性肺炎,不幸死去。他的死给充满爱心的居里夫人内

---

① 美国科学、工程和公共政策委员会:《怎样当一名科学家——科学研究中的负责行为》,科学出版社 1996 年版。

心留下了一道难以抹去的伤痕。①

不准犯错误是不可能的,也会束缚住创造的手脚,所以李政道说:"不要怕犯错误。在科学上,要得到正确的东西总要先犯很多错误;如果你能把所有的错误都犯过之后,那最后得到的就是正确的结果了。"科技工作者应该用严谨的态度减少犯错误的可能性。严谨的科学态度要求科技工作者坚持真理,不仅能正视自己的错误,还敢于指出别人的错误。

我们用这些例子来说明科学的可错性。对于科学的可错性人们往往能够接受,但是,社会却不能接受工程的错误。因为,技术一旦运用到工程实践就会给社会带来直接的利益影响。社会要求工程活动运用成熟的技术手段,并为此承担责任。所以,与科研管理不同,工程伦理要求工程管理制度能够保障工程造福人类的目标。

作业

案例分析:分析下面的案例,并帮助工程师做出选择。

美国一家较大的汽车公司有一位设计工程师得到两份报告,报告该公司生产的大众节能汽车的发动机在热天燃烧和爆炸的事。

当这种发动机批准投产时,这位工程师曾劝告厂方说,他认为汽化器和汽油管构造不当,高温下可能漏油。这位工程师主张加以修改,但这会使每台发动机的成本大约增加 50 美元,这一建议被拒绝了。他继续为修改发动机和专门试验进行辩护,但在对汽车的标准测试中没有发现危险,于是这位工程师被告知不要考虑这个问题。

在收到这两份事故报告后,他再次坚持在高温条件下做专门试验,并力劝公司向公众发出危险警告,立即收回所有售出汽车。然而,这时公司如收回汽车,大概要损失 50 至 100 万美元。这位工程师被再次告知别多管闲事,否则将被解雇。

与此同时,从美国西南部沙漠地区又传来四份发动机燃烧的报告。于是,这位工程师深信自己是正确的。②

他应当怎么办?

---

① 周根山:"居里夫人唯一的中国物理学学生施士元",《南方周末》2001 年 5 月 24 日。
② 此案例见[美]查尔斯·E.哈里斯、迈克尔·S.普里查德、迈克尔·J.雷宾斯著,丛杭青、沈琪等译:《工程伦理——概念和案例》,北京理工大学出版社 2006 年版。

他在这家公司工作了 15 年,曾多次得到提升,他应该如何忠诚于这家公司呢?他又有多大责任让公众了解事情真相?

既然公司不要他负责此事,他是否可以不作为?

第十六讲　工程师的团队精神

一、工程活动是社会活动，工程是合作的事业

　　从西方科技史来看近代和现代科技活动，在研究的组织形态上大体经历了以下几个阶段：从19世纪中叶以前的个体研究，到19世纪中叶以后至20世纪中叶研究所的集体研究，再到20世纪中叶以后的集体研究与国家争执协调研究和国际间的合作研究。这是研究群体由小到大，越来越社会化的过程。从19世纪中叶爱迪生建立的，拥有100多名勘验人员的"发明工厂"到发明家贝尔建立的贝尔实验室，再到第二次世界大战前夕，类似的研究所已达2 200多个。目前世界一些发达国家拥有上万个大型研究机构。事实上，由于现代科技知识越来越细化，学科分类越来越狭窄，而科学研究却越来越复杂，采用的研究方法也越来越多样。这使许多研究项目不可能凭借一人之力完成，它不仅需要同专业的研究者的合作，还需要不同专业的技术人员的紧密合作。

　　1941年12月6日，美国正式制定了代号为"曼哈顿"的绝密计划。罗斯福总统赋予这一计划以"高于一切行动的特别优先权"。"曼哈顿计划"规模大得惊人。由于当时还不知道分裂铀235的3种方法哪种最好，只得用3种方法同时进行裂变工作。这项复杂的工程成了美国科学研究的熔炉，在"曼哈顿工程"管理区内，汇集了以奥本海默为首的一大批来自世界各国的科学家。奥本海默开始时对困难估计不足，认为只要6名物理学家和100多名工程技术人员就足够了。但实验室到1945年时，已经发展到拥有2 000多名文职研究人员和3 000多名军事人员的规模，其中包括1 000多名科学家。科学家人数之多简直难以想象，在某些部门，带博士头衔的人甚至比一般工作人员还要多，而且其中不乏诺贝尔奖获得者。"曼哈顿工程"在顶峰时期曾经

起用了 53.9 万人,总耗资高达 25 亿美元。这是在此之前任何一次武器研制所无法比拟的。美国后来的"阿波罗登月计划",也有 120 所大学,大约 400 万人参与其中。

科学技术作为人类探寻自然奥秘,使自然资源满足人类需要的实践,是全人类共同的事业。科学探索的复杂性要求人们继承前人的成就,集中众人的智慧,团结合作。从科技发展的进程中,我们不难看出,每一项重大科技成果无不凝聚着众多甚至是不同肤色、不同国籍的科技工作者的辛勤劳动和集体智慧。现在整个人类世界面临着人口、资源、环境等重大问题,而这些问题本身就是全球性的问题,要解决这些问题也绝非是少数几个人、几个国家的力量所能及,需要全人类携手合作、共同努力。

2004 年 10 月 12 日,武汉市首届学术年会在武汉开幕,中国科协主席周光召院士出席大会并作主场报告。他指出,中国科学界还存在一个大问题,就是科学家过于封闭,很少跨学科的合作,而实际上,跨学科合作是极为重要的,尤其是现代科学研究。事实上,科技事业是集体合作的事业。1981 年曾经震动国际科学界的我国科学家们首次合成的生物大分子酵母丙氨酸转移核糖核酸,就是由中科院上海生物化学研究所、上海细胞生物研究所等 6 个单位的科学家和工程师共同研究,合作完成的。

目前,科技界、工程界染上急功近利的浮躁之风。一些工程技术人员想通过最小的劳动付出,获取最大的利益回报。在学术界抄袭剽窃之风甚盛,这大大妨碍了科技工作者的正常技术交流和合作。但是,不管科技工作者愿不愿意与人合作,科学技术都是合作的事业。你不合作不交流,不向同行学习借鉴就不能从研究的前沿起步,这种自闭的研究是不可想象的。科技工作者能否合作,不仅有个人的处世方式和处世能力的问题,在相当程度上也是正确处理学术关系的职业道德问题,毫无疑问,这关系到科技活动和工程活动的成败。

科学研究是如此,工程活动更是如此。工程的特点是规模大,社会关系和技术复杂。工程活动是技术要素、经济要素、管理要素、社会要素等多种要素的集成、选择和优化。在工程领域中常常是多种学科理论、多种专业技术人员、多个行政管理部门共同参与和合作。一方面科学学科高度分化,产生众多的科学门类。据美国国家研究委员会和联合国教科文组织的统计,当代基础科学已经有 500 个以上的主要专业,技术科学则有 100 多个专项领域;另一方面,在分化基础上高度综合的学科,如边缘学科、综合学科以及横断学

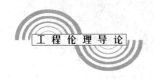

科等越来越多。现代工程不可能是狭窄的几个专业领域内的科技工作者的个体劳动,它必须依靠集体智慧、集体力量和不同学科高度配合协作方可顺利推进。因此,工程技术人员之间,甚至工程相关人员之间良好合作关系的建立和坦诚无私的合作精神就成为取得成功不可或缺的条件。

科技活动和工程活动是合作的事业。科学活动和工程活动是在与各类行政部门、经济组织共同协作中进行的,它本质上是社会合作的产物。工程活动不可能由孤立的工程设计人员完成,工程人才必须组成团队与其他社会组织配合才能正常发挥作用。我国规模空前的工程活动迫切需要大批优秀、杰出的工程团队。中国工程院院长徐匡迪先生说:工程人才是工程创新的推动者和实践者。在人才队伍中,工程人才是人数最多的一个"群体"。工程师包括研发工程师、设计工程师、生产工程师,是工程人才的中坚力量。他们和施工者、管理者以及投资者是四类最基本的工程人才,这四类人才各有其不可或缺和不可替代的重要作用。① 长江三峡工程在计划设想阶段(1986年),国务院就组织了412名资深的科学家、工程师、地方基层代表及各相关方面的专家,对长江三峡工程的14个专题——泥沙、水文、地质地震、航运、防洪、电力系统、机电设备、枢纽建筑物、施工、综合规划与水位、投资估算、移民、生态与环境、综合经济评估——进行了4年的论证,于1990年提出可行性报告。② 这种大型工程更是突显了工程的社会合作性。

二、合作需要信任,信任建立在负责的基础上

信任是合作的关键,合作者完美地履行职责、恪守利益界线是信任的基础。善于合作,具有集体意识、团队精神是工程伦理对工程技术人员的职业道德要求之一。合作精神具体表现为:合作者之间的平等交流;彼此宽容、尊重个性的差异;彼此间是一种信任的关系、待人真诚、遵守承诺;相互帮助、互相关怀,大家彼此共同提高;利益和成就共享、责任共担。

平等的交流。科技工作者的合作精神要求广泛的学术交流和自由讨论。工程实践和研究经验都使我们体会到相互沟通思想、快速传递信息的重要。

---

① 徐匡迪:"科学理念与和谐社会",殷瑞钰等:《工程与哲学》,北京理工大学出版社2007年版,第6页。

② 陆佑楣:"长江三峡工程建设管理的实践",殷瑞钰等:《工程与哲学》,北京理工大学出版社2007年版,第30页。

在工作中多和领导沟通、交流思想有助于工作的开展；和同事多沟通，可以促进了解、增进团结；和兄弟单位多沟通，经常交流工作经验、工作信息，可以起到事半功倍的作用。

科技交往是科技合作的一种自由形式，它能够打破科技人员个人习惯性思维的定势，消除创造性思维的阻力；能够突破个体思维的局限，扩大思维的广度和深度。英国科学家贝弗里奇在《科学研究的艺术》中特别强调科技交往中的自由讨论。认为讨论能"提出有益的建议"，因为每个人都有自己的知识背景，所以能从不同的角度观察问题，设想新的研究方法。"讨论是披露谬误的宝贵方法"，一个无法与同行谈论自己工作的、与世隔绝的科学家，常常因追踪错误路线而浪费时间；讨论与交流往往使人振奋，给人以激励和鼓舞，特别是在遇到困难、感到烦恼的时候，讨论可以"摆脱受条件限制的思考"，突破固有的陈旧思路。

瑞典皇家科学院2004年10月5日宣布，将该年度物理学奖授予3位在夸克粒子理论方面取得成就的美国科学家戴维·格罗斯、戴维·波利策和弗兰克·维尔切克。在这个领域里我国曾与美国科学家一样在国际前沿工作，我国在1965年率先提出了夸克模型（在我国也叫做"层子模型"）这一量子色动力学中的关键理论，而且，当时提出的关于颜色的概念已经很接近最后的结果。

美籍华人、美国犹他大学物理系终身教授、清华大学高等研究中心春晖高级访问学者吴詠时说，在美国，年轻的科研人员有非常良好的科研环境。活跃、平等、交流的科研气氛与灵活的科研机制对年轻人的成长非常有利。

曾经在普林斯顿大学做访问学者的张肇西说，在普林斯顿大学，一个普通的年轻学生就有很多机会与诺贝尔奖获得者一同讨论问题、互相交流，甚至在校园的路上，就可以与顶尖的科学家聊天。导师的点拨作用对学生的科研进步起到了关键作用，"良好的氛围是那些早到者（前辈科学家、导师）创造的。"吴詠时回忆与弗兰克·维尔切克共事岁月时说，"他会毫无保留地把想法告诉你"。1982—1984年，1989—1990年，吴詠时曾经与这位诺贝尔奖获得者进行过科研合作。当时，维尔切克已经是鼎鼎大名的物理学家了。"他非常平易近人，一点架子都没有"，吴詠时说，维尔切克经常与身边的人讨论学术问题，很多深刻的科研想法，都会毫无保留地告诉给别人。而且，在阐述一些艰涩的科研理论的时候，维尔切克往往能够用通俗易懂的语言讲给别人听，"让人由衷地佩服他"。

吴咏时说,1983 年,自己和张肇西在普林斯顿高等研究院合作的一篇论文中,对传统看法提出了不同见解,很多人都对此持怀疑态度,就连审稿人也不同意论文中的观点。反而是维尔切克本人在看过了论文之后,对两位中国科学家的研究表示肯定,说"这是非常有意思的工作","具有较大的物理意义",做出了正式在一流杂志欧洲《物理快报》上发表的决定。①

合作能集思广益,创立新学科,创造新技术。比如青霉素的发明就是在合作中最终完成的。1929 年,英国细菌学家弗莱明发表了学术论文,报告了新发现青霉素,当时没有引起重视,而且青霉素提纯的问题还没有解决,所以被搁置。直到 1935 年,英国牛津大学化学家钱恩和病理学家弗罗里,对青霉素大感兴趣开始研究,他们还吸收了生物学家、细菌学家等 20 多人,组成了多学科的研究组。正是在他们大力合作下 1943 年青霉素得到临床应用。在合作中,把每个人的智慧集中起来,能开拓思路,酝酿新思想,形成 $(1+1)>2$ 的力量。合作能激发出加倍的创造力,在遇到困难时合作方能相互激励,树立战胜困难的勇气,及早发现错误,及时改正,不至于沿着错误的方向走得太远。

与合作精神迥然不同的甚至颇为流行的观念是:科学是对真理的孤独、独立地追求。科学研究和技术创新不可避免地以一个宽广的社会文化和科学发展历史为背景,这个背景,为科学研究提供了材料、方向,并最终决定科学家和工程师个人工作的意义。因此,科学研究和技术创新就不能不吸收别人的工作,不能不与他人合作。在这方面是有教训的,为《世界经济导报》写文章的中国著名经济理论家吴敬琏,讲过他的一次写作经历。1983—1984 年他在美国耶鲁大学作访问研究,在对照东欧改革总结我国改革经验时,他提出了"行政性分权和经济性分权两种根本不同的分权"理论,对 1979 年以前改革走过的弯路作说明。当时他以为这是他冥思苦想出来的成果,在世界银行就这个问题作讲演也得到同行的好评。可是,次年在加州大学贝克莱分校作同样的讲演时,有位美国同行直率地指出:早在 60 年代中期,在贝克莱任教的 H. F. 舒尔曼已提出了类似理论。回国后,他仔细地读了舒尔曼在 1968 年出版的著作《共产主义中国的意识形态和组织》,才发现舒尔曼早就明确提出,社会主义经济中的"分权"有两种形态,将决策权一直下放到生产单位的"分权Ⅰ"和把决策权下放到下级行政当局的"分权Ⅱ"。书中详细分析了 1956—1962 年中国经济体制从"分权Ⅰ"占优势到"分权Ⅱ"取胜到"大

---

① http://news1.ustc.edu.cn/Article_Show.asp?ArticleID=2710.

跃进"引起混乱从而不得不重新集权的整个过程,并对中国的这种现象作了十分有趣的讨论。不仅如此,美国密执安大学的比较经济学专家 M. 鲍恩斯坦也早在对美国国会作证时指出,东欧有关经济改革辩论中有好几种不同概念,其中涉及中央与下级机构分权的是两种,一是行政分权,一是经济分权。其中一种意见的目标是走向市场经济。由于缺乏学术交流和资料查询,学者难免做重复劳动,使得学术研究走了弯路,变得没有价值。所以我们说交流是必要的也是必需的,搜集资料、阅读文献也是一种交流形式,这是现在做学术和创新研究的基本功。

尊重个性差异。科技合作、工程合作越来越多地在国际间开展,并成为科学研究与工程活动未来的大趋势。2007 年 6 月教育部成立的工程教育专业认证委员会又提出为世界培养工程师的工程教育目标。这更要求未来的工程师不仅要具有与同行合作相处的能力,还要有与不同文化的工程技术人员协调合作的能力。

国际合作对工程水平和科技发展的推动无疑是有极大好处的。在布鲁塞尔学派创立耗散结构理论的过程中,因为这个理论的横断科学性质,其研究课题的领域涉及物理、化学、生物、地学、医学、农学、工程技术,甚至哲学、历史、文艺和经济等领域。布鲁塞尔学派即以索尔维国际物理化学所和得克萨斯统计力学中心为基地,集合了比、中、德、法、美、日、希腊、罗马尼亚、伊朗等 10 多个国家的各学科工作者近百人进行研究。耗散结构理论是各国各类科学家精诚合作的结晶。领导布鲁塞尔学派创立耗散结构理论的科学家普利高津说:我曾多次强调在科学中进行合作的必要性,我更加意识到我的同事和合作者们在这缓慢发展过程中所起的突出的重要作用。

在工程活动中也存在尊重个性差异的问题。在世界银行首席顾问、美国工程管理专家总结世界银行在非洲的工程项目时,特别总结了由于不尊重非洲文化造成的工程问题。

对尊重个性差异应该有更广泛意义的理解,包括尊重不同学科的意见,尊重非专业人士的意见,尊重比自己文化低、职位低的人的意见。奥本海默主持"曼哈顿计划"的研究时,鼓励科学家们大胆地讨论原子弹的有关科学问题,提出,即使看门人的意见,也会对原子弹的成功有一定的帮助。奥本海默注意倾听任何人的意见,掌握着整个实验进程。有些参与核研究的物理学家后来回忆说,他们自己甚至都不如奥本海默清楚自己工作的细节和进展。在很多问题上,都是由于奥本海默的决断才取得突破,保证了原子弹研制时

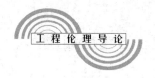

间表的执行。奥本海默在科学家、普通职工和政府官员中的威望越来越高。洛斯阿拉莫斯素有"诺贝尔奖获得者集中营"之誉,人们称奥本海默为这个集中营的"营长"。奥本海默没有获得过诺贝尔奖,却拥有如此高的个人威望,他的组织才能与人格魅力由此可见一斑。

协调关系,共创事业。个人的力量总是有限的,而一个集体团结起来凝集成的力量是无穷的。团结的氛围能使个人和集体的能量得到最好的释放。团队精神能够创造出集体的辉煌,创造出惊人的成就。我国籼型杂交水稻的培育成功,就是如此,该发明人袁隆平经过上万次的失败,与兄弟省市十几个单位协作,前后参与这项研究的单位100多个,人员数以千计。

在现代科技、工程活动中,团队精神、集体力量是取得成功的重要保证。在现实生活中,我们常常看到这种现象,工科专业的技术人员与人文社会工作者有较大的思维和价值冲突。而工程技术人员和科技工作者还逃不掉与科技管理、工程管理部门合作。要让管理者理解工程人员的工作特征与性质以便合理管理,同时,也要让工程技术人员了解管理的目标、方式与制度要求,以自觉接受管理。沟通和宽容大度是和谐团队的最好润滑剂。以现代工程的复杂,工程涉及的社会面十分广泛,正确处理好团队的各种关系既是减少工作矛盾、阻力,使工程活动顺利进行,取得好的效应的保障,也是建设和谐社会的必要。

正确处理职业活动中的各种社会关系对习惯于单纯技术工作的人来说不是一件易事,但是,我们首先应该建立起合作的意识,根据相关利益分析法寻找关系的本质,依据社会伦理原则正确对待。

三、各种关系的处理

人的本质是社会的人,任何人都是处在一定的社会关系中的。比如:工程师,仅仅作为一种职业的身份,他就具有与客户与社会的关系,与工程组织与同事的关系,与同行与工作链等多重关系。这些关系既可能是利益矛盾关系,又可能是利益依存关系;既可能是对立竞争关系,又可能是合作互利关系。工程师的利益获得离不开服务对象,也离不开社会的相关条件,甚至还离不开同行的帮助。情况一变同行又成了对手。工程技术人员的社会合作关系很复杂,主要要处理好以下这些关系:

1. 工程师与工程组织的关系。为了共同的目标团结奋斗,这是合作的实实在在的基础。所谓共同的目标是指为团队共同认可的事业目标和利益目标。工程师也是人，也有各种利益欲望，我们并不一味反对私欲，只是要求每个人的个人利益以贡献社会的方式获得，至少应该不以损害他人利益的方式获得。所谓贡献社会是说你对社会的价值，有用性。君子谋财取之有道；与人谋，互惠互利；与人合作，要一份责任一份担当。所以，我们希望工程师理性地"计较"自己的利益。其实，任何一个相处得再好的团队，目标再一致的团队，其成员也有事业目标的不一致和利益诉求的分歧。但是，作为一个共同作战的团队，则被要求"求大同，存小异"。你可以考虑在这个团队中，通过获得团队的成就而得到你应得的那部分正当利益，而不要作额外的欲求，不要希望通过占别人的便宜或损害团队的利益多吃多占。你所应该考虑的是这份利益是不是你想要的，你要有多大的付出怎样的资本才能获得它。你完全可以作功利主义的计算，可以作经济学成本与收益的计算，也可以作哲学的思考，作人生的设计。

虽然目前条件下中国工程师还不能够自由地"择君而仕"，不过你如果选择了与某个工程组织合作，就要遵守组织的规则，认同组织的发展目标与工作宗旨，服从组织的工作安排，对组织保持忠诚。这也是国际上许多工程组织在伦理章程中明确规定的职业道德要求。现在社会上有许多人，既要加入某个组织或单位，享受这个组织带来的种种福利和事业机会，又不认同组织的发展目标和集体利益。做对组织不利的事，甚至背叛组织，在获得单位给予的一切引进人才优惠待遇后，不断跳槽。在高校，一位有学术影响的人才可能在数家高校兼职，以至于根本不能保证主要精力效力于某一组织。在与组织的合作中，应该分工明确，责任明确，各司其职；也应该利益清楚，各守其分。

2. 工程师与领导的关系。我们并不简单地要求个人服从领导，尤其是在现阶段的工程管理制度下。因为，工程师是技术专家，而目前我们的管理者却很难达到应有的技术管理水平。因此，工程师应该有自己的独立见解，保持对管理行为的技术判断和道德判断能力。这不仅是相对于领导与工程师个人的关系而言的，也是相对于领导对工程的管理方式而言的。在美国挑战者号爆炸事故中，公司副总裁为了经济利益，不顾工程技术人员的建议强行发射。他对拒绝签署发射令的副总工程师说："摘掉你的工程师帽子，带上你的管理者帽子！"承担责任，必须授予一定权利。工程师的职责不够明确，常常处于"无权无责"状态，把责任都归结到工程师是不公平的，对于他们身不由己的行为责任，应该由支配这些行为的集团负责。"如果有人威胁着强迫人做一种行为,那么我们不是把罪过算到这个人头上,而是算到那个用枪对准他的胸膛的人头上。"① 工程师只能对他们自身由于失职或有意破坏造成的后果负责任。而迫于科层制工程管理的局限,他们无力对领导的工程方式进行干预,只能眼见着事故发生。美国人在总结事故教训时提出,给工程师"吹哨子"的权力,以保证他们发挥在技术管理中的特殊作用,也保护他们的道德信仰。这样的制度改进有助于工程活动更安全更合理。尤其是能够保障工程师对领导的不道德行为、甚至违法行为进行有效地抵制。

作为团队的一分子,每个人都应心系集体,服从领导,相互支持,友好相处,进行有效的合作。尊重领导,服从安排也是对组织忠诚的表现。尊重领导的问题主要出现在对待非技术型领导的态度上,工程师不能以一己之长傲人之短。这与管理领导者不能以行政职位之高藐视技术人员一样。傲慢与偏见是技术类人员与管理类人员不能正常沟通的思想根源。解释和说服是必要的沟通方式,这不仅在工程管理中是如此,在日常生活中,我们也能体会到它的重要性。例如,到医院治病的病人和他们的家属多数不懂医学知识,但他们中的绝大多数会要求医生给他们讲明病情和各种医疗手段的技术风险以及费用情况。社会也要求医务工作者给病患及家属讲明情况,这说明这种沟通是医患共同决定医疗方案的前提。同样,我们不能简单地以"外行领导内行"而拒绝服从领导。其实每一种社会角色都有他存在的必要,工程技术人员懂技术但不一定懂管理;了解甚至精通某一领域的理论和技术,但不一定了解整体信息,不掌握资源配置。故而在一定的体制内,服从是必须的,问题只是怎样的服从,工作效果更好,合作更愉快。

3. 工程师与同事。工作同事的关系最微妙,同事既是利益共同体的伙伴,有利益一致的倾向,又是竞争者。工程师与同事的关系主要还是利益共同体关系。可以说同事关系的主要利益是捆绑在一起的,是一荣俱荣的。所以精诚团结,宽容大度,理解沟通是同事间主要的处事方式。即使在某些利益问题上发生分歧也要相互忍让,求同存异。不能恶意毁坏同事的名声,不能做损害同事的事。

处理好同事的关系,关键还是处理好名利的分配。处理不好署名、利益分配等问题,势必会影响到合作,影响到工作积极性,因而影响到工作效率。工程活动建立在双方对所担当角色和合作关系的明确理解之上,在开始确立

---

① 〔德〕莫里茨·石里克:《伦理学问题》,华夏出版社2001年版。

合作关系时，就需要讨论合作关系中的细节问题并达成协议。从事研究工作之前，合作双方应对以下方面达成共识：项目目标和预期结果；每一合作伙伴所要担当的角色；如何收集、存储和共享数据；谁将负责起草出版物；谁将负责或有权公布该项合作研究；将如何解决知识产权和所有权问题；如何变更、何时结束合作关系等问题，事先弄清这些问题，是避免日后合作中产生纠纷和争执的最好方法。合作中仍会有预料不到的情况发生，因此在任何项目合作过程中不断进行有效的沟通是十分重要的。合作者应当做到以下几点：与合作同事共享研究的发现，并关注其他人正在做的工作；报告、讨论各种问题；任何重要变更都要通知对方等。合作一定要保持联系，缺乏有效地交流，合作就容易陷入种种困境。

英国科学家法拉第和戴维，最初是师生关系，后来成了事业上竞争的对手。戴维由于发现了一氧化二氮，成为有影响的发明家。在不断取得更多的成果后，戴维便沾沾自喜，到处演讲，陶醉在人们的羡慕和称赞中。当他发现法拉第的才能时，收他为学生，教他做科研。但是戴维只是想把他当作永远的助手，不希望法拉第超过自己。当法拉第取得一些成绩时，戴维害怕他超过自己，越来越不喜欢这个学生。有一次戴维发明了"安全灯"，法拉第检查后发现了一些不足之处，便向安全部门提出来，戴维非常不满。后来法拉第取得了很多成功，在许多方面已经超过了戴维，法拉第需要独立的科学研究，也需要他人的尊重，但是他的老师却看不到这些。在英国皇家学院，法拉第依旧是个年薪100镑的实验助手，没有独立的研究权和地位。一些正直的科学家决意要帮助法拉第，于是联络了29位皇家学会会员，联名提议法拉第为皇家学会会员候选人。戴维听了非常生气，怒气冲冲地找到法拉第，命令到："撤回你的皇家学会会员候选人资格证书！"但是法拉第取得的成就是有目共睹的，后来法拉第终于在只有一张反对票的情况下当选了，这张反对票就是他的老师戴维投的。戴维的态度确实影响到法拉第科研工作的积极性，他不得不放弃了他喜欢的电学实验，直到他的老师去世，他才重新回到自己热爱的领域继续研究。① 很显然戴维的狭隘妨碍了他与其他人的合作，也妨碍了科学研究，他为自己寻找烦恼，也使别人因他不快。

对高新技术产业而言，团队精神和组织管理能力尤其显得重要。在美国华人中流行着一种比喻说：日本人的做事方式是"下围棋"，从全局出发，为

---

① 王滨：《科学精神启示录》，上海科学普及出版社2005年版。

了整体的利益和最终胜利可以牺牲局部的某些棋子;美国人的行事风格是"桥牌"式的与对家紧密合作,针对另外两家形成联盟,进行激烈竞争;中国人的作风则是"打麻将",孤军作战,"看住上家,防住下家,自己和不了,也不让别人和"。这种比喻值得我们深思,显然这种做事风格不利于团队行为,会严重影响发展。与过去相比,现代科学技术已经离不开合作,离不开团队,合作成为必须,在今天这种形势下,更应该提倡团队精神,这是一个和谐环境不可缺少的氛围。

4. 工程师与同行竞争者关系。与同事不同,工程师与同行的关系,主要是竞争关系,其次才是合作关系。合作精神要求处理好合作和竞争的关系,科技工作和工程活动虽然是合作的事业,但始终存在竞争,科技竞争有科学发现优先权之争,技术发明专利权之争,也有不同学派、不同观点之争。竞争是科技发展的重要动力。可以提高工作效率,激发工作人员强烈的进取心,有利于科技创新,可以开拓新的领域,促进新成果的产生。竞争不但不阻碍合作,而且能极大地促进合作。科技工作者的合作不是不承认竞争,排斥竞争。竞争要在正常的秩序中进行,竞争的目的是为了刺激出更好的创新思想,促进文明发展。如果竞争远离这一目标,走向智能的消耗,走向混乱无序,这种竞争就应该停止了。

合作要求一种真诚的态度,与人相互信任、坦诚相待,这是合作的心理基础和环境氛围。它使同事间摈弃猜疑、防范而心理和谐、亲密无间地真诚合作。在合作过程中,可以自由地发表意见、交流思想、展开学术批评,有利于提高效率。

合作要求每个合作者恪守职业道德,以保证不趁合作之便侵害他人。现在中国学术道德规范不明确,不能很好地保护创新思想,人们的学术交流大大受到限制。这让我们在保护自己知识产权的同时,也失去了学术交流带来的好处。

世界数学界最高荣誉"沃尔夫奖"唯一的华人获得者、国际数学界"微分几何之父"陈省身有一系列的数学成就。物理学家杨振宁曾高度评价他的成就,称读陈省身—韦伊定理有触电的感觉,他说那种感受恐怕和最高的宗教感是相同的吧。陈省身说与他数学生涯关系密切的有 6 个朋友:华罗庚、吴文俊、胡国定、A. 韦伊、格里菲斯和西蒙斯。20 世纪 30 年代的清华大学数学系群星灿烂,陈省身和华罗庚两人构成明亮的"双子星座"。经过几年的学习,两人先后出国。陈省身到汉堡大学获取博士学位,又去巴黎追随 E. 嘉当,读通常人难懂的"天书",攀登几何学的高峰。华罗庚则由 N. 维纳介绍去了英国的剑桥,在哈代的指导下,走到了解析数论研究的世界前沿。为了发展中国的现代数学,两人都在拼命往前跑,形成了客观上的竞争。但是,他们是竞争中的朋友。彼此尊重,礼尚往来,终生不渝。1936 年,华罗庚首次出国去剑桥,经西伯利亚铁路,由北京坐火车到柏林,陈省身自汉堡赶往会见,一起观看柏林奥运会。第二年陈省身经过英国到法国时,也专门到剑桥看望华罗庚。他们青年时代就有很好的友情了。

为了加强美国和中国的科学联系,遴选一位数学家作为美国科学院外籍院士是很重要的。外籍院士需要院士们提名。陈省身和 FelixBrowder 联合一些院士为华罗庚提名。提名时要写一份"学术介绍"。这份文件的重要性不言而喻。由谁来写?很自然由陈省身来完成最合适。结果,如大家所希望的,华罗庚顺利地当选美国科学院的外籍院士,并于 1984 年到美国出席了院士会议。①

合作的关键在于正确对待名誉和利益。科技工作者是社会的人,总会受到社会经济、政治和文化观念、历史传统、价值取向等等的制约和影响,科学发现和技术创新意味着社会荣誉和现实利益,这对科学家和工程师都是极大的诱惑,另外科学竞争日益激烈,奖励机制对推动科技发展有推动作用,同时也给科技工作者造成巨大的压力。在我国,科技人员的业绩如论文的多少、发表刊物的级别等不仅跟个人的名誉相关,还会直接带来利益。在国外甚至关系到职位的去留、任聘和解聘。居于现实社会中的科技工作者与常人一样会受到名誉和利益的诱惑。

尊重他人的成果,在标准的科学论文中,应该明确地表现在三个方面:作者名单、对其他贡献者致谢和参考文献或引文目录。

作业

合作的游戏

游戏要注意理解以下要点:

1. 合作才有力量,精诚合作才有最大效益;
2. 合作的关键是信任;
3. 信任来自每个人完美地履行责任。

---

① 张奠宙、王善平:《陈省身传》第 16 章第 1 节,南开大学出版社 2004 年版。

第十七讲 课程总结

本讲通过学生的作业评讲,总结课程。

一、学生作业选题评价

示范作业:实验室废料处理调查(西南交通大学2006级土木专业林森等作业,见西南交通大学精品课程-四川省精品课程-工程伦理学网站,网址:http://jpkc.swjtu.edu.cn/c83/course/Index.htm)、校园环保活动(文件名:huanbao,武汉大学生命科学学院徐万苏同学的校际交流作业,网址同前)、图书馆消防安全调查(西南交通大学2008级运输专业李广路等作业,网址同前)。

点评:工程师的职业责任意识和道德敏感是工程师良好道德素质的关键。培养工程师的人文关怀,保持一份对人类处境、社会发展和自然平衡的责任,恒久地拥有一份生活热情和科学理性精神。

二、作业态度和理念表现评价

示范作业:教室室内空气清洁度检测(西南交通大学2007、2008级建筑专业学生李闻秋等作业,网址同前)、修建北区宿舍通往图书馆的路(西南交通大学2008级电气专业江才等作业,网址同前)。

点评:知道行业技术标准,清楚地认识到建筑设计人员的职业道德责任,用认真测量得到的清晰的数据来陈述问题。

三、作业水平和技术品质评价

示范作业：零号楼（网址：http://jpkc.swjtu.edu.cn/c83/course/Index.htm 选用 333 新版链接）公共安全检测

点评：工程师不仅要成为有道德思想的人，更要成为有道德行为能力的人。只要我们行动，世界就会因之而变得更好。

四、作业实践效果评价

示范作业：关于大学生作弊、北区学生宿舍通往图书馆道路安全（网址同前）

点评：工程师在实践职业责任时会遇到来自包括自身利益欲望在内的挑战，坚定职业道德信念，完善独立人格，还需不断的内力修炼。

五、选题难度超过课堂作业要求，可持续关注的选题

这部分选题的设置是要给学生和教师一个开放的空间，在工程实践中继续求索（问题求解）。

选题1：自行车防盗技术发明

点评：即使在高科技不断涌现的今天，短距离的出行自行车仍不失为最健康、环保、节能、便宜的交通工具。可是，为什么全世界以使用自行车为健康环保的出行方式的今天，中国却正在丢掉这一传统。自行车失盗是中国变自行车大国为自行车出口大国的重要原因之一，它已严重妨碍了人们对自行车的使用热情。工程技术人员要关注现实需要，建立运用专业技术解决问题的职业责任意识。如何以技术手段解决这一问题，你是一个发明家，而且是一个有社会责任感有眼光的发明家吗？

选题2：电瓶车制动安全性能检测

点评：电瓶车是适应城市范围扩大后的新型城市交通工具，它适应于中长距离的出行。与自行车相比它省力，与汽车相对它便宜、方便、环保、节能。但它的问题是制动性能差，不安全；电池管理不当会造成污染。

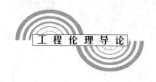

选题3:大学节能

点评:大校是照明耗电、生活用水最集中的地方,又是用电用水管理不好的地方。你知道目前大学用电用水的状况吗?你可以提供解决问题的技术与好的管理制度吗?

选题4:大学生的教科书

点评:一个大学生平均四年要用多少教材?课程结束后他们通常如何处理他们的教材?我国每年用在教材上的纸张是多少,需要砍多少树才能印制这些教材?大学生的教材有没有通用性?有没有延续性,可不可以采用教材租用制?你还有什么好用法吗?

后　记

　　这部教材是我和我的教学团队 10 年研究、10 年教学的结果。

　　我们小心地将这部教材捧到读者面前，您在读到它后有所思、有所感，我们就会感到由衷的欣慰。

　　在研究和教学过程中，我们通过学术研讨会和文献阅读得到过难以计数的学者们的帮助；我们还参加国际学术交流，聘请国外学者来校讲课，查阅大量国外文献资料得到国外学者的学术启发；我们的教学实践是本教材教学思想和教学方法的源泉，来自本科生和研究生的有创意的作业和认真的课程实践鼓舞了我们的工作热情，丰富了我们的教学方法和手段；我和我的团队在这里对所有这些帮助表示真诚的感谢！

　　我们有着 10 年历史的研究、教学团队，也是一个有着共同目标并愿意为此不计名利地工作的团队。我要特别感谢团队中的每一位成员，当我以工程伦理教育的名义邀请他们的时候，作为一名普通老师的我没有任何名利可以给予他们。但是他们什么也没有问，就为了这个目标走到一起来了。在文、理、工学科大类疏离的中国教育环境下，学科沟通是异常艰难的。我们甚至有以五人组合的方式开讲座的经历，桥梁专业的李乔教授、机械专业的李人宪教授、文学专业的徐行言教授、哲学专业的苏志宏教授、伦理学专业的我一起登台为学生开学术道德讲座。电气专业的冯晓芸教授让出她的一节工程概论课给工程伦理在学生面前亮相提供了机会。冯老师还推荐电气专业的郭世民教授长期参加我们的研究与教学。土木专业的高波教授、建筑专业的王蔚教授为我们的教材提供了他们个人参与的获得国家奖项的工程实践案例，让我们的教材与工程实际紧密相连，给我们的学生一个个见得着的榜样。西南交通大学公共管理学院公共工程组织与管理系的高强、何德文、陈雄飞等老师的外资工程监理实践，为我们理解工程伦理问题提供了大量工程案例

和国际工程伦理规范及操作标准。法学专业的袁智讲师为我们教材提供了工程相关法律文件与案例,让我们的工程伦理教学多了法律的意识。我还要特别提到我的研究生在10年的研究与教学中的成长,他们已经从学生转变到高校教师或高校管理工作者。但他们始终不弃地从事工程伦理的研究与教学,他们翻译资料、撰写论文、撰写教材、制作课件。鲍洪刚、刘丽娜都完整地讲授过该课程。我真庆幸能与这些朋友成为合作伙伴,在此我真诚地感谢他们。

  本教材的撰写者是我们团队持久的核心成员,其中第一、二、三、四讲由本人撰写,第五、十三、十七讲由本人及李人宪、富海鹰、郭红玲、郭世民等撰写,第六、十五讲由刘丽娜撰写,第七讲由王艺霖撰写,第八、九讲由朱松节撰写,第十讲由李人宪撰写,第十一讲由许凯撰写,第十二讲由铁怀江、刘丽娜撰写,第十四讲由富海鹰撰写,第十六讲由郭红玲、刘丽娜撰写。

肖 平

2009年6月于成都

《工程伦理导论》教学大纲及教案

第一讲　关于工程

课程内容：掌握工程概念、形成大工程观；认识工程的本质与特点；认识科技与工程的关系。

教学重点：掌握工程的技术性特征和服务社会的特征。

教学目的：认识工程运用技术服务社会的本质是工程师承担社会责任的理由和可能性，社会性是对工程进行伦理审视的客观基础。

第二讲　工程伦理概念与研究

课程内容：掌握几个基本概念：伦理、道德、工程伦理、工程伦理与科技伦理。了解工程伦理学的研究领域和学科地位，工程伦理在国内外的研究状况、热点问题。

教学重点：工程伦理研究的主要问题。

教学目的：让学生掌握基本概念，了解课程学习的目标和要求，了解工程伦理研究的内容和趋势，引导学生在专业学习中关注工程伦理问题。

第三讲　光荣与责任——工程技术的社会贡献

教学内容：人类文明史上尤其工业革命以来的科学、技术、工程成就；科技、工程对生产力水平提高的意义，对社会进步的意义；以交通为例、以粮食为例；科技发展与工程伦理。

教学重点：展示科技、工程造福人类的力量，了解科技、工程对人类物质文明与精神文明的影响力。

教学目的：培养科技热情，培养工程师职业道德的内在驱动力；建立用技术服务社会的职业志向和职业自豪感；认识工程师的职业使命和职业责任。

第四讲 科技是一把双刃剑

教学内容：科技运用的负面效应，原子弹、核泄漏、DDT、水利工程、反应停、能源消耗带来的污染。

教学重点：高科技、大工程也意味着高风险；科技工作者、工程技术人员的职业责任感和道德良知对于控制风险有十分重要的意义。

教学目的：让学生认识到科技的正负面影响，从而认识到工程师的职业道德对规避风险的必要性。

第五讲 自主学习环节

教学内容：以学生自主学习的方式，就第三、四讲课程作业的两大主题开展课程交流。一、所学专业技术运用对社会文明的推动；二、所学专业技术运用中的潜在风险。

教学重点：让学生了解科技如何造福社会，如何存在风险，认识科技运用的正负影响，建立起应有的职业责任感。

教学方法：可采用讲演方式、PPT演示、讨论或者辩论方式。

教学目的：通过学生自主性学习，广泛了解不同专业的学科发展情况和科技风险；设立自己的职业目标，树立远大志向，努力学习。对学生职业道德作内在动力培育；让学生体会到大学学习不能局限于课堂和老师，学习有极大空间，知识的来源也很宽。

第六讲 工程活动中的伦理问题

教学内容：工程中最常见的几种伦理问题：生产安全、公共安全、环境与生态安全、社会公正、经济发展与工程的社会责任、工程师的职业精神与科学态度。

教学重点：了解工程活动中的伦理问题是以什么方式存在的。

教学目的：培养学生对工程活动中的伦理问题的道德敏感，建立工程伦理的问题意识。

第七讲 工程伦理的第一要义——工程造福人类

教学内容：普世伦理原则"人道主义"的基本内容与发展变化，人道主义原则在工程伦理中被表述为工程造福人类。

教学重点：人道主义的思想内容，工程造福人类的思想内容。

教学目的：让学生明确了解人道主义的精神内涵与历史发展，了解工程造福人类的伦理原则，培植学生的道德基础。

第八讲 "工程造福人类"原则的实施困境

教学内容：在现实生活中，"工程造福人类"原则实施的种种困境：科学至上、经济至上、政治需要、文化偏见、科层管理体制、个人名利等。

教学重点：工程活动的社会制约性，原则实施依赖工程师的职业道德和更有德性的管理制度。

教学目的：了解社会，了解工程技术风险的社会损害和履行"工程造福人类"原则的社会复杂性，坚定工程师的职业责任意识。

第九讲 超越人道主义

教学内容：介绍人道主义在20世纪中后期的新发展，人类中心主义面临的发展危机，人与自然协调发展的必由之路。

教学重点：人类中心主义面临的危机。

教学目的：让学生建立更开阔的工程视野，开辟科技创新的新思路。

第十讲 可持续发展的工程观

教学内容：可持续发展的思想；可持续发展观与工程；工程技术在节能、环保、维护生态平衡中的应用与效果，以及在生活中这些意识的体现。

教学重点：工程活动与可持续发展的关系。

教学目的：建立可持续发展观，让未来的工程师具备履行社会责任的必要意识。

第十一讲 工程目标与手段的伦理价值分析

教学内容：工程目标价值之间的矛盾，工程利益的权衡与道德选择；工程活动伦理分析的两个入手点：工程目标和工程手段的伦理分析。

教学重点：认识工程伦理价值的复杂性和工程伦理分析的方法（利益相关者分析法与目标、手段切入法）。

教学目的：了解工程实践中道德的复杂性，让学生掌握伦理分析的路径与方法。

第十二讲　工程师的责任

教学内容：从几个有代表性的工程组织、行业协会的伦理章程,了解国际工程师组织对工程师职业责任的规定。分析工程师职业责任的内容,用利益相关者分析方法认识目前中国工程界职业责任的履行问题。

教学重点：了解国际社会的行业规定,认识职业责任的内容和现实表现形式。

教学目的：让学生了解国际社会对工程师基本社会责任的认定,使学生建立起工程责任意识。

第十三讲　责任与行动(教学实践课)

教学内容：工程的公共安全、生产安全、工程移民、社会公正、新型清洁能源的开发、生活中节能技术的开发、未来社会的公共交通、工程中的隐性安全问题、新型材料、太阳能利用的住宅设计、内燃机有害排放物的安全处理、垃圾是资源吗等工程问题调研实践活动。

教学重点：不同问题类型的案例展现及分析。

教学目的：让学生参与具体问题的资料收集和社会调查、自主策划活动,通过辩论和演讲陈述,进行交流。实行实践教育和自我教育,培养学生的行动能力、道德实践能力,强化并深化道德认知。

教学方式：我们认为,在讨论责任问题时,没有什么方法比对实际案例的讨论所能起的教育作用更大。因为,工程师的职业责任是具体地体现在实际工作场景中的,职业责任的履行会因为境遇的不同而被强调的侧重点也不同。例如：在一项影响生态的工程中,工程师的环境意识,可持续发展的道德要求就被更多地强调;而在一项城市改造工程中,也许拆迁、安置中的人权维护就成为工程的社会效益最需要考虑的问题。所以,我们设计采用这样的教学方式：一、工程实践、参观、校园活动等；二、课堂讨论或专题辩论、专题演讲等。

第十四讲　实事求是　开拓创新

教学内容：工程师的职业活动来不得半点虚假,未来工程师的职业品质首先应包括：正直、诚实的科学态度。实事求是是科学的生命,开拓创新是科技的灵魂,科技工作者只有不断地开拓创新才能不辱使命。用伦理智慧应对职业处境中的利益矛盾并提供处理方法。

教学重点：分析职业活动的实际处境,认识利益关系的复杂性,伦理智慧在于为工程师寻找实现职业品质的制度化路径。

教学目的：坚定实事求是是科学的生命的信念，从考试不作弊开始，培养诚实的品质。

第十五讲　严谨认真　精益求精

教学内容：工程一旦出现安全问题，工程造福人类的目标不仅不能实现，反而还会给社会带来灾难；严谨认真，精益求精是工程师避免工程安全问题的关键。因为工程技术的专业性，工程安全责任工程师必须承担。工程技术人员只有摆平了名利心，才能做到严谨认真。科学与技术运用的可错性以及来自行政的压力都不能成为工程师推卸责任的理由，但严谨的工程态度应该有制度保障。

教学重点：工程师承担责任的理由；精进业务承担责任；工程师在名利场中的行为选择；技术的可错性与职业责任。

教学目的：让学生树立起严谨、审慎、负责的职业态度。

第十六讲　工程师的团队精神

教学内容：工程活动是合作的事业，工程师要有团队精神；什么是负责任的团队精神；如何正确处理团队中的不同关系，包括工程师与组织、工程师与上级、工程师与同事、工程师与同行的关系，以及处理这些关系的一般社会道德规范和工程伦理规范。

教学重点：讲清各种关系的本质，明确职业要求。

教学目的：让学生了解处理各种关系的规范。

第十七讲　课程总结

教学内容：选择几种类型的学生作业，请学生作课堂发言；老师评点作业，完整总结整个课程的内容，概括工程伦理的基本观点。

教学重点与目标：
对作业选题作评价，以强化学生对现实问题的道德敏感；
对分析问题的态度和原则进行评价，以概括工程伦理规范；
对作业水平作评价，以提升学生道德判断力；
对实践效果作评价，以坚定学生的道德意志。

教学目的：让学生有清晰的脉络，对重点问题有深刻的印象。